基金项目：甘肃省重点学科计算机科学与技术

密码学原理及案例分析

单广荣　齐爱琴　主编

科学出版社

北京

内 容 简 介

本书内容涵盖了密码学技术、PKI 技术、PMI 技术、身份认证技术、无线安全技术等几个方面，实践项目既包含对密码学原理的理解和运用，又融合当今网络安全的某些主流技术，以适应基础与验证性、综合和设计性两种不同层次的要求。

本书共 6 章，第 1 章介绍密码学技术，第 2 章介绍 PKI 技术，第 3 章介绍 PMI 技术，第 4 章介绍身份认证技术，第 5 章介绍无线安全技术，第 6 章介绍数据备份及恢复技术。

本书可作为计算机类、网络技术类和信息安全类相关专业本科生的辅助教材，也可作为网络安全工程师、网络管理员的参考书以及密码学方面的实践培训教材。

图书在版编目(CIP)数据

密码学原理及案例分析/单广荣，齐爱琴主编. —北京：科学出版社，2017.11
ISBN 978-7-03-053269-5

Ⅰ. ①密… Ⅱ. ①单… ②齐… Ⅲ. ①密码学—研究 Ⅳ. ①TN918.1

中国版本图书馆 CIP 数据核字(2017)第 128532 号

责任编辑：邹 杰 / 责任校对：郭瑞芝
责任印制：吴兆东 / 封面设计：迷底书装

科学出版社出版
北京东黄城根北街16号
邮政编码：100717
http://www.sciencep.com
北京凌奇印刷有限责任公司印刷
科学出版社发行 各地新华书店经销

*

2017年11月第 一 版 开本：787×1092 1/16
2021年 8 月第三次印刷 印张：16 1/2
字数：380 000

定价：68.00元

(如有印装质量问题，我社负责调换)

前　　言

随着计算机科学技术、通信技术、微电子技术的发展，计算机和通信网络的应用进入了人们的日常生活和工作中，出现了电子商务、电子政务、电子金融等必须确保信息安全的网络信息系统，密码技术在解决网络信息安全问题中发挥着重要作用。使用密码技术可以有效地保障信息的机密性，也可以保护信息的完整性和真实性，防止信息被篡改、伪造和假冒等。密码技术是信息安全的基础技术，密码学是信息安全学科建设和信息系统安全工程实践的基础理论之一。

密码学的特点是理论性与实践性都很强，涉及的知识面较广，概念繁多，并且比较抽象，仅靠课堂教学，学生难以理解和掌握。在学习一般性原理和技术的基础上，必须通过一定的案例分析训练，才能真正掌握其内在机理。为了进一步提高学生的综合应用和设计创新能力，西北民族大学数学与计算机科学学院联合西普科技于2011年共同建立了计算机网络与信息安全实验室。实验室不仅满足了学生对各种安全设备的操作培训，还能从计算机网络安全知识及技能的角度出发，培养学生的理论认知及实践能力，能够从原理验证、实训应用、综合分析、自主设计及研究创新等多个层次培养学生的综合素质。

本书结构合理，可读性强，注重应用。既包含了对密码学原理的理解和运用，又融合了当今网络安全的某些主流技术，以适应基础与验证性、综合和设计性两种不同层次的要求。此外，本书增加了无线加密技术的案例分析内容和数据备份及恢复内容。熟练使用这些工具和设备，对学生提高密码学水平、积累网络安全实践经验具有非常重要的意义。

本书由西北民族大学数学与计算机科学学院单广荣、齐爱琴编写，负责全书统筹及策划、撰写并且修改第1～6章，王倩、王燕凤负责全书校对。作者均为从事计算机网络安全教学、科研的一线教师，有丰富的教学实践经验，本书结构严谨、概念准确，内容组织合理、语言使用规范。

在本书写作过程中，得到诸多专家和领导的热情支持与指导，在此一并表示衷心感谢。由于作者水平有限，书中难免存在不足之处，恳请广大读者批评指正。

作　者

2017年6月

目录

第1章 密 码 学

密码学(Cryptology)作为数学的一个分支，是密码编码学(Cryptography)和密码分析学(Cryptanalysis)的统称。密码学通过加密变换，将可读的信息变换为不可理解的乱码，从而起到保护信息和数据的作用，直接支持机密性、完整性和不可否认性。当前信息安全的主流技术和理论都是基于以算法复杂性理论为特征的现代密码学的。密码学的发展历程大致经历了三个阶段：古代加密方法(手工阶段)、古典密码(机械阶段)和近代密码(计算机阶段)。

密码学中的五元组为{明文、密文、密钥、加密算法、解密算法}，对应的加密方案称为密码体制。明文是作为加密输入的原始信息，通常用 m 来表示，明文空间通常用 M 表示；密文是明文加密变换后的结果，通常用 c 表示，密文空间通常用 C 表示；密钥是参与密码转换的参数，通常用 k 表示，密钥空间通常用 K 表示；加密算法是将明文变换为密文的变换函数，加密过程通常用 E 表示，即 $c = E_k(m)$；解密算法是将密文恢复为明文的变换函数，解密过程通常用 D 表示，即 $m = D_k(c)$。

密码体制是指完成加解密功能的密码方案。近代密码学中所出现的密码体制从原理上可分为两大类，即对称密码体制和非对称密码体制。对称密码体制也称为单密钥密码体制，基本特征是加密密钥与解密密钥相同，根据其对明文的处理方式可分为流密码和分组密码。非对称密码体制也称为公开密钥密码体制、双密码体制，其加密密钥和解密密钥不同，形成一个密码对，用其中一个密钥加密的结果可以用另一个密钥来解密。

古典密码学案例分析主要包括移位密码、乘法密码、仿射密码、Playfair 密码、维吉尼亚密码等；流密码加密案例分析包括 RC4 和 LFSR 等算法的加解密案例分析。对称密码基本加密案例分析主要包括 DES、3DES、IDEA、AES 和 SMS4 等算法的加解密案例分析。对称密码工作模式案例分析主要是针对不同算法采用不同的分组方式和填充模式进行加密案例分析；散列函数案例分析包括 MD5、SHA-1/256 和 HMAC 等算法的加解密案例分析。非对称加密案例分析包括 RSA、ELGAMAL、ECC 等算法的加解密案例分析和密钥生成案例分析；数字签名案例分析包括 RSA-PKCS 签名算法、ELGAMAL 签名算法、DSA 签名算法和 ECC 签名算法等签名算法的案例分析；密码学数学基础案例分析主要针对密码学常用的数学知识进行相应的案例分析，包括大数运算、素性测试、模幂、原根、求逆和二次剩余等。文件加解密案例分析包括对文本、图片、音频、视频等多种格式的文件的加解密案例分析。数据库加解密应用案例分析包括单元级加密和数据库级加密案例分析。基于 SSH 协议的通信安全案例分析包括密码认证方式和密钥认证方式的 SSH 案例分析。基于 GnuPG 的加密及签名案例分析使用 GnuPG 实现文件及邮件的加解密和签名。PGP 在文件系统、邮件系统中的应用则使用 PGP 实现文件及邮件的加解密和签名。

1.1 古 典 密 码

古典密码学主要包括移位密码、乘法密码、仿射密码、Playfair 密码、维吉尼亚密码等。

古典密码体制的一般定义为$M=C=K=Z_{26}$，其中M为明文空间，C为密文空间，K为密钥空间，Z_{26}为26个整数(对应26个英文字母)组成的空间；要求26个字母与模26的剩余类集合$\{0,1,2,\cdots,25\}$建立一一对应的关系。

1.1.1　移位密码

移位密码在加密实现上就是将26个英文字母向后循环移动k位，其加解密可分别表示为

$$c=E_k(m)=m+k(\mathrm{mod}\ 26)$$
$$m=D_k(c)=c-k(\mathrm{mod}\ 26)$$

其中，m、c、k是满足$0\leqslant m,c,k\leqslant 25$的整数。

1.1.2　乘法密码

乘法密码通过对字母等间隔抽取以获得密文，其加解密可分别表示如下

$$c=mk(\mathrm{mod}\ 26)$$
$$m=ck^{-1}(\mathrm{mod}\ 26)$$

其中，m、c、k是满足$0\leqslant m,c,k\leqslant 25$，且$\gcd(k,26)=1$的整数。

1.1.3　仿射密码

仿射密码的加密是一个线性变换，将移位密码和乘法密码相结合，其加解密可分别表示为

$$c=E_{a,b}(m)=am+b(\mathrm{mod}\ 26)$$
$$m=D_{a,b}(m)=a^{-1}(c-b)(\mathrm{mod}\ 26)$$

其中，a、b是密钥，是满足$0\leqslant a,b\leqslant 25$和$\gcd(a,26)=1$的整数，即$a$和26互素；$a^{-1}$表示$a$的逆元，即$a^{-1}\cdot a\equiv 1\ \mathrm{mod}\ 26$。

1.1.4　Playfair密码

Playfair是一种人工对称加密技术，由Charles Wheatstone在1854年发明，得名于其推广者Lord Playfair。Playfair密码是一种著名的双字母单表替代密码。实际上Playfair密码属于一种多字母替代密码，它将明文中的双字母作为一个单元对待，并将这些单元转换为密文字母组合。Playfair密码基于一个5×5的字母矩阵，该矩阵通过使用一个英文短语或单词串即密钥来构造，去掉密钥中重复的字母得到一个无重复字母的字符串，然后将字母表中剩下的字母依次从左到右、从上往下填入矩阵中。

例如，若密钥为“playfair is a digram cipher”，去除重复字母后，得到有效密钥“playfirsdgmche”，可得字母矩阵如图1.1所示。

p	l	a	y	f
i	r	s	d	g
m	c	h	e	b
k	n	o	q	t
u	v	w	x	z

图1.1　字母矩阵

注意：字母i、j占同一个位置。

设明文字母对为(P1,P2)，Playfair 密码的加密算法如下。

(1)若 P1、P2 在同一行，密文 C1、C2 分别是紧靠 P1、P2 右端的字母，其中第一列被看作最后一列的右方(解密时反向)。

(2)若 P1、P2 在同一列，密文 C1、C2 分别是紧靠 P1、P2 下方的字母，其中第一行被看作最后一行的下方(解密时反向)。

(3)若 P1、P2 不在同一行，也不在同一列，则 C1、C2 是由 P1、P2 确定的矩形其他两角的字母，且 C1 和 P1 在同一行，C2 和 P2 在同一行(解密时处理方法相同)。

(4)若 P1=P2，则两个字母间插入一个预先约定的字母，如 q，并用前述方法处理；如 balloon，则以 ba lq lo on 来加密。

(5)若明文字母数为奇数，则在明文尾填充约定字母。

1.1.5 维吉尼亚密码

维吉尼亚(Vigenenre)密码是最著名的多表代换密码，是 16 世纪法国著名密码学家 Blaise de Vigenenre 发明的。维吉尼亚密码使用一个词组作为密钥，密钥中每一个字母用来确定一个代换表，每一个密钥字母被用来加密一个明文字母，第一个密钥字母加密第一个明文字母，第二个密钥字母加密第二个明文字母，等所有密钥字母使用完后，密钥再次循环使用，于是加解密前需先将明/密文按照密钥长度进行分组。密码算法可表示如下：

设密钥 $K=(k_1, k_2, \cdots, k_d)$，明文 $M=(m_1, m_2, \cdots, m_n)$，密文 $C=(c_1, c_2, \cdots, c_n)$；

加密变换为 $c_i=E_{ki}(m_i)=m_i+k_i(\text{mod } 26)$

解密变换为 $m_i=D_{ki}(c_i)=c_i-k_i(\text{mod } 26)$

通常通过查询维吉尼亚表进行加解密。

此处以移位密码为例说明，乘法密码、仿射密码、Playfair 密码和维吉尼亚密码可参照完成。

1. 加解密计算

(1)参照案例分析原理，在“明文”栏输入所要加密的明文，在“密钥”栏输入相应的密钥长度，如图 1.2 所示。

移位密码	
明文：	abcdefg
密钥：	3
密文：	defghij
加密	解密

图 1.2 输入明文和密钥长度

(2)单击“加密”按钮，在“明文”文本框内就会出现加密后的密文。

2. 扩展案例分析

(1)单击扩展案例分析下的按钮，进入相应算法的扩展案例分析面板，此处以移位密码扩展案例分析面板，如图 1.3 所示。

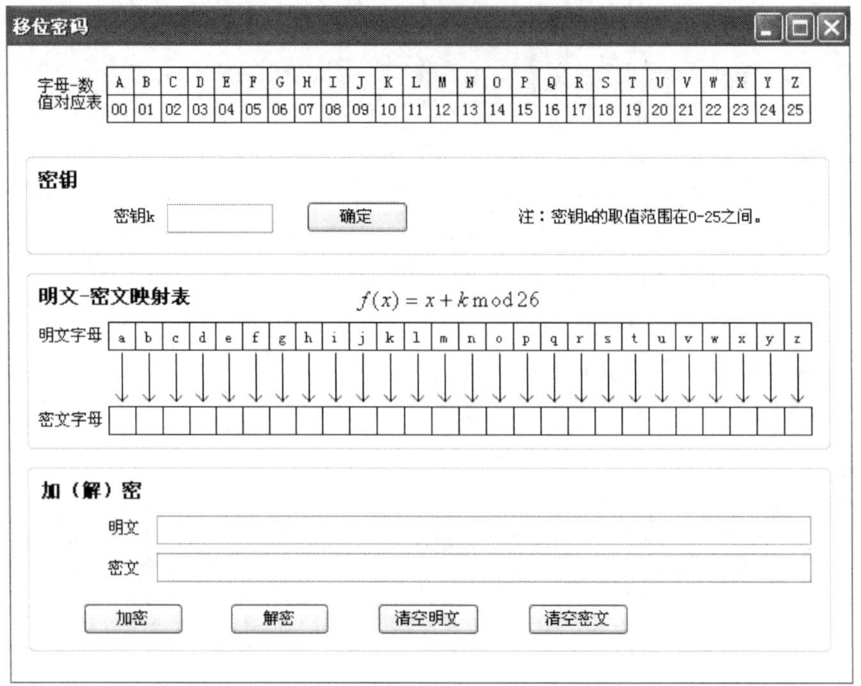

图 1.3　移位密码扩展案例分析面板

(2) 在“密钥 k”栏中输入一个 0～25 的整数，如 19，单击“确定”按钮后，系统显示“明文-密文映射表”。

(3) 在“明文”文本框中输入明文(如“Classical Cryptology.”)，并单击“加密”按钮，在“密文”文本框内就会出现加密后的密文。

(4) 解密过程是加密过程的逆过程，在“密文”文本框中输入密文(确保密钥已经正确输入)，单击“解密”按钮即可得到相应的明文。

3. 算法跟踪

1) 加密跟踪

(1) 选择要跟踪的算法即移位密码，在相应的算法计算区域填写明文和密钥。

(2) 单击“跟踪加密”按钮，此时会弹出选择跟踪调试器对话框，对话框中所列出的可选调试器根据系统中所安装的调试器而不同。

(3) 选择“新实例 Microsoft CLR Debugger 2005”或其他调试器并单击“是”按钮，打开调试器窗口，出现选择编码的对话框时选择“(自动检测)”，进入代码跟踪界面。

(4) 选择对应 C#源代码的 xxx.cs 标签页并按下快捷键 F10 开始跟踪，如图 1.4 所示。

(5) 当算法跟踪完毕后，会自动切换回案例分析窗口并显示计算结果。

(6) 查看案例分析面板中的计算结果，然后切换回调试器，单击工具栏中的“停止调试”按钮或按 Shift + F5 快捷键以停止调试。

(7) 关闭调试器，弹出保存对话框，单击“否”按钮不保存。

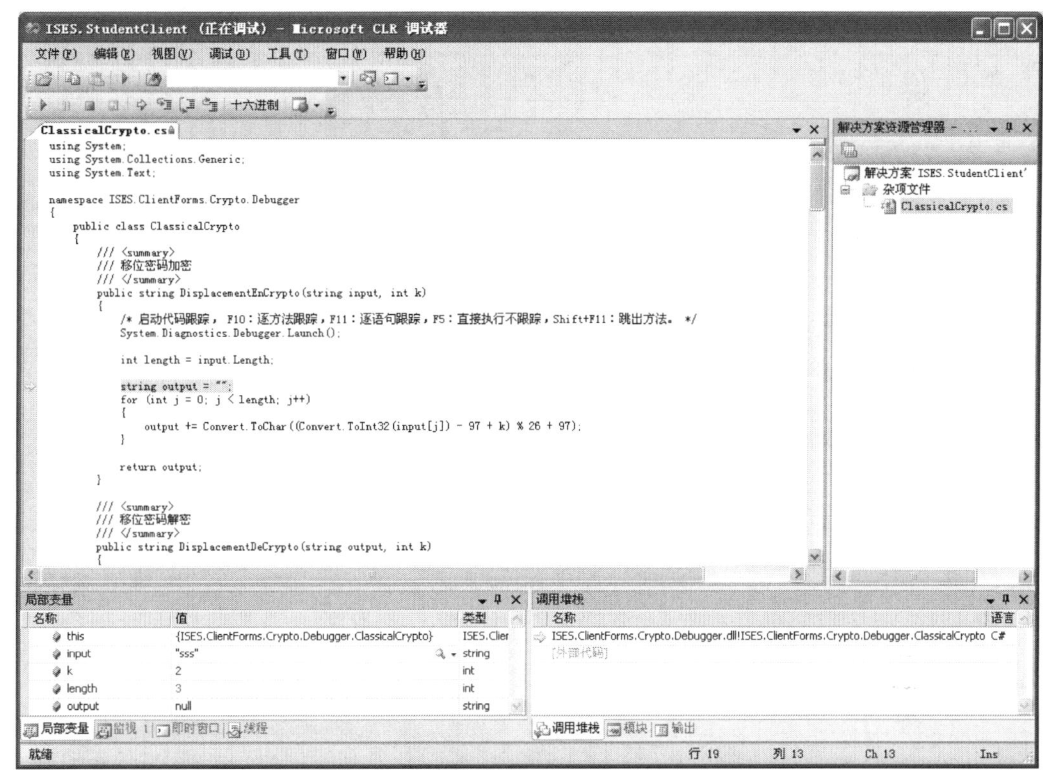

图 1.4　跟踪过程

2) 解密跟踪

跟踪解密算法时，选择要跟踪的算法，在相应的算法计算区域填写密文和密钥，单击“跟踪解密”按钮会显示解密跟踪过程，具体步骤与加密跟踪步骤类似，在此不再赘述。

1.2　密码学数学基础

大多数运算器只支持小于 64 位的整数运算，无法进行加密算法的运算。为满足加密算法的需要，可通过建立大整数运算库来解决这一问题，通常通过以下两种方式进行处理。

(1) 将大整数当作字符串处理，即将大整数用十进制字符数组表示。这种方式便于理解，但效率较低。

(2) 将大整数当作二进制流进行处理，计算速度快。

大数运算包括素性测试、模幂、原根、求逆、二次剩余等。

1.2.1　素性测试

Monte Carlo 算法和 Las Vegas 算法均为素性测试算法。

1. Monte Carlo 算法

Monte Carlo 算法又称为概率素性检测算法，算法描述如下。

输入：p 为一个正整数。

输出：若 p 为素数，则输出 YES，否则输出 NO。

```
Prime_Test(p)
flag=0;
重复 log₂ p 次:
在(1,p -1]区间均匀随机地选取 x;
如果 gcd(x,p)>1 或 x^((p-1)/2) ≢ ±1 mod p, return(NO);
如果 flag=0 且 x^((p-1)/2) ≡ -1 mod p, flag=1;
结束重复;
如果 flag=0，即在重复中 x^((p-1)/2) ≡ -1 mod p 没有出现过，return(NO);
return(YES)
```

2. Las Vegas 算法

Las Vegas 算法又称为素性证明，算法描述如下。

输入：p 为一个正基数；$q_1, q_2, \cdots, q_k$ 为 $p-1$ 的全体素因子，其中 $k \leqslant \log_2 p$。

输出：若 p 为素数，则输出 YES，否则输出 NO。

```
Prim_ Certify(p,q[k])
    在区间[2,p -1]均匀随机地选取 g
    for(i=1,i++,k)do
        如果 g^((p-1)/q_i) ≡ 1 mod p，输出 NO_DECISION 并终止程序;
        如果 g^(p-1) ≡ 1 mod p，输出 NO 并终止程序;
输出 YES 并终止程序
```

1.2.2　模幂

对于 $b, c < m$，模幂 $b^c \bmod m$ 按照整数幂的通常定义，b 自乘 c 次，但要模 m；模幂算法描述如下。

输入：整数 b、c、m，其中 $b>0$，$c \geqslant 0$，$m>1$。

输出：$b^c \bmod m$。

```
mod_exp(b,c,m)
   if(c=0) return(1);
   if(c mod 2=0) return(mod_exp(b^2 mod m,c/2,m)); //c/2 表示 c 除以 2 取整
   return (b·mod_exp(b^2 mod m,c/2,m))
```

1.2.3　原根

在数论中，特别是整除理论中，原根是一个很重要的概念。

对于两个正整数 $(a,m)=1$，由欧拉定理可知，存在正整数 $d \leqslant m-1$，如欧拉函数 $d=\varnothing(m)$，即小于等于 m 的正整数中与 m 互质的正整数的个数，使得 $a^d \equiv 1 (\bmod m)$。

由此，在 $(a,m)=1$ 时，定义 a 对模 m 的指数 $\mathrm{ord}_m(a)$ 为使 $a^d \equiv 1(\bmod m)$ 成立的最小的正整数 d。由前知 $\mathrm{ord}_m(a)$ 一定小于等于 $\varnothing(m)$，若 $\mathrm{ord}_m(a)=\varnothing(m)$，则称 a 是模 m 的原根。

1.2.4 求逆

乘法逆元的定义为：对于 $w \in \mathbf{Z}_n$，存在 $x \in \mathbf{Z}_n$，使得 $wx \equiv 1 \bmod n$，则 w 是可逆的，称 x 为 w 的乘法逆元，记为 $x = w^{-1}$，其中 $\mathbf{Z}_n$ 表示小于 n 的所有非负整数集合。

通常通过扩展欧几里得算法和费马小定理求乘法逆元，此处使用扩展欧几里得算法。

扩展欧几里得算法的定义为：如果有整数 f, $\gcd(d,f)=1$，那么 d 有一个模 f 的乘法逆元；即对于小于 f 的正整数 d，存在一个小于 f 的正整数 d^{-1}，使得 $d \times d^{-1} \equiv 1 \bmod f$。扩展欧几里得算法的具体描述如下。

ExtendedEUCLID (d,f)

(1) $(X_1, X_2, X_3) \leftarrow (1, 0, f)$；$(Y_1, Y_2, Y_3) \leftarrow (1, 0, d)$。

(2) 若 $Y_3 = 0$，返回 $X_3 = \gcd(d,f)$；无逆元。

(3) 若 $Y_3 = 1$，返回 $Y_3 = \gcd(d,f)$；$Y_2 = \mathrm{d} - 1 \bmod f$。

(4) $Q = \lfloor X_3/Y_3 \rfloor$。

(5) $(T_1, T_2, T_3) \leftarrow (X_1 - Q \cdot Y_1, X_2 - Q \cdot Y_2, X_3 - Q \cdot Y_3)$。

(6) $(X_1, X_2, X_3) \leftarrow (Y_1, Y_2, Y_3)$。

(7) $(Y_1, Y_2, Y_3) \leftarrow (T_1, T_2, T_3)$。

(8) 返回(2)。

1.2.5 二次剩余

二次剩余的定义为：a 与 p 互素，p 是奇素数，若 $x^2 = a \bmod p$，则称 a 是模 p 的二次剩余；否则称 a 是模 p 的非二次剩余。

二次剩余定理：若 p 是奇素数，则整数 $1, 2, \cdots, p-1$ 中正好有 $(p-1)/2$ 个是模 p 的二次剩余，其余的 $(p-1)/2$ 个是非二次剩余。

本案例使用运算器工具完成大数运算、素性测试、模幂、原根、求逆和二次剩余的计算，具体步骤如下。

1) 加、减、乘、除、模、求逆运算

选择进制类型和计算类型，输入要计算的操作数，单击“计算”按钮，显示计算结果，如图 1.5 所示。

2) 模幂运算

在图 1.5 所示的界面中，选择进制类型和计算类型，输入要计算的 b、e、m 值，单击“计算”按钮，显示模幂计算结果。

3) 生成大素数原根

在图 1.5 的界面中，选择进制类型和计算类型，单击“随机生成”按钮，显示随机生成的大素数以及大素数的原根。

4) 二次剩余判断

在图 1.5 所示的界面中，选择进制类型和计算类型，输入 a、p 值，单击“计算”按钮。显示二次剩余的判断结果。

图 1.5　输入界面

5) 素性测试

在图 1.5 所示的界面中，选择进制类型和计算类型，输入待测试的大整数，单击“测试”按钮，显示测试结果。

1.3　流密码加密

流密码(Stream Cipher)也称为序列密码，每次加密处理数据流的一位或一字节，加解密使用相同的密钥，是对称密码算法的一种。1949 年 Shannon 证明只有一次一密密码体制是绝对安全的，为流密码技术的研究提供了强大的支持，一次一密的密码方案是流密码的雏形。流密码的基本思想是利用密钥 K 产生一个密钥流 $k_1k_2\cdots k_n$ 对明文流 $M=m_1m_2\cdots m_n$ 进行如下加密：$C=c_1c_2\cdots c_n=E_{k1}(m_1)E_{k2}(m_2)\cdots E_{kn}(m_n)$。若流密码所使用的是真正随机产生的、与消息流长度相同的密钥流，则此时的流密码就是一次一密的密码体制。

流密码分为同步流密码和自同步流密码两种。同步流密码密钥流的产生独立于明文和密文；自同步流密码密钥流的产生与密钥和已经产生的固定数量的密文字符有关，即是一种有记忆变换的序列密码。

目前常用的流密码有 RC4 密码和基于 LFSR 的流密码。

1.3.1　RC4 流密码算法

RC4 是 1987 年 Ron Rivest 为 RSA 公司设计的一种流密码，是一个面向字节操作、具有密钥长度可变特性的流密码，是目前为数不多的公开的流密码算法。目前的 RC4 至少使用 128 位密钥。RC4 的算法可简单描述为：对于 n 位长的字，有共 $N=2^n$ 个可能的内部置换状态

矢量 $S=S[0], S[1], \cdots, S[N-1]$，这些状态是保密的。密钥流 K 由 S 中的 2^n 个元素按一定方式选出一个元素而生成，每生成一个密钥值，S 中的元素就重新置换一次，自始至终置换后的 S 包含 $0 \sim N-1$ 的所有 n 比特数。

RC4 有两个主要算法：密钥调度算法(KSA)和伪随机数生成算法(PRGA)。KSA 的作用是将一个随机密钥变换成一个初始置换，及相当于初始化状态矢量 S，然后 PRGA 利用 KSA 生成的初始置换生成一个伪随机输出序列。

密钥调度算法的算法描述如下：

```
for i=0 to N-1 do
S[i]=i;
j=0;
for i=0 to N-1 do
j=(j+S[i]+K[i mod L]) mod N;
swap(S[i],S[j]);
```

初始化时，S 中元素的值被设置为 $0 \sim N-1$，密钥长度为 L 字节，$S[0],\cdots, S[N-1]$对于每个 $S[i]$根据密钥 K 确定的方案，将 $S[i]$置换为 S 中的另一个元素。

伪随机数生成算法的算法描述如下：

```
i=0;
j=0;
while(true)
i=(i+1) mod N;
j=(j+S[i])mod N;
swap(S[i],s[j]);
output k=S[(S[i]+S[j])mod N];
```

PRGA 主要完成密钥流的生成，$S[0],\cdots, S[N-1]$中，对于每个 $S[i]$，根据当前 S 的值，将 $S[i]$与 S 中的另一个元素置换，，当 $S[N-1]$完成置换后，操作再从 $S[0]$开始重复。

加密时将 K 值与下一个明文字节异或，解密时将 K 值与下一密文字节异或。

1.3.2　基于 LFSR 的流密码

线性反馈移位寄存器(Linear Feedback Shift Register, LFSR)是产生密钥流最重要的部件。GF(2)上一个 n 级反馈移位寄存器由 n 个二元存储器与一个反馈函数 $f(a_1,a_2,\cdots,a_n)$组成。每一个二值(0,1)存储器称为反馈移位寄存器的一级，a_i 表示第 i 级存储器的内容。在某一时刻，这些级的内容构成该反馈移位寄存器的一个状态，共有 2^n 种可能的状态，每一状态对应一个 n 维向量$(a_1,a_2,\cdots,a_n)$。

在主时钟确定的周期区间上，每一级存储器 a_i 都将其内容传递给下一级 a_{i-1}，并根据寄存器当前的状态计算 $f(a_1,a_2,\cdots,a_n)$的值作为 a_i 下一时刻的内容，即从一个状态转移到下一状态。

若反馈移位寄存器的反馈函数 $f(a_1,a_2,\cdots,a_n)=c_n a_1 \oplus c_{n-1} a_2 \oplus \cdots \oplus c_1 a_n$，其中系数 $c_i=0,1$，加法为模 2 加，即该反馈函数是 $a_1,a_2,\cdots,a_n$ 的线性函数，则称为线性反馈移位寄存器，用 LFSR 表示，如图 1.6 所示。

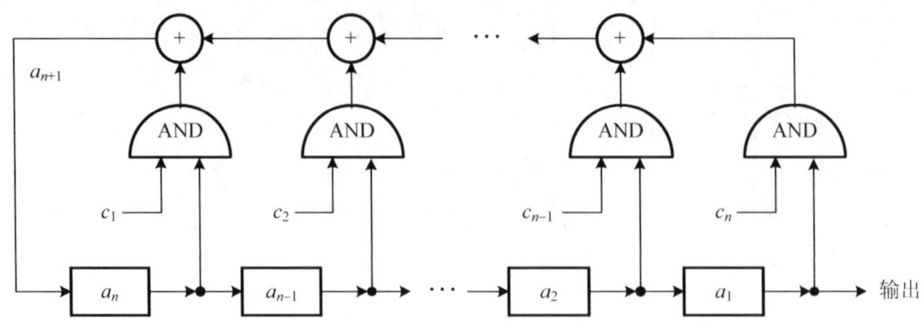

图 1.6　反馈函数

基于 LFSR 的流密码反馈加密体制如下。

设密钥为 $c_1,c_2,\cdots,c_n$，$a_1,a_2,\cdots,a_n$ 的初始状态为 $s_1,s_2,\cdots,s_n$，其中 $c_n=1$。设明文为 $m=m_1m_2\cdots m_n$，密文为 $c=e_1e_2\cdots e_n$，则有

$$e_k = m_k + \sum_{i=k}^{n} c_i s_{n-i+k} + \sum_{i=1}^{k-1} c_i e_{n-i+k} \quad (1 \leqslant k \leqslant n) \tag{1-1}$$

对应的基于 LFSR 的加解密过程如图 1.7 和图 1.8 所示。

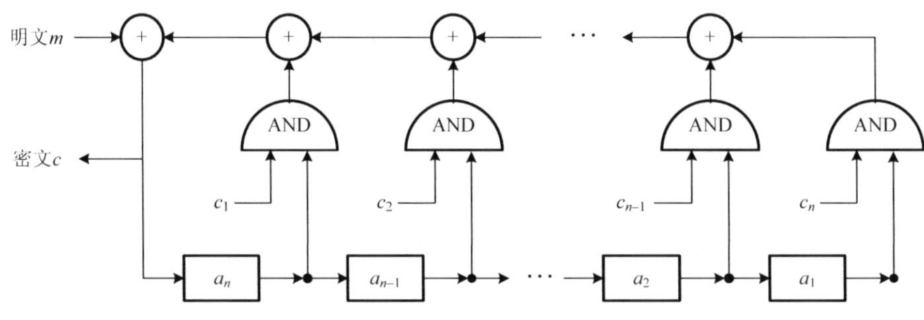

图 1.7　加密过程

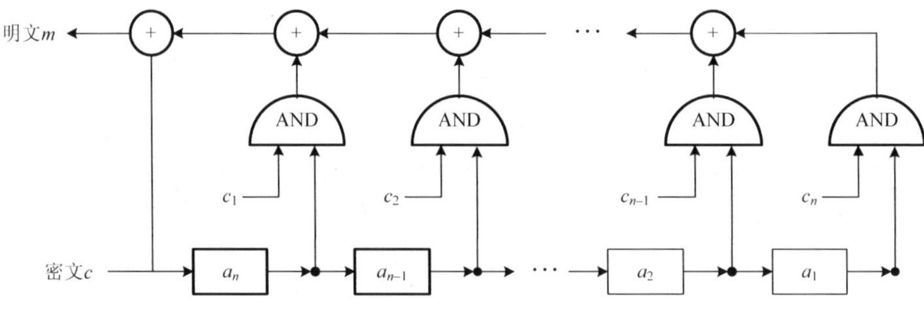

图 1.8　解密过程

1.3.3　RC4 算法

本案例通过运算器工具实现 RC4 算法和 LFSR 流密码算法的加解密及扩展计算，案例分析步骤如下。

选择 RC4 标签，进入 RC4 算法的案例分析面板。

1. 加解密计算

1) 加密

在 RC4 算法的案例分析面板中，在“明文”栏输入所要加密的明文，在“密钥”栏输入相应的密钥，单击“加密”按钮，在“密文”文本框内会出现加密后的十六进制密文，如图 1.9 所示。

RC4
明文：
文本 abcdefghijklmn
密钥：
文本 testkey
密文：(16进制)
FDE0DD702795597FCC5FF90B3200
加密　解密

图 1.9　加密过程

2) 解密

在“密文”栏输入所要解密的十六进制密文，在“密钥”栏输入相应的密钥，单击“解密”按钮，在“明文”文本框内就会出现解密后的明文。

2. 扩展案例分析

(1) 单击扩展案例分析下的“RC4 扩展案例分析”按钮，进入 RC4 扩展案例分析窗体。

(2) 初始化密钥。在“密钥”文本框中输入一个密钥短语，单击“初始化密钥”按钮，生成 RC4 流密码的 S-box 初始值，如图 1.10 所示。

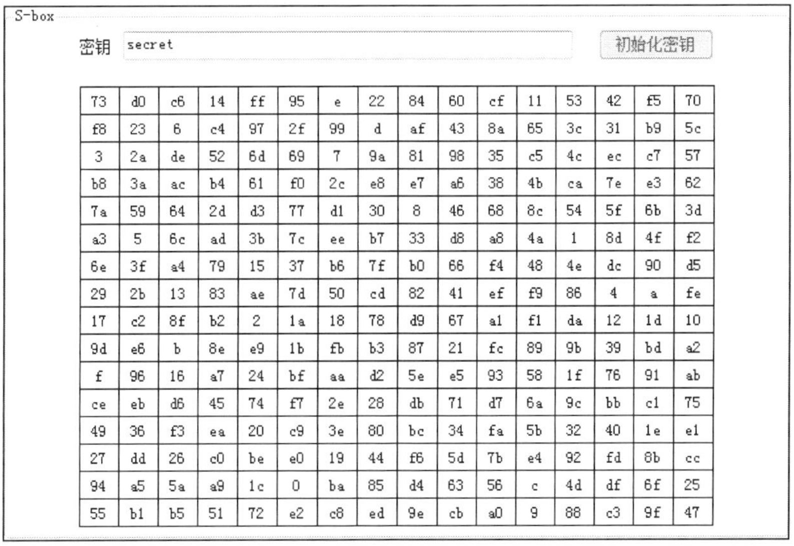

S-box
密钥 secret　初始化密钥

73	d0	c6	14	ff	95	e	22	84	60	cf	11	53	42	f5	70
f8	23	6	c4	97	2f	99	d	af	43	8a	65	3c	31	b9	5c
3	2a	de	52	6d	69	7	9a	81	98	35	c5	4c	ec	c7	57
b8	3a	ac	b4	61	f0	2c	e8	e7	a6	38	4b	ca	7e	e3	62
7a	59	64	2d	d3	77	d1	30	8	46	68	8c	54	5f	6b	3d
a3	5	6c	ad	3b	7c	ee	b7	33	d8	a8	4a	1	8d	4f	f2
6e	3f	a4	79	15	37	b6	7f	b0	66	f4	48	4e	dc	90	d5
29	2b	13	83	ae	7d	50	cd	82	41	ef	f9	86	4	a	fe
17	c2	8f	b2	2	1a	18	78	d9	67	a1	f1	da	12	1d	10
9d	e6	b	8e	e9	1b	fb	b3	87	21	fc	89	9b	39	bd	a2
f	96	16	a7	24	bf	aa	d2	5e	e5	93	58	1f	76	91	ab
ce	eb	d6	45	74	f7	2e	28	db	71	d7	6a	9c	bb	c1	75
49	36	f3	ea	20	c9	3e	80	bc	34	fa	5b	32	40	1e	e1
27	dd	26	c0	be	e0	19	44	f6	5d	7b	e4	92	fd	8b	cc
94	a5	5a	a9	1c	0	ba	85	d4	63	56	c	4d	df	6f	25
55	b1	b5	51	72	e2	c8	ed	9e	cb	a0	9	88	c3	9f	47

图 1.10　初始值

(3) 观察加密过程。在“明文”文本框中输入一个ASCII码字符串，单击“加密”按钮，在“密文”文本框内就会出现加密后的十六进制密文，如图1.11所示。

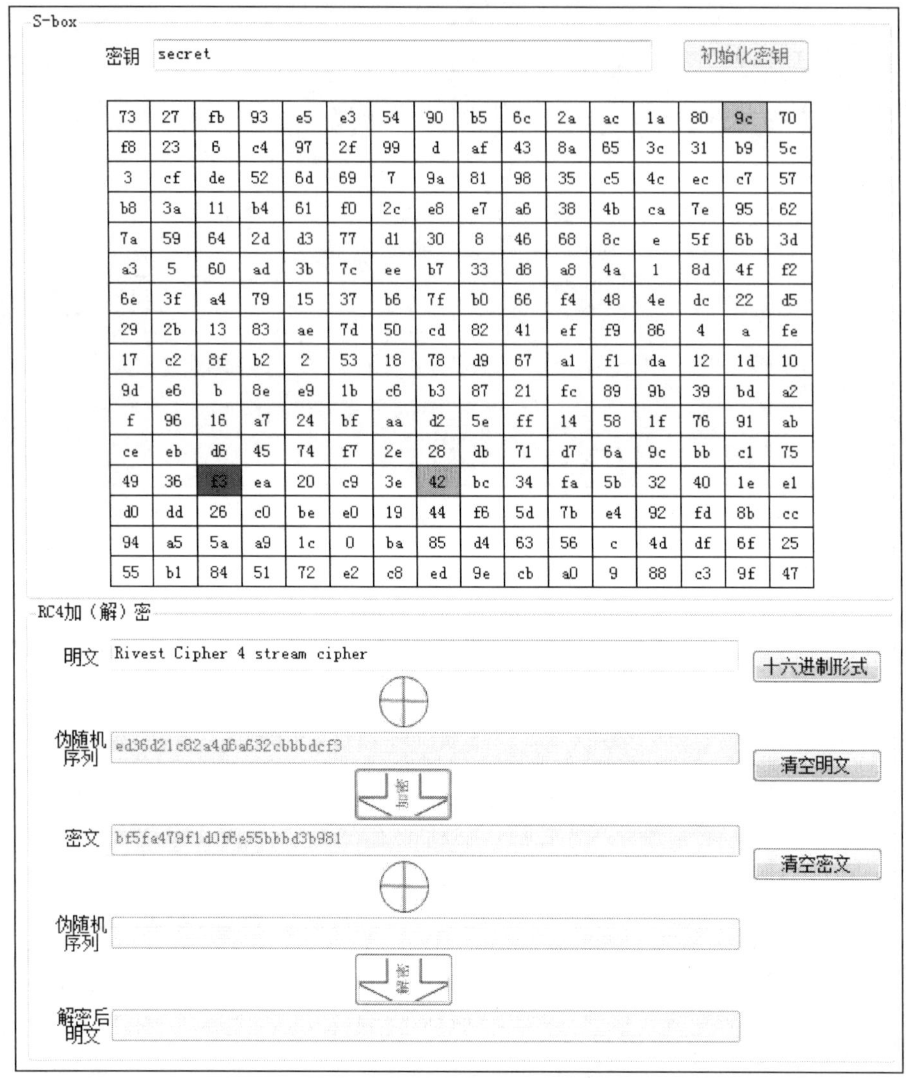

图1.11　加密过程

注：也可以在“明文”文本框中输入十六进制的数值。

(4) 观察解密过程。单击“解密”按钮，在“解密后明文”文本框内就会出现解密后的明文。为了对比解密后的明文与初始明文，单击“十六进制形式”按钮即可。

3. 算法跟踪

(1) 选择RC4算法，在算法计算的相应区域输入明/密文和密钥，单击“跟踪加密”/“跟踪解密”按钮，进入调试器。选择对应的算法函数进行算法跟踪。

(2) 跟踪完成后会自动返回案例分析界面显示计算结果，切换回调试器，停止调试，关闭调试器。

1.3.4 LFSR 流密码

选择 LFSR 标签，进入 LFSR 流密码的案例分析面板。

1. 加密过程

选定一个线性移位寄存器的反馈函数，如 $f(x)=x^{16}+x^{14}+x^{13}+x^{11}+1$，在相应的指数下填入“√”，然后输入一个 LFSR 流密码的初始值(十六进制)，如图 1.12 所示。

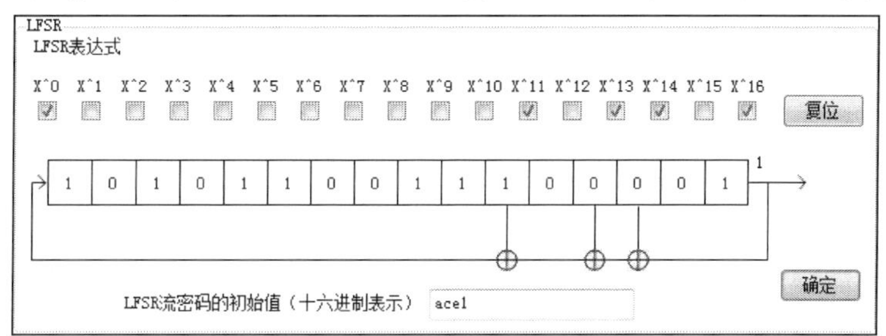

图 1.12 输入流密码初始值

在“明文”文本框中输入待加密的 ASCII 码字符(也可以输入二进制串，由该文本框右边的提示而定)，然后单击“加密”按钮即可得到二进制密文码流，如图 1.13 所示。

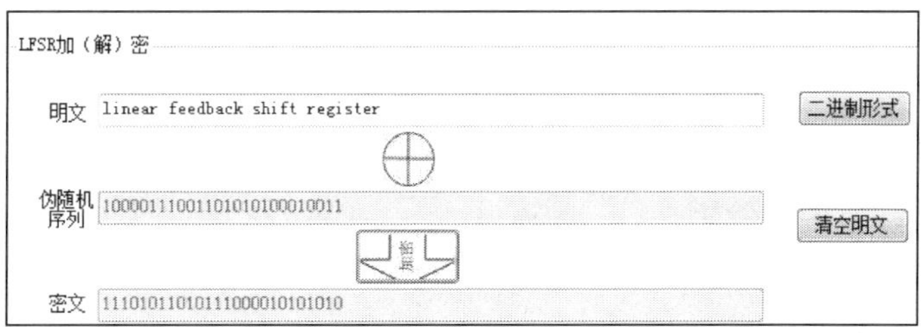

图 1.13 加密过程

2. 解密过程

单击“解密”按钮即可得到序列密码的解密结果。为了对比解密后的明文与初始明文，可以单击“二进制形式”按钮。

3. 算法跟踪

(1) 单击“算法跟踪”按钮，进入调试器，选择对应的算法函数进行算法跟踪。跟踪完成后会自动返回案例分析界面显示计算结果。

(2) 切换回调试器，停止调试，关闭调试器，不保存工程。

1.4 对称密码基本加密

对称密码体制使用相同的加密密钥和解密密钥，其安全性主要依赖于密钥的保密性。分组密码是对称密码体制的重要组成部分，其基本原理为：将明文消息编码后的序列

$m_0,m_1,m_2,\cdots,m_i$划分为长度为L(通常为 64 或 128)位的组$m=(m_0,m_1,m_2,\cdots,m_{L-1})$，每组分别在密钥$k=(k_0,k_1,k_2,\cdots,k_{t-1})$(密钥长度为$t$)的控制下变换成等长的一组密文输出序列$c=(c_0,c_1,c_2,\cdots,c_{L-1})$。

分组密码实际上是在密钥的控制下，从一个足够大和足够好的置换子集中简单而迅速地选出一个置换，用来对当前输入的明文分组进行加密变换。现在所使用的对称分组加密算法大多数都是基于 Feistel 分组密码结构的，遵从的基本指导原则是 Shannon 提出的扩散和混乱。扩散和混乱是分组密码的最本质操作。

分组密码与流密码的对比：分组密码以一定大小的分组作为每次处理的基本单元，而流密码则以一个元素(如一个字母或一比特)作为基本的处理单元。流密码使用一个随时间变化的加密变换，具有转换速度快、低错误传播的优点，并且软硬件实现简单。缺点是低扩散、插入及修改不敏感。分组密码使用的是一个不随时间变化的固定变换，具有扩散性好、插入敏感等优点，缺点是加解密处理速度慢、存在错误传播。

常用的分组密码有 DES 算法、3DES 算法、IDEA 算法、AES 算法、SMS4 算法等。

1.4.1　DES 算法

数据加密标准(Data Encryption Standard，DES)算法是第一个也是最重要的现代对称加密算法，其分组长度为 64 比特，使用的密钥长度为 56 比特(实际上函数要求一个 64 位的密钥作为输入，但其中用到的有效长度只有 56 位，剩余 8 位可作为奇偶校验位或完全随意设置)。DES 加解密过程类似，加解密使用同样的算法，唯一不同的是解密时子密钥的使用次序要反过来。DES 的整个体制是公开的，系统安全性完全依赖密钥的保密。

DES 的运算可分为如下三步。

(1)对输入分组进行固定的“初始置换”IP，可写为(L_0,R_0) = IP(输入分组)，其中L_0和R_0称为“(左,右)半分组”，都是 32 比特的分组，IP 是公开的、固定的函数，无明显的密码意义。

(2)将下面的运算迭代 16 轮($i = 1,2,\cdots,16$)：$L_i= R_{i-1}$，$R_{i-1}= L_{i-1}\oplus f(R_{i-1},k_i)$；这里$k_i$称为轮密钥，是 56 比特输入密钥的一个 48 比特字符串，f称为S盒函数(S表示交换)，是一个代换密码，目的是获得很大程度的信息扩散。

(3)将 16 轮迭代后得到的结果(L_{16},R_{16})输入到 IP 的逆置换来消除初始置换的影响，这一步的输出就是 DES 算法的输出，即输出分组=$\mathrm{IP}^{-1}(R_{16},L_{16})$，此处在输入$\mathrm{IP}^{-1}$之前，16 轮迭代输出的两个半分组又进行了一次交换。

DES 的加密与解密算法都是用上述三个步骤，不同的是如果在加密算法中使用的轮密钥为$k_1,k_2,\cdots,k_{16}$，则解密算法中的轮密钥就应当是$k_{16},k_{15},\cdots,k_1$，可记为$(k_1',k_2',\cdots,k_{16}')=(k_{16},k_{15},\cdots,k_1)$。

DES 算法的一轮迭代处理过程如图 1.14 所示。

DES 的计算过程如下：在加密密钥k下，将明文消息m加密为密文c，使用 DES 算法将c在k下解密为明文。解密过程如下：$(L_0',R_0')=\mathrm{IP}(c)=\mathrm{IP}(\mathrm{IP}^{-1}(R_{16},L_{16}))$，即$(L_0',R_0')=(R_{16},L_{16})$；在第一轮中，$L_1'=R_0'=L_{16}=R_{15}$，$R_1'=L_0'\oplus f(R_0',k_1')=R_{16}\oplus f(L_{16},k_1')=[L_{16}\oplus f(R_{15},k_{16})]\oplus f(R_{15},k_{16})=L_{15}$，即$(L_1',R_1')=(R_{15},L_{15})$；同样，在接下来的 15 轮迭代中，可以得到$(L_2',R_2')=$

$(R_{14}, L_{14}), \cdots, (L'_{16}, R'_{16}) = (R_0, L_0)$；最后一轮结束后，交换 L'_{16} 和 R'_{16}，即 $(R'_{16}, L'_{16}) = (L_0, R_0)$，$\mathrm{IP}^{-1}(L_0, R_0) = \mathrm{IP}^{-1}(\mathrm{IP}(m)) = m$，解密成功。

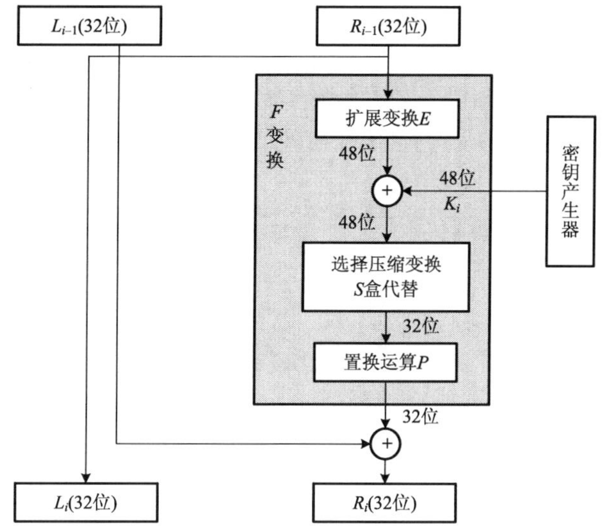

图 1.14 算法迭代过程

1.4.2 3DES 算法

DES 算法的一个主要缺点是密钥长度较短，同时被认为是 DES 仅有的最严重的弱点，容易遭受穷举密钥搜索攻击。克服密钥较短缺陷的一个方法是使用不同的密钥，多次运行 DES 算法，3DES 算法应运而生。3DES 算法具有四种使用模式，其中的一种为加密-解密-加密的 3DES 方案，加解密过程可表示为

$$C = E_{k_1}\left(D_{k_2}\left(E_{k_3}(m)\right)\right)$$

其中，$k_1 = k_3 \neq k_2$ 或 $k_1 \neq k_2 \neq k_3$。

1.4.3 IDEA

1990 年，瑞士联邦理工学院的中国青年学者来学嘉(Xuejia Lai)和著名密码专家 James L. Massey 在 EUROCRYPT 1990 国际会议上提出了一个名叫 PES(Proposed Encryption Standard)的分组密码算法，稍后经过改进成为 IPES(Improved PES)，并于 1992 年被最终定名为国际数据加密算法(International Data Encryption Algorithm，IDEA)。国际上普遍认为 IDEA 是继 DES 之后的又一个成功的分组密码，已经应用于 E-mail 系统的 PGP(Pretty Good Privacy)、OpenPGP 的标准算法以及其他加密系统中。

IDEA 是一个分组密码，也是一个对合运算，明文和密文的分组长度均为 64 比特，密钥长度为 128 比特。IDEA 易于实现，软硬件实现都很方便，而且加解密速度很快。

IDEA 中的三个运算如下。

⊕：16 位子分组的相异或。

⊞：16 位整数的模 2^{16} 加，即 $X \boxplus Y \equiv (X + Y)\bmod(2^{16})$。

$\odot$：16 位整数的模 2^{16}+1 乘，即 $X \odot Y \equiv (X \times Y) \bmod (2^{16}+1)$。

IDEA 的整体结构由 8 轮迭代和一个输出变换组成。64 位的明文分为 4 个子块，每块 16 位，分别记为 M_1、M_2、M_3、M_4。64 位的密文也分为 4 个子块，每块 16 位，分别记为 C_1、C_2、C_3、C_4。128 位的密钥经过子密钥生成算法产生 52 个 16 位的子密钥，每一轮加密迭代使用 6 个子密钥，输出变换使用 4 个子密钥。记 $K_i^{(r)}$ 为第 r 轮迭代使用的第 i 个子密钥，$r=1,2,\cdots,8$，$i=1,2,\cdots,6$。记 $K_9^{(r)}$ 为输出变换使用的第 i 个子密钥，$i=1,2,3,4$。

每一轮的运算步骤如下。

(1) $M_1 \odot K_1^{(r)}$，$r=1,2,\cdots,8$。

(2) $M_2 \boxplus K_2^{(r)}$。

(3) $M_3 \boxplus K_3^{(r)}$。

(4) $M_4 \odot K_4^{(r)}$。

(5)将第(1)步和第(3)步的结果异或。

(6)将第(2)步和第(4)步的结果异或。

(7)将第(5)步的结果乘以 $K_5^{(r)}$。

(8)将第(6)步和第(7)步的结果相加。

(9)将第(8)步的结果乘以 $K_6^{(r)}$。

(10)将第(7)步和第(9)步的结果相加。

(11)将第(1)步和第(9)步的结果异或。

(12)将第(3)步和第(9)步的结果异或。

(13)将第(2)步和第(10)步的结果异或。

(14)将第(4)步和第(10)步的结果异或。

(15)第(11)、(12)、(13)、(14)步的结果为本轮加密迭代的输出结果。

IDEA 的解密过程和加密过程相同，只是所使用的子密钥不同。

IDEA 采用基本轮函数迭代结构，既采用混淆技术，又采用扩散技术。具体采用了三种不同的代数群，将其混合运算，获得了良好的非线性，增强了密码的安全性。

IDEA 是在 Ascom-Tech AG 公司的 Hasler 基金会的支持下完成的，在许多国家申请了专利保护，在非商业领域却是自由使用的。IDEA 的商标为 MediaCrypt 公司所拥有，专利保护期到 2010～2011 年。

1.4.4 AES 算法

美国国家标准技术协会(NIST)于 1997 年提出征集一个新的对称密钥分组加密算法作为取代 DES 的新的加密标准的公告，并将这个新的算法命名为高级加密标准(Advanced Encryption Standard, AES)。2000 年 10 月 2 日，NIST 宣布选中了 Rijndeal 算法，建议作为 AES 使用，并于 2001 年正式发布了 AES 标准。

Rijndeal 算法是分组长度和密钥长度均可变的分组密码，密钥长度和分组长度可独立指定为 128 比特、192 比特或 256 比特。为了满足 AES 的要求，限定处理分组的大小为 128 比特，密钥长度为 128 比特、192 比特或 256 比特，相应的迭代轮数为 10 轮、12 轮、14 轮，分别记为 AES-128/192/256。Rijndeal 算法采用平方结构，每一轮都使用代替和混淆并行地处理整个数据分组，包括 3 个代替和 1 个混淆。

此处以密钥长度与分组长度均为 128 比特(此时对应的轮数是 10)为例，说明 Rijndeal 算法的加解密过程。

128 比特的消息(明文、密文)被分为 16 字节，记为：输入分组=$m_0,m_1,\cdots,m_{15}$；密钥分组也如此，为 $k=k_0,k_1,\cdots,k_{15}$；内部数据结构表示为一个 4×4 矩阵

$$\text{输入分组}=\begin{bmatrix} m_0 & m_4 & m_8 & m_{12} \\ m_1 & m_5 & m_9 & m_{13} \\ m_2 & m_6 & m_{10} & m_{14} \\ m_3 & m_7 & m_{11} & m_{15} \end{bmatrix}, \quad \text{输入密钥}=\begin{bmatrix} k_0 & k_4 & k_8 & k_{12} \\ k_1 & k_5 & k_9 & k_{13} \\ k_2 & k_6 & k_{10} & k_{14} \\ k_3 & k_7 & k_{11} & k_{15} \end{bmatrix}$$

Rijndeal 中的轮变换记为 Round(State,RoundKey)，这里 State 是轮消息矩阵，可看成输入或输出；RoundKey 是轮密钥矩阵，由输入密钥通过密钥表导出。一轮的完成将改变 State 元素的值，即改变 State 的状态。

轮(除了最后一轮)变换由四个不同的变换组成，如下所示：

```
Round(State,RoundKey)
{
    SubBytes(State);
    ShiftRows(State);
    MixColumns(State);
    AddRoundKey(State,RoundKey);
}
```

最后一轮稍有不同，记为 FinalRound(State,RoundKey)，等于不使用 MixColumns 函数的 Round(State,RoundKey)。轮变换是可逆的，以便于解密。相应的逆轮变换记为 Round^{-1}(State, RoundKey)和 FinalRound^{-1}(State,RoundKey)。

SubBytes(State)函数为 State 的每一字节 x 提供了一个非线性代换，任一 GF(2^8)域上的非零字节 x 被如下变换所代换 $y=Ax^{-1}+b$；ShiftRows(State)函数在 State 的每行上运算，对于在第 i 行的元素，循环左移 i 位。

MixColumns(State)函数在 State 的每列上作用，此处只描述对一列的作用：对于一列 $(s_0,s_1,s_2,s_3)^{-1}$，将其表示成 3 次多项式 $s(x)=s_3x^3+s_2x^2+s_1x+s_0$。对 $s(x)$ 作如下运算得到 $d(x)=c(x)\cdot s(x)(\bmod\ x^4+1)$，其中 $c(x)=c_3x^3+c_2x^2+c_1x+c_0='03'x^3+'01'x^2+'01'x+'02'$，$c(x)$ 的系数是 GF(2^8)域中的元素(以十六进制表示字节)。

AddRoundKey(State,RoundKey)函数将 RoundKey 中的元素和 State 中的元素进行逐位地进行异或操作。

解密运算仅仅是在相反的方向反演加密，即运行

```
AddRoundKey(State,RoundKey)^-1;
MixColumns(State)^-1;
ShiftRows(State)^-1;
SubBytes(State)^-1;
```

可以看出 Rijndeal 密码的加解密必须分别使用不同的电路和代码。

1.4.5 SMS4 算法

SMS4 密码算法是我国官方公布的第一个商用密码算法，主要应用于无线局域网产品。SMS4 算法是一个分组算法，其分组长度为 128 比特，密钥长度为 128 比特；加密算法与密钥扩展算法都采用 32 轮非线性迭代结构；解密算法与加密算法的结构相同，只是轮密钥的使用顺序相反，解密轮密钥是加密轮密钥的逆序。密钥与明密文均以 32 比特为单位进行划分，轮函数与密钥扩展算法也以 32 比特为基本单位进行运算。

1) SMS4 轮函数

设输入 $X=(X_0,X_1,X_2,X_3)$，轮密钥为 rk（由加密密钥通过密钥扩展算法得到），则 SMS4 算法的轮函数可表示为

$$F(X_0,X_1,X_2,X_3,\mathrm{rk})=X_0\oplus L\big(\tau(X_1\oplus X_2\oplus X_3\oplus \mathrm{rk})\big)$$

L 为线性变换，设输入为 A，输出为 B，则

$$B=L(A)=A\oplus(A<<<2)\oplus(A<<<10)\oplus(A<<<18)\oplus(A<<<24)$$

其中，$<<<i$ 表示 32 比特循环左移 i 位；A、B 均为 32 比特；τ 为非线性变换，以 8 比特为基本单位进行运算，由四个 S 盒组成。设输入 $A=(a_0,a_1,a_2,a_3)$，输出 $B=(b_0,b_1,b_2,b_3)$，则

$$B=(b_0,b_1,b_2,b_3)=\tau(A)=\big(\mathrm{Sbox}(a_0),\mathrm{Sbox}(a_1),\mathrm{Sbox}(a_2),\mathrm{Sbox}(a_3)\big)$$

其中，a_i、b_i 均为 1 字节。

2) SMS4 的扩展密钥算法

SMS4 的扩展密钥算法用来通过输入的加密密钥生成 32 个轮密钥，算法描述如下。

加密密钥 MK_i，$i=0,1,2,3$；中间变量为 K_i，$i=0,1,\cdots,35$；轮密钥为 rk_i，$i=0,1,\cdots,31$，其中 MK_i、K_i、rk_i 均为 32 比特，则密钥生成方法为

$$(K_0,K_1,K_2,K_3)=(\mathrm{MK}_0\oplus \mathrm{FK}_0,\mathrm{MK}_1\oplus \mathrm{FK}_1,\mathrm{MK}_2\oplus \mathrm{FK}_2,\mathrm{MK}_3\oplus \mathrm{FK}_3)$$

$$\mathrm{rk}_i=K_{i+1}=K_i\oplus L'\big(\tau(K_{i+1}\oplus K_{i+2}\oplus K_{i+3}\oplus \mathrm{CK}_i)\big),\quad i=0,1,\cdots,32$$

其中，系统参数 FK 的取值用十六进制来表示，FK_0=(A3B1BAC6)，FK_1=(56AA3350)，FK_2=(677D9197)，FK_3=(B27022DC)；L'为 L 的修改，$L'(A)=A\oplus(A<<<13)\oplus(A<<<23)$；固定参数 CK 的取值方法为：设 $\mathrm{ck}_{i,j}$ 为 CK_i 的第 j 字节（$i=0,1,\cdots,31$；$j=0,1,2,3$），即 $\mathrm{CK}_i=(\mathrm{ck}_{i,0},\mathrm{ck}_{i,1},\mathrm{ck}_{i,2},\mathrm{ck}_{i,3})$，则 $\mathrm{ck}_{i,j}=(4i+j)\times 7(\mathrm{mod}\ 256)$；32 个固定参数 CK_i，其十六进制表示为

00070e15, 1c232a31, 383f464d, 545b6269
70777e85, 8c939aa1, a8afb6bd, c4cbd2d9
e0e7eef5, fc030a11, 181f262d, 343b4249
50575e65, 6c737a81, 888f969d, a4abb2b9
c0c7ced5, dce3eaf1, f8ff060d, 141b2229
30373e45, 4c535a61, 686f767d, 848b9299
a0a7aeb5, bcc3cad1, d8dfe6ed, f4fb0209
10171e25, 2c333a41, 484f565d, 646b7279

3) SMS4 加解密算法

设明文输入为 (M_0, M_1, M_2, M_3)，密文输出为 (C_0, C_1, C_2, C_3)，轮密钥为 rk_i，i=0,1,2,…,31，其中，M_i、C_i、rk_i 均为 32 比特，则 SMS4 算法的加密可表示为

$$X_{i+4} = F(X_i, X_{i+1}, X_{i+2}, X_{i+3}, \mathrm{rk}_i) = X_i \oplus L\left(\tau(X_{i+1} \oplus X_{i+2} \oplus X_{i+3} \oplus \mathrm{rk}_i)\right),\ i = 0,1,\cdots,31$$

$$(Y_0, Y_1, Y_2, Y_3) = R(X_{32}, X_{33}, X_{34}, X_{35}) = (X_{35}, X_{34}, X_{33}, X_{32})$$

其中，R 为反序变换。

SMS4 算法的解密与加密变换结构相同，但轮密钥使用顺序相反。

1.4.6　案例分析

本案例通过运算器工具实现 DES 算法加解密计算及分步演示，其他算法可参照完成。

1) 加解密计算

(1) 加密。

在加密算法选项里选择 DES，在“明文”栏的下拉菜单里选择文本或十六进制，然后在后面相应的文本框内输入所要加密的明文。

在“密钥”栏的下拉菜单里选择文本或十六进制，然后在后面相应的文本框内输入相应的密钥。

单击“加密”按钮，在“密文”文本框内就会出现加密后的密文，如图 1.15 所示。

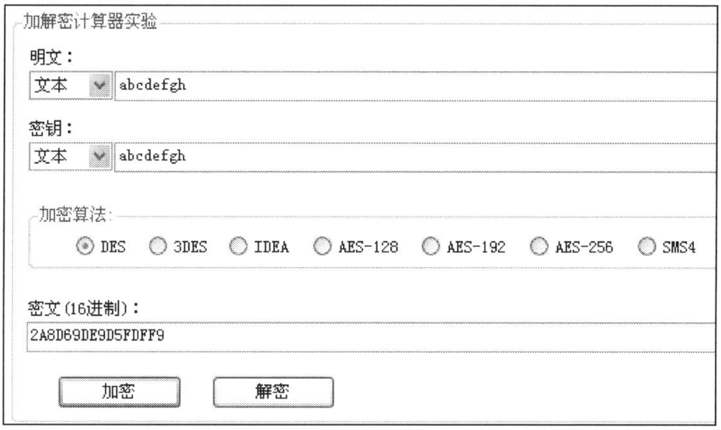

图 1.15　加密

(2) 解密。

在“密文”栏输入所要解密的密文。在“密钥”栏的下拉菜单里选择文本或十六进制，然后在后面相应的文本框内输入相应的密钥。单击“解密”按钮，在“明文”文本框内就会出现解密后的明文。

2) 分步演示

(1) 单击“扩展案例分析”框中的“DES 分步演示”按钮，进入 DES 分步演示窗口，打开后默认进入分步演示页面。

(2) 密钥生成。在“子密钥产生过程”选项区中选择密钥的输入形式后，输入密钥(DES

要求密钥长度为 64 位，即选择“ASCII”时应输入 8 个字符，选择“HEX”时应输入 16 个十六进制码)。单击“比特流”按钮生成输入密钥的比特流。单击“等分密钥”按钮，将生成的密钥比特流进行置换选择后，等分为 28 位的 C0 和 D0 两部分。

分别单击两侧的“循环左移”按钮，对 C0 和 D0 分别进行循环左移操作(具体的循环左移的移位数与轮序有关，此处演示为第一轮，循环左移 1 位)，生成同样为 28 位的 C1 和 D1。

单击“密钥选取”按钮，对 C1 和 D1 进行置换选择，选取 48 位的轮密钥，此处生成第一轮的密钥 K1。上述密钥生成过程如图 1.16 所示。

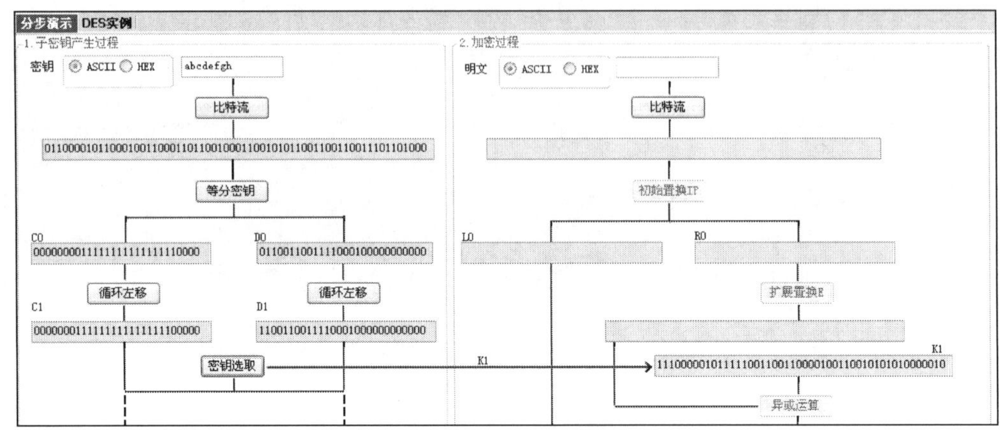

图 1.16　密钥生成过程

(3) 加密过程。在“加密过程”框中选择明文的输入形式后，输入明文；DES 要求明文分组长度为 64 位，输入要求参照密钥输入步骤。

单击“比特流”按钮生成输入的明文分组的比特流。

单击“初始置换 IP”按钮对明文比特流进行初始置换，并等分为 32 位左右两部分 L0 和 R0。

单击“扩展置换 E”按钮对 32 位 R0 进行扩展置换，将其扩展到 48 位。

单击“异或计算”按钮，将得到的扩展结果与轮密钥 K1 进行异或，得到 48 位异或结果。

分别单击 S1、S2、…、S8 按钮，将得到的 48 位异或结果通过 *S* 代换产生 32 位输出。

单击“异或计算”按钮，将得到的 32 位输出与 L0 进行异或，得到 R1；同时令 L1=R1，进入下一轮加密计算。

依次进行 16 轮计算，最终得到 L16 和 R16；单击“终结置换”按钮，对置换后的 L16 和 R16 进行初始逆置换 IP^{-1}，即可得到密文。

3) DES 实例

(1) 单击 DES 分步演示窗体中的“DES 实例”标签，进入 DES 实例演示页面。

(2) 加密实例。输入明文、初始化向量和密钥，选择工作模式和填充模式，单击“加密”按钮，对输入的明文使用 DES 算法按照选定的工作模式和填充模式进行加密。在“轮密钥”显示框内以十六进制显示各轮加密使用的密钥，加密结果以两种形式显示在“密文”框中。上述过程如图 1.17 所示。

图 1.17 加密实例

(3) 解密实例。输入密文、密钥和初始化向量，选择工作模式和填充模式，单击“解密”按钮，对输入的密文使用 DES 算法按照选定的工作模式和填充模式进行解密。在轮密钥显示框内以十六进制显示各轮加密使用的密钥，解密结果以两种形式显示在“明文”框中。

4) DES 扩展案例分析

(1) 单击“扩展案例分析”框中的“DES 扩展案例分析”按钮，进入 DES 扩展案例分析窗口，打开后默认进入扩展案例分析主页面，进行加解密。

(2) 确保在主窗口中选中了“加密”单选按钮，将 DES 的工作模式设置为“加密运算”。

(3) 在文本框内输入待加密的 16 字节长的明文 ASCII 码串和 16 字节长的密钥 ASCII 码串，单击“运行”按钮得到 DES 的加密结果，如图 1.18 所示。

(4) 观察“初始置换”(初始置换 IP)。在主窗口中单击“初始置换”按钮进入“首置换”页面，单击“运行”按钮即可观察明文的初始变换过程，可以根据需要调节变换显示的速度。

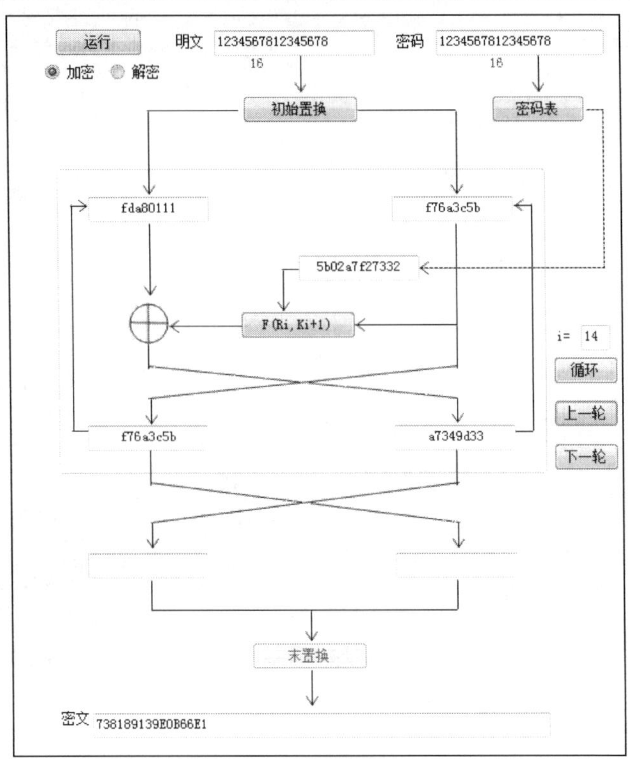

图 1.18 加密实例

(5)观察密钥变换。在主窗口中单击“密码表”按钮，打开密码变换选项组。选择“密码表”选项卡，观察 16 轮加密变换的密钥。选择“密码盒”选项卡，观察 16 轮加密变换密钥的生成过程。

(6)观察加密函数。单击主窗口的“F(Ri,Ki+1)”按钮进入加密函数变换选项卡。依次顺序单击“F(Ri,Ki+1)”选项卡中的各个按钮，可以得到“选择运算 E”、“代替函数组 S”和“置换运算 P”的运算结果，如图 1.19 所示。选择“F(Ri,Ki+1)”选项卡右下角的“Ebox”、“Sbox”或“Pbox”，并单击“查看”按钮，可以详细观察相应的变换过程。

(7)观察“末置换”(逆初始变换 IP^{-1})。在主窗口中单击“末置换”按钮进入“末置换”选项卡，单击“运行”按钮即可观察加密过程的末置换(逆初始变换 IP^{-1})的执行过程。只有当主窗口中循环轮次等于 16 时，“末置换”按钮才变为有效的，否则无法激活该窗口。

(8)解密时，确保在主窗口中选中了“解密”单选按钮，将 DES 的工作模式设置为“解密运算”。文本框内输入待解密的 16 字节长的密文 ASCII 码串和 16 字节长的密钥 ASCII 码串，单击“运行”按钮得到 DES 的解密结果，解密过程与加密过程类似，不再赘述。

5)算法跟踪

(1)选择 DES 算法，在算法计算的相应区域输入明/密文和密钥；单击“跟踪加密”/“跟踪解密”按钮，进入调试器，选择对应的算法函数进行算法跟踪。

(2)跟踪完成后会自动返回案例分析界面显示计算结果，切换回调试器，停止调试，关闭调试器，不保存工程。

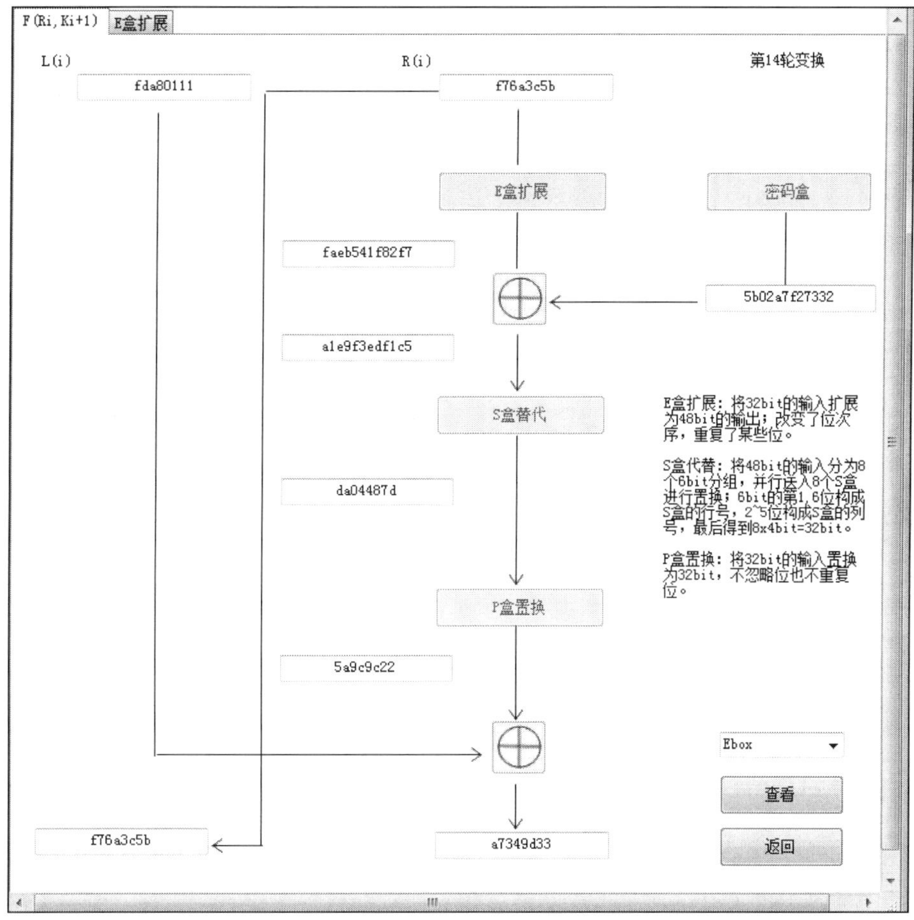

图 1.19 运算结果

1.5 对称密码工作模式

分组密码将消息作为数据分组来处理，而大多数消息(一个消息串)的长度通常大于分组密码的消息分组长度。长的消息被分为一系列连续排列的消息分组，密码一次处理一个分组。分组密码算法是提供数据安全的一个基本构件，在基本的分组密码算法之后紧接着设计了许多不同的运行模式。当明文的长度不是分组长度的整数倍时，需要对明文进行填充以保证分组的顺利进行；填充模式主要有 PKCS 7、ISO 9797M2、ANSI X9.23、ISO 10126、全 0 填充和无填充等方式。本节着重介绍各个分组模式的基本原理与架构。

1.5.1 电码本模式

ECB(Electronic Code Book)模式是最简单的运行模式，一次对一个分组分别进行加解密。ECB 是确定性的，在相同的密钥下使用 ECB 模式将明文加密两次输出的密文分组也是相同的。

1.5.2　密码分组链模式

CBC(Cipher Block Chaining)模式的第一个密文分组 C_i 的计算需要使用一个特殊的输入分组 C_0，通常称为初始向量 IV，IV 是一个随机的 n 比特分组，每次会话加密时都要使用一个新的随机 IV。使用 CBC 模式可以使得每个密码分组不仅依赖于所对应的原文分组，而且依赖于所有以前的数据分组。

1.5.3　输出反馈模式

OFB(Output Feed Back)模式的特点是将基本分组密码的连续输出分组的分段回送到移位寄存器中，j 位输出反馈只将加密输出的 j 位用于反馈输入，同样需要初始向量 IV。OFB 的加解密过程相同。

1.5.4　密码反馈模式

CFB(Cipher Feed Back)模式在结构上与 OFB 相似，其特点在于反馈相继的密码分段，从模式的输出返回作为基础分组密码算法的输入，j 位的密码反馈将 j 位的密文用于反馈输入，同样需要初始向量 IV。CFB 中基本分组密码的加密函数用在加密和解密的两端，因此，基本分组密码函数可以是任意单项变换。CFB 模式可考虑用作流密码的密钥生成器。

1.5.5　计数器模式

CTR(Counter)模式使用与明文分组规模相同的计数器长度，但要求加密不同的分组所用的计数器值必须不同，其特征是将计数器从初始值开始计数所得到的值作为基础分组密码算法的输入。CTR 的加解密过程相同，加密时计数器值经加密算法变换后的结果与明文分组异或得到密文。解密时，使用相同的计数器值序列，计数器值经加密算法变换后的结果与密文分组异或即可恢复明文。CTR 模式无反馈，加密与解密可同时进行。

1.5.6　密文挪用模式

密文挪用(CTS)模式用于处理任意长度的明文数据，并产生相同长度的密文数据。除最后两个明文分组外，对前面的所有块 CTS 模式与 CBC 模式效果一样。

1.5.7　案例分析

本案例分析 DES 算法在不同工作模式(分组模式+填充模式)下的加解密计算，其他算法可参照完成。

1. 加密

(1)选择算法，此处为 DES。
(2)选择明文、密钥和初始化向量格式，输入正确的明文、密钥和初始化向量。
(3)选择填充模式，单击“填充”按钮对明文进行填充。
(4)选择分组模式。

(5) 单击“加密”按钮，使用DES算法按照选定的工作模式对明文进行加密；在“密文”文本框中查看加密结果，如图1.20所示。

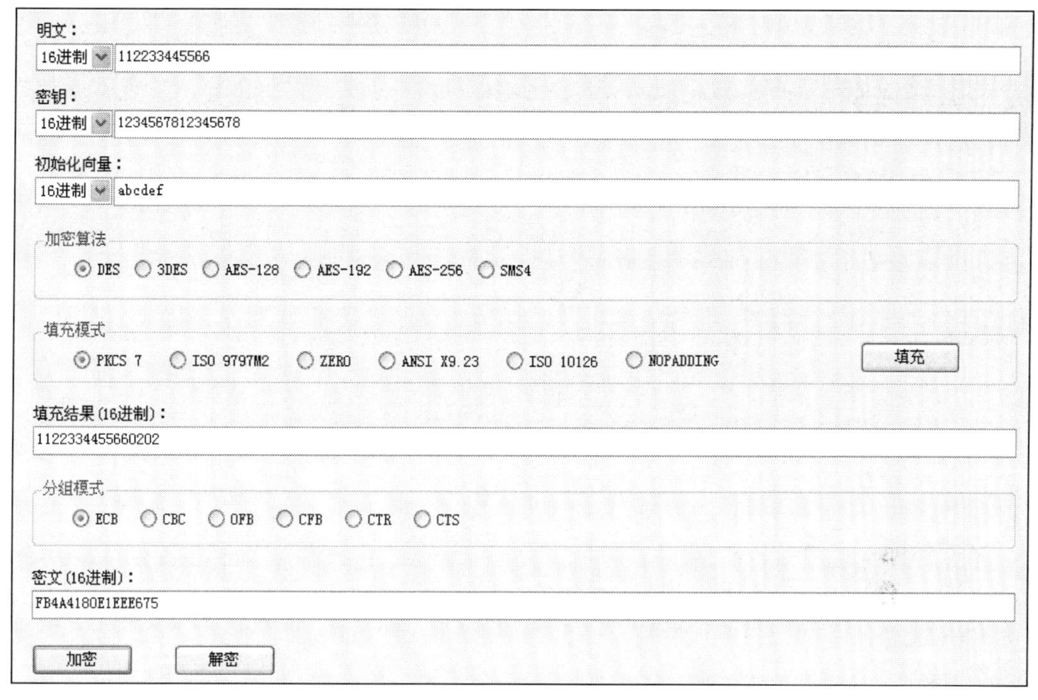

图1.20 加密结果

(6) 修改填充模式，查看异同。保持明文、密钥、初始化向量、分组模式和加密算法不变，依次选择不同的填充模式，单击“填充”按钮对明文进行填充，查看各个填充模式下填充结果的异同，单击“加密”按钮，查看各个填充模式下加密结果的异同。

(7) 修改分组模式，查看异同。保持明文、密钥、初始化向量、填充模式和加密算法不变，依次选择不同的分组模式，单击“加密”按钮查看各个分组模式下加密结果的异同。

2. 解密

(1) 选择加密算法，此处为DES。

(2) 输入十六进制密文；选择密钥和初始向量的格式，输入正确的密钥和初始向量。

(3) 选择填充模式和分组模式，选择明文格式。

(4) 单击“解密”按钮，与图1.20类似，使用DES算法按照选定的工作模式对输入的密文进行解密；在“明文”文本框中查看解密结果。

(5) 修改填充模式，查看异同。保持明文、密钥、初始化向量、分组模式和加密算法不变，依次选择不同的填充模式，单击“解密”按钮，查看各个填充模式下解密结果的异同。

(6) 修改分组模式，查看异同。保持明文、密钥、初始化向量、填充模式和加密算法不变，依次选择不同的分组模式，单击“解密”按钮，查看各个分组模式下解密结果的异同。

1.6 散列函数

散列函数是一种单向密码，是一个从明文到密文的不可逆映射，只有加密过程，不可解密；同时散列函数可以将任意长度的输入经过变换以后得到固定长度的输出。散列函数在完整性认证和数字签名等领域有广泛应用。

散列函数应满足以下要求。

(1) 算法公开，不需要密钥。

(2) 具有数据压缩功能，可将任意长度的输入转换为固定长度的输出。

(3) 已知 m，容易计算出 $H(m)$。

(4) 给定消息散列值 $H(m)$，要计算出 m 在计算上是不可行的。

(5) 对任意不同的输入 m 和 n，它们的散列值是不能相同的。

常用的散列函数有 MD5 算法、SHA-1/256 算法、HMAC 算法等。

1.6.1 MD5 算法

MD5 (Message-Digest Algorithm 5) 即信息-摘要算法，是 MD4 算法的改进；算法的输入为任意长度的消息，分为 512 比特的分组，输出为 128 比特的消息摘要。处理过程如下。

(1) 对消息进行填充，使其长度为 $n\times512+448$ (n 为正整数) bit，填充方式是固定的：第一位为 1，其后各位为 0。

(2) 附加消息长度，使用上一步骤留出的 64 比特以小端(最低有效字节/位存储于低地址字节/位) 方式来表示消息被填充前的长度，若消息长度大于 264，则以 264 为模数取模。

(3) 对消息摘要缓冲区初始化，算法使用 128 比特的缓冲区来存储中间结果和最终散列值，将缓冲区表示成 4 个 32 比特长的寄存器 A、B、C、D，每个寄存器以小端方式存储数据，初始值为(十六进制，低位字节在前) A=01234567，B=89ABCDEF，C=FEDCBA98，D=76543210。

(4) 以分组为单位对消息进行处理，每一个分组都经过压缩函数 HMD5 处理；HMD5 有 4 轮处理过程，每轮有 16 步迭代，4 轮处理过程的处理结构一样，所用逻辑函数不同，分别表示为 F、G、H、I；每轮的输入为当前处理的消息分组和缓冲区当前的值，输出仍存放在缓冲区中。最后第四轮的输出与第一轮输入的缓冲区值 V 相加，相加时将 V 看作 4 个 32 比特的字，每个字与第四轮输出的对应的字按模 2^{32} 相加，相加结果为 HMD5 的输出。

(5) 消息的所有分组均被处理完后，最后一个 HMD5 的输出即为产生的 128 位消息摘要。

1.6.2 SHA-1/256 算法

SHA 的全称为 Secure Hash Algorithm(安全杂凑算法)，SHA 家族的五个算法分别是 SHA-1、SHA-224、SHA-256、SHA-384 和 SHA-512，由美国国家安全局(NSA) 设计，并由美国国家标准与技术研究院(NIST) 发布，后四者有时并称为 SHA-2。

SHA-1 基于 MD4 算法，算法的输入最大长度为 $2^{64}-1$ 比特，分为 512 比特长的分组，输出为 160 比特的消息摘要。处理过程如下。

(1) 对消息进行填充，与 MD5 第一步相同。

(2)附加消息长度，与MD5第二步类似，不同的是以大端(最高有效字节/位存储于低地址字节/位)方式来表示消息被填充前的长度。

(3)对消息摘要缓冲区初始化，算法使用160比特的缓冲区来存储中间结果和最终散列值，将缓冲区表示成5个32比特的寄存器A、B、C、D、E，每个寄存器以大端方式存储数据，初始值为(十六进制，高位字节在前)A=67452301，B=EFCDAB89，C=98BADCFE，D=10325476，E=C3D2E1F0。

(4)以分组为单位对消息进行处理，每一个分组都经过压缩函数HSHA处理；HSHA有4轮处理过程，每一轮又有20步迭代；4轮处理过程的处理结构一样，所用逻辑函数不同，分别表示为f_1、f_2、f_3、f_4；每轮的输入为当前处理的消息分组和缓冲区当前的值，输出仍存放在缓冲区中。最后第四轮的输出与第一轮输入的缓冲区值V相加，相加时将V看作5个32比特的字，每个字与第四轮输出对应的字按模2^{32}相加，相加结果为HMD5的输出。

(5)消息的所有分组均被处理完后，最后一个HSHA的输出即为产生的160位消息摘要。

SHA-256使用6个逻辑函数，均基于32位的字进行操作，算法输出的消息摘要为256位。

SHA与MD5处理过程类似，主要区别在于所使用的压缩函数不同。

1.6.3 HMAC算法

HMAC的全称为Hash-based Message Authentication Code(基于散列的消息认证码)，HMAC将散列函数作为一个黑盒使用，散列函数的实现可作为实现HMAC的一个模块，并可使用新模块代替旧模块。

设H为嵌入的散列函数，M为HMAC的输入消息(包括散列函数所要求的填充位)，$Y_i(0 \leqslant i \leqslant L-1)$是$M$的第$i$个分组，$L$为$M$的分组数，$b$为一个分组中的比特数，$n$为嵌入的散列函数所产生的散列值的长度，$K$为密钥，若密钥长度大于$b$，则将密钥输入到散列函数中产生一个$n$比特长的密钥，$K^+$是左边填充0后的$K$，$K^+$的长度为$b$比特，ipad为$b$/8个00110110，opad为$b$/8个01011010，则算法的输出可表示为

$$\text{HMAC}_k = H\left[(K^+ \oplus \text{opad}) \,\|\, H(K^+ \oplus \text{ipad}) \,\|\, M\right]$$

1.6.4 案例分析

在下面的案例中，通过运算器工具实现MD5、SHA-1/256、HMAC算法的加解密，对两个报文的MD5值进行异或比对，进行SHA-1的分步计算，对MD5、SHA-1/256等算法进行扩展案例分析和算法跟踪，分析步骤如下。

1. 散列值计算

(1)选择明文格式，输入明文。

(2)勾选计算使用的算法，默认为全选。

(3)单击“计算”按钮，使用所选算法分别计算明文的散列值；算法对应的文本框中将显示相应的散列值，如图1.21所示。

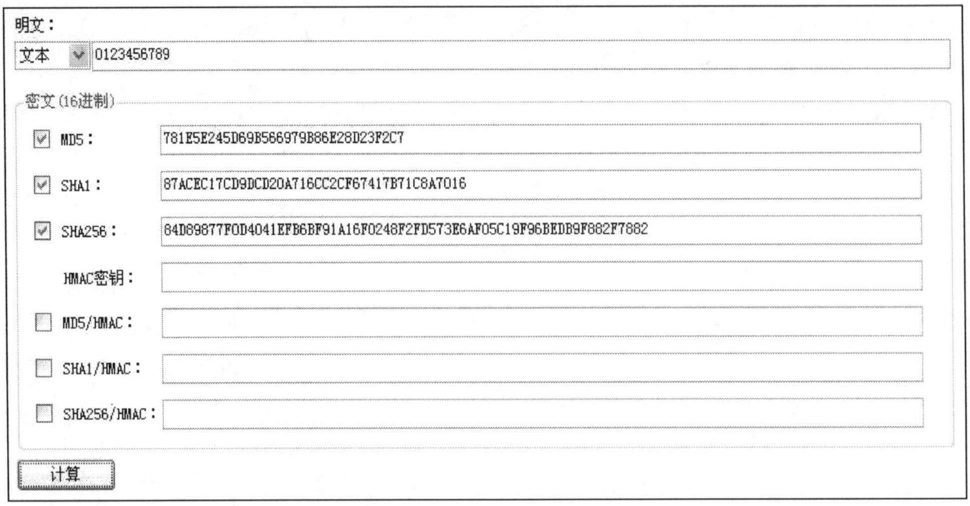

明文：
文本
0123456789
密文(16进制)
MD5：
781E5E245D69B566979B86E28D23F2C7
SHA1：
87ACEC17CD9DCD20A716CC2CF67417B71C8A7016
SHA256：
84D89877F0D4041EFB6BF91A16F0248F2FD573E6AF05C19F96BEDB9F882F7882
HMAC密钥：
MD5/HMAC：
SHA1/HMAC：
SHA256/HMAC：
计算

图 1.21　散列值计算

2. MD5 值比对

(1) 单击“扩展案例分析”框中的“MD5 值比对”按钮，进入 MD5 值比对窗体。

(2) 相同报文的MD5散列值比对。分别在第一组报文和第二组报文处输入相同的报文值，并计算 MD5 值；单击“异或比较”按钮进行散列值比对，非 0 元个数即为散列值中互不相同的位数，此处为 0，即相同报文的散列值相同。

(3) 相似报文的 MD5 值比对。保持第一组报文的内容不变，修改第二组报文值中的最后一位，计算其散列值，并进行异或比较，结果如图 1.22 所示；可以看出，对两个极为相似的报文进行散列后得到的散列值差异是非常大的。

MD5值比对
第一组报文
报文
0123456789
MD5值
781E5E245D69B566979B86E28D23F2C7
计算MD5值
清空
比特流
第二组报文
报文
0123456780
MD5值
9E46D024890D3C6C5979A220ECFBB8CD
计算MD5值
清空
比特流
散列结果的异或比较
非0元个数
50
异或比较
异或比较

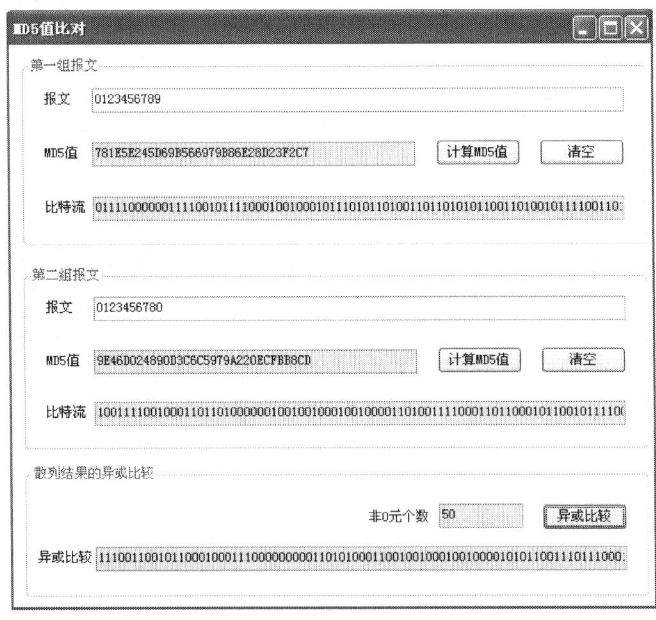

图 1.22　相似报文散列值比对

3. MD5扩展案例分析

(1)单击“扩展案例分析”框中的“MD5扩展案例分析”按钮，进入MD5扩展案例分析窗体。

(2)在“测试向量”文本框中输入任意长度的ASCII码的字符串，单击“运行”按钮，MD5算法的运行结果会出现在信息摘要文本框中。

(3)观察MD5算法的执行过程。单击“算法演示”按钮，激活算法演示界面，如图1.23所示，其中⊞表示模 2^{32} 加。

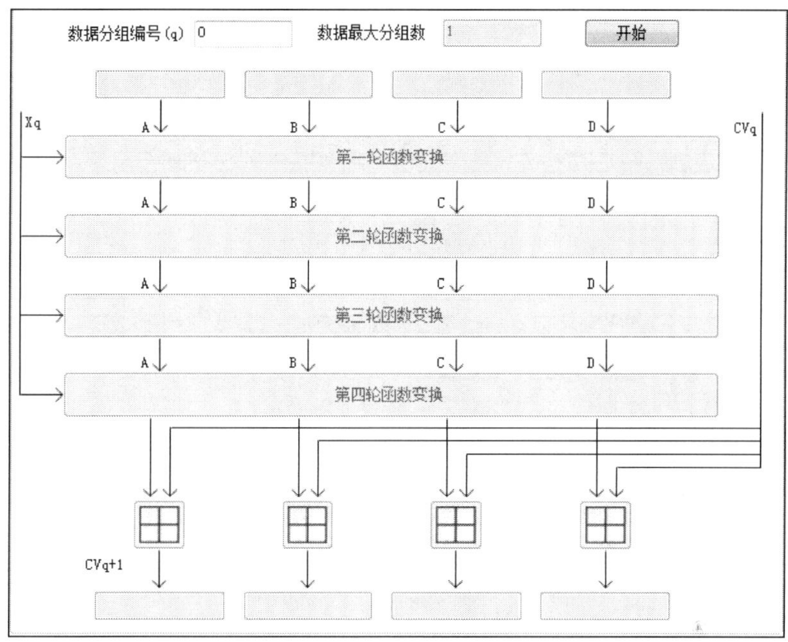

图1.23　算法执行界面

① 在“数据分组编号(q)”文本框中输入一个小于“数据最大分组数”文本框中的非负整数，然后单击“开始”按钮，启动算法执行。

② 单击“第一轮函数变换”按钮，进入轮函数变换窗口。依次单击界面中的按钮，得到MD5算法中的各种中间步骤结果。

③ 依次执行“第二轮函数变换”、“第三轮函数变换”、“第四轮函数变换”后，进入该组信息摘要变换的最后一步。单击最下面的加法异或按钮，得到该分组的信息摘要结果。

4. SHA-1分步计算

(1)单击“扩展案例分析”框中的“SHA-1分步计算”按钮，进入SHA-1分步计算窗体。

(2)输入明文。案例分析系统支持最长两个数据块的明文，即512+448比特(120字节)，此处以输入四次26个字母即104字节为例。

(3)消息填充。依次单击“填充‘1’”按钮、“填充‘0’”按钮、“填充长度与分组”按钮，完成消息的填充，如图1.24所示，窗体右侧每一步为对应的原理。

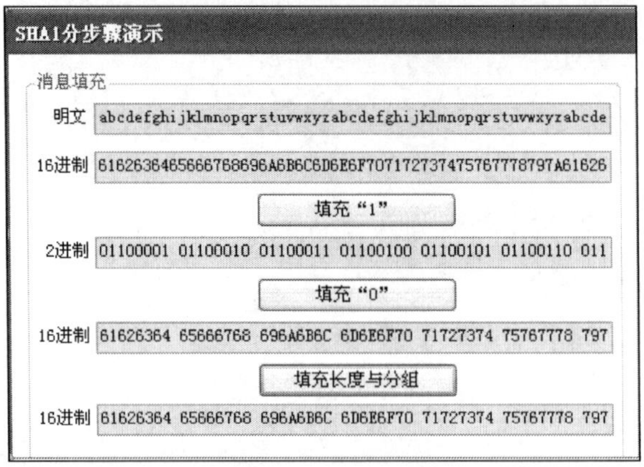

SHA1分步骤演示
消息填充
明文 abcdefghijklmnopqrstuvwxyzabcdefghijklmnopqrstuvwxyzabcde
16进制 6162636465666768696A6B6C6D6E6F707172737475767778797A61626
填充“1”
2进制 01100001 01100010 01100011 01100100 01100101 01100110 011
填充“0”
16进制 61626364 65666768 696A6B6C 6D6E6F70 71727374 75767778 797
填充长度与分组
16进制 61626364 65666768 696A6B6C 6D6E6F70 71727374 75767778 797

图 1.24　消息填充

(4)计算首个数据块的摘要。单击“初始化”按钮，初始化缓冲区变量；单击“扩充第0--15 组明文”和“扩充第 16--79 组明文”按钮，完成对明文的扩充。单击“读取变量初始值”和“4 轮共 80 步计算”按钮，完成各轮核心压缩函数的运算。单击“求和运算”按钮，生成首个数据块最终 160 位的散列值。上述过程如图 1.25 所示。

SHA1分步骤演示
第一部分 计算首个数据块的摘要
初始化
H0 H1 H2 H3 H4
16进制 67452301 EFCDAB89 98BADCFE 10325476 C3D2E1F0
扩充第0--15组 明文
W(0-3) 61626364 65666768 696A
W(4-7) 71727374 75767778 797A
W(8-11) 6768696A 6B6C6D6E 6F70
W(12-15) 7778797A 61626364 6566
扩充第16--79组 明文
16进制 1C04040C 0C04043C 3C04040C EEDOD2E4 E6E8DEA0 96E8EAEC 2B
读取变量初始值
A B C D E
16进制 67452301 EFCDAB89 98BADCFE 10325476 C3D2E1F0
4轮共80步计算
A B C D E
16进制 847274DD 8A2ECFEF 91524145 44A8A31E A4E9A5B1
求和运算
H0 H1 H2 H3 H4
16进制 EBB797DE 79FC7B78 2A0D1E43 54DAF794 68BC87A1

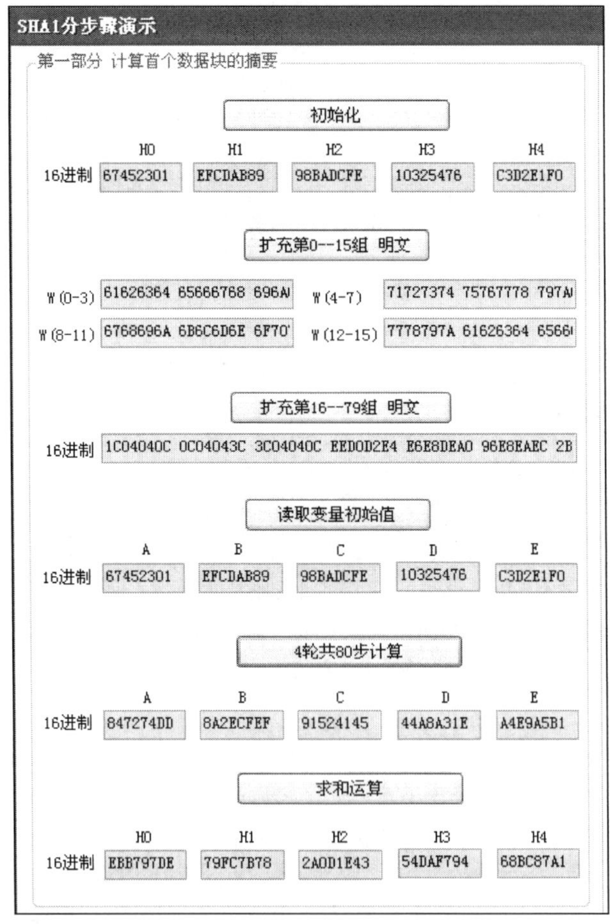

图 1.25　首个数据块的摘要

(5)计算后续数据块的摘要。单击“设置 H0--H4”按钮，计算后续数据块的散列值。

5. 算法跟踪

单击“算法跟踪”框中相应的算法跟踪按钮，如“MD5 跟踪”按钮，进入调试器，选择对应的算法函数进行算法跟踪；跟踪完成后会自动返回案例分析界面显示计算结果；切换回调试器，停止调试，关闭调试器。

1.7 非对称加密

非对称密码体制又称为公钥密码体制，加解密使用公私钥密钥对，私钥由密钥拥有者保管，公钥可以公开，基于公开渠道进行分发，解决了对称密钥体制中密钥管理、分发和数字签名等难题。

1.7.1 RSA 算法

RSA 公钥算法由 Rivest、Shamir、Adleman 于 1978 年提出，是目前公钥密码的国际标准。算法的数学基础是 Euler 定理，是基于 Deffie-Hellman 的单项陷门函数的定义而给出的第一个公钥密码的实际实现，其安全性建立在大整数因子分解的困难性之上。

RSA 算法的明文空间 M=密文空间 $C=\mathbf{Z}_n$，其算法描述如下。

(1)密钥生成。随机选择两个大素数 p 和 q，计算 $n=p\cdot q$，$\varphi(n)=(p-1)\cdot(q-1)$；选择一个随机整数 $e<\varphi(n)$，满足 $\gcd(e,\varphi(n))=1$，计算整数 $d=e^{-1}\bmod\varphi(n)$，即 $ed\equiv 1\bmod\varphi(n)$；公开公钥 (n,e)，安全地销毁 p、q 和 $\varphi(n)$，并保留 (d,n) 作为私钥。

(2)加密

$$C\equiv M^e \bmod n,\quad M<n$$

(3)解密

$$M\equiv C^d \bmod n$$

使用中国剩余定理可以加速 RSA 算法的实现。

1.7.2 ELGAMAL 算法

ELGAMAL 算法是 Deffie-Hellman 单项陷门函数的一个成功应用，把函数转化为公钥加密体制，其安全性建立在有限域上的离散对数问题。

ELGAMAL 算法描述如下。

(1)密钥生成。随机选择一个素数 p，计算 p 个元素的有限域的乘法群的一个随机乘法生成元 g；均匀随机地在模 p–1 的整数集合中选取 x，计算 $y\equiv g^x \bmod p$；把 (p,g,y) 作为公钥公开，把 (p,g,x) 作为私钥。

(2)加密。均匀随机地在模 p–1 的整数集合中选取 k，消息 $m<p$，计算密文对 (c_1, c_2)

$$c_1 = g^k \bmod p$$

$$c_2 \equiv y^k m (\bmod p)$$

(3)解密

$$m \equiv c_2 / c_1^x (\bmod p)$$

1.7.3 椭圆曲线密码

椭圆曲线指的是由韦尔斯特拉斯(Weierstrass)方程 $y^2 + a_1xy + a_3y = x^3 + a_2x^2 + a_4x + a_6$ 所确定的平面曲线。若 F 是一个域，$a_i \in F$，$i = 1,2,\cdots,6$。满足上式的数偶 (x, y) 称为 F 域上的椭圆曲线 E 上的解点。F 域可以是有理数域，也可以是有限域 GF(Pr)。椭圆曲线通常用 E 表示。除了曲线 E 的所有点外，尚需加上一个称为无穷远点的特殊∞。

1985 年，Neal Koblitz 和 Victor S. Miller 分别建议将椭圆曲线(Elliptic Curves)应用到密码学中。研究发现，有限域的椭圆曲线上的一些点构成交换群，而且其离散对数问题是难解的。于是可以在此群上定义 ELGAMAL 密码，并称为椭圆曲线密码(Elliptic Curve Cryptography，ECC)。目前，椭圆曲线密码已成为除 RSA 密码之外呼声最高的公钥密码之一。

在椭圆曲线密码中利用了某种特殊形式的椭圆曲线，即定义在有限域上的椭圆曲线。GF(p)上的椭圆曲线的一般形式为

$$y^2 = x^3 + ax + b$$

其中，令 p 为素数，$a,b \in \mathrm{GF}(p)$，且 $4a^3 + 27b^2 \neq 0 \bmod p$。

ECC 具有密钥短、签名短、软件实现规模小、硬件实现电路省电的特点。普遍认为，160 比特的椭圆曲线密码的安全性相当于 1024 比特的 RSA 密码，而且速度较快。因此，一些国际标准化组织已把椭圆曲线密码作为新的信息安全标准，如 IEEE P1363/D4，ANSI F9.62 等，分别规范了 ECC 在 Internet 协议安全、电子商务、Web 服务器、空间通信、易懂通信、智能卡等方面的应用。

椭圆曲线密码加解密算法介绍如下。

1)密钥的生成

(1)随机选择一个大素数 q，从而确定有限域 GF(p)。选择元素 $a,b \in \mathrm{GF}(p)$，进而确定一条 GF(p)上的椭圆曲线。

(2)选择一个大素数 n，并确定一个阶为 n 的基点 G。

(3)随机选择一个整数 d，$1 \leqslant d \leqslant n-1$，作为私钥。

(4)计算用户的公钥 $Q = dG$ 得到公钥为$\{p,a,b,G,n,h\}$，私钥为$\{p,a,b,G,d,n,h\}$。

2)加密

将明文消息 M，$0 \leqslant M \leqslant n$ 加密成密文的过程如下。

(1)随机选取一个正整数 k^k，$1 \leqslant k \leqslant n-1$。

(2)计算共享秘密 $X_2 = kQ$。

(3)计算密文 $X_1 = kG$

$$C = M \times X_2 \bmod n$$

(4) 取 (X_1, C) 作为密文。

3) 解密

将密文 (X_1, C) 还原为明文的过程如下。

(1) 计算共享密钥 $X_2 = dX_1$。

(2) 计算 $M = C \times X_2^{-1}$。

椭圆曲线密码的安全性建立在椭圆曲线离散对数问题的困难性之上。目前，求解椭圆曲线离散对数问题的最好算法是分布式 Pollard-ρ方法，其计算复杂度为 $O\left(\sqrt{\pi n/2}/m\right)$，其中 n 是群的阶的最大素因子，m 是该分布式算法所使用的 CPU 个数。可见，当素数 p 和 n 足够大时椭圆曲线密码是安全的。

1.7.4　案例分析

下面的案例通过运算器工具实现 RSA、ELGAMAL 算法的加解密计算，手工计算 RSA 密钥并检验，将其应用于签名中并验证，对 RSA、ELGAMAL 算法进行扩展案例分析，对 RSA 密钥生成、RSA 密钥加密、ELGAMAL 参数生成、ELGAMAL 密钥生成和 ELGAMAL 加密进行算法跟踪。

案例分析步骤如下。

1. RSA

1) 加解密计算

(1) 打开案例分析实施页面，默认选择 RSA 标签，显示 RSA 案例分析界面。

(2) 选择明文格式，输入要加密的明文信息。

(3) 选择密钥长度，此处以 512 比特为例，单击“生成密钥对”按钮，生成密钥对和参数。

(4) 选择“标准方法”标签，在标签下查看生成的密钥对和参数，如图 1.26 所示。

(5) 标准方法加解密。标准方法可选择公钥加密/私钥解密形式进行加解密，此处以公钥加密/私钥解密形式进行加解密，可参照完成；注意在一次加解密过程中不要重新生成密钥对。单击“公钥加密”按钮使用生成的公钥对明文进行加密，密文以十六进制显示在“密文”文本框中；清除“明文”文本框中的内容，单击“私钥解密”按钮对密文进行解密。

(6) 切换到“中国剩余定理方法”标签，查看生成的密钥对和参数，如图 1.27 所示。

(7) 中国剩余定理方法加解密。单击“加密”按钮使用生成的公钥对明文进行加密，密文以十六进制显示在“密文”文本框中；清除“明文”文本框中的内容，单击“解密”按钮对密文进行解密。

2) RSA 密钥计算

(1) 单击“扩展案例分析”框中的“RSA 计算”按钮，进入 RSA 计算窗体。

(2) 输入报文信息，单击“计算 MD5 值”按钮生成报文信息的信息摘要。

RSA ELGAMAL
明文：
16进制
1122334455667788
密钥长度：
512 bit
生成密钥对
(16进制)
标准方法 中国剩余定理方法
Modulus：
B3E878C3B01A3E9A84D55E81CD9B1837D76F013DE43E5A1E99A2CE660AE1CA20F08FB11068661EB427B89E8382C625615C25B85E3345344D
公钥 Exponent：
10001
私钥 Exponent：
2104099D87E4D9164C4847E6B44FC11B065B25B430FDCC560F45D470DF905E226C7D9F1567F49EFEA2E70356E2C09A02B1BC162423106D4A
密文(16进制)：
公钥加密
私钥解密
私钥加密
公钥解密

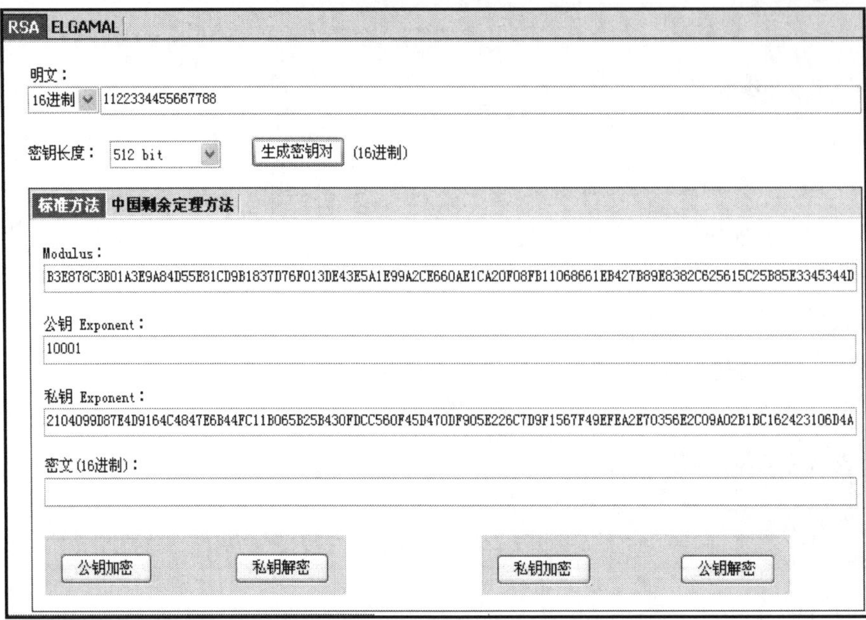

图 1.26　密钥对和参数

RSA ELGAMAL
明文：
16进制
1122334455667788
密钥长度：
512 bit
生成密钥对
(16进制)
标准方法 中国剩余定理方法
Modulus：
B3E878C3B01A3E9A84D55E81CD9B1837D76F013DE43E5A1E99A2CE660AE1CA20F08FB11068661EB427B89E8382C625615C25B85E3345344D2
公钥 Exponent：
10001
私钥 P：
E338986CEE01FF1A7F250580B7D89A09642D547B2A30DA8010D8CCE9D4B21563
私钥 Q：
CAB1CD7533E4A55FADDCE0D9F71B29FFBEF384B9BCC25A0B84468A69DC8405B9
私钥 dP：
AF3B8061D193FC9704A31A8150475D540CCBE0B133B2856FEA8E2849D4DC9A1D
私钥 dQ：
42D537828296CC746CD65C8961F1E1FA4292F6DB6B42C5FFF02076390B8DB879
私钥 InverseQ：
2384C80B1349F554C5336682327C5C73E5DA6348633C2FAAE88EB468C876A330
密文(16进制)：
加密
解密

图 1.27　中国剩余定理方法界面

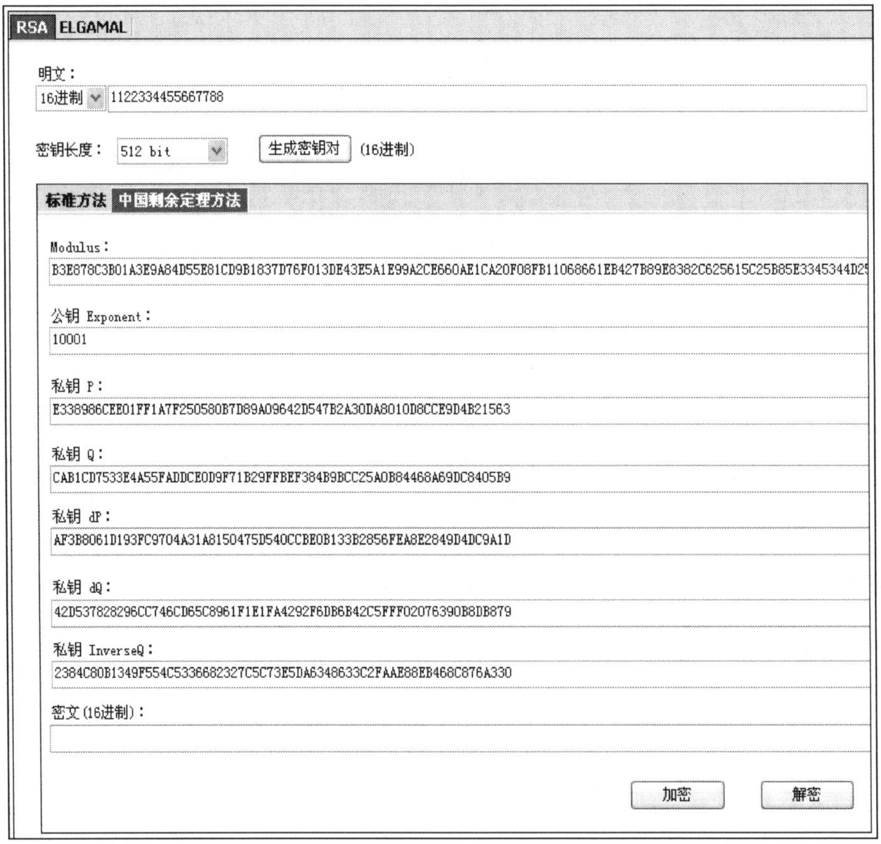

(3) 选择 p、q 值，计算 n、$\phi(n)$、e 和 d 的值并输入相应的文本框中，单击“检验”按钮对计算的各个参数值进行检验，如图 1.28 所示。

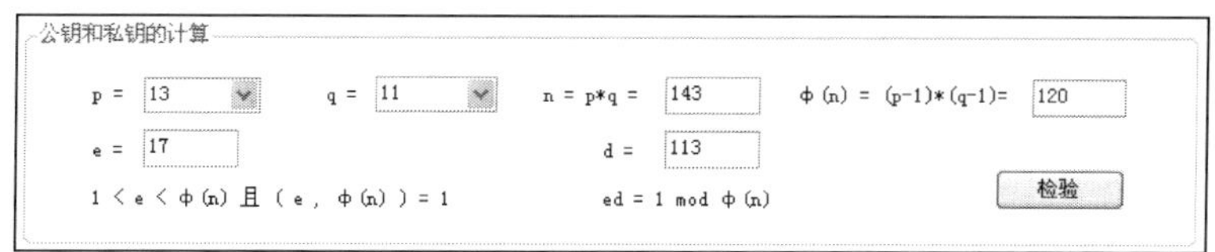

图 1.28 检验参数

(4) 检验无误后，根据上述计算得到的 RSA 私钥计算报文 MD5 值，即报文摘要的前 8 位的签名值，并输入相应的文本框；单击“生成签名并检验”按钮，检验签名输入是否正确并自动生成消息摘要前 8 位的签名值并显示。

(5) 单击“验证”按钮，对输入的签名值进行验证，并给出相应的提示。

3) 扩展案例分析

(1) 单击“扩展案例分析”框中的“RSA 扩展案例分析”按钮，进入 RSA 扩展案例分析窗体。

(2) 生成大素数 p 和 q。

① 输入 2 个大素数，并单击素数文本框右边的“素性测试”按钮，如图 1.29 所示。

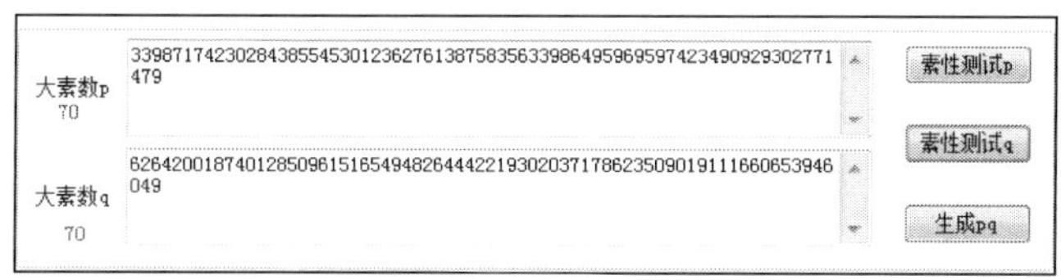

图 1.29 素性测试

② 单击“生成 pq”按钮，进入大素数生成界面；输入要生成的素数位数范围(十进制)，单击“随机生成”按钮，即可得到两个满足要求的大素数。

(3) 计算 $n = pq$。在正确设置了大素数 p 和 q 之后(也进行了素性测试)，单击该文本框右边的“计算”按钮即可。

(4) 计算 $\phi(n) = (p-1)(q-1)$，在正确设置了 n 值之后，单击该文本框右边的“计算”按钮即可，如图 1.30 所示。

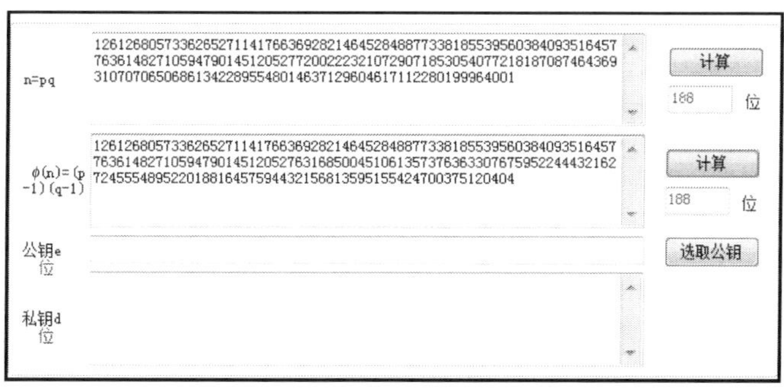

图 1.30 计算参数

(5)单击“选取公钥”按钮即可生成 RSA 密码算法的公钥和私钥。

(6)在主窗口中单击“加密”按钮，即进入 RSA 加密窗口；在“明文”文本框中输入一个小于 n 的正整数(十进制)，单击“加密”按钮即得到相应的密文。

(7)在主窗口中单击“解密”按钮，即进入 RSA 解密窗口；在“密文”文本框中输入一个小于 n 的正整数(十进制)，单击“解密”按钮即得到相应的明文。

4)算法跟踪

单击“算法跟踪”框下的“RSA 密钥生成”/“RSA 加密”按钮，进入调试器，选择对应的算法函数对 RSA 密钥生成算法/RSA 加密算法进行算法跟踪；跟踪完成后会自动返回案例分析界面显示计算结果；切换回调试器，停止调试，关闭调试器。

具体步骤可参照古典密码案例分析中的案例分析步骤二。

2. ELGAMAL

1)加解密计算

(1)选择 ELGAMAL 标签，进入 ELGAMAL 案例分析界面，与图 1.26 类似。

(2)选择明文形式，输入明文信息。

(3)单击“生成 g 和 P”按钮，生成 ELGAMAL 参数 P 和 g。

(4)单击“生成密钥”按钮，生成密钥 Y 和 X。

(5)单击“加密”按钮，使用公开密钥 Y 对明文加密，密文以十六进制形式显示在“密文”文本框中，如图 1.31 所示。

图 1.31　加密

(6)解密。清除“明文”文本框中的内容，单击“解密”按钮对密文进行解密，明文默认以十六进制形式显示在“明文”文本框中，可选择以文本形式查看明文。

2)扩展案例分析

(1)在扩展案例分析中单击“ELGAMAL 扩展案例分析”按钮，进入 ELGAMAL 扩展案例分析窗体。

(2)在主窗口中，在“群阶 q”文本框中输入一个大素数(此处不超过 10 位十进制)，在“生成元 g”文本框中输入一个小于 q 的正整数，并单击“生成元测试”按钮。

(3)生成 ELGAMAL 密码的公钥密码和私钥密码。在“私钥 x”文本框中输入一个正整数，作为私钥密码，单击“确定”按钮得到 ELGAMAL 密码的公钥密码和私钥密码，如图 1.32 所示。

图 1.32 生成密钥

(4)在主窗口中，单击“加密”按钮即进入 ELGAMAL 密码的加密窗口；首先在“随机数 y”文本框中输入一个值为 q 的正整数，并单击其右边的“确定”按钮；然后在“明文 M”文本框中输入一个小于 q 的正整数(十进制)，单击“加密”按钮即得到相应的密文。

(5)在主窗口中，单击“解密”按钮即进入 ELGAMAL 解密窗口；系统自动将加密窗口中的密文填入了解密窗口中的相应文本框中，单击“解密”按钮即得到解密后的明文。

3)算法跟踪

单击“算法跟踪”框下的“ELGAMAL 参数生成”/“ELGAMAL 密钥生成”/“ELGAMAL 加密”按钮，进入调试器，选择对应的算法函数对 ELGAMAL 参数生成过程、ELGAMAL 密钥生成算法和 ELGAMAL 加密算法进行算法跟踪。跟踪完成后会自动返回案例分析界面显示计算结果；切换回调试器，停止调试，关闭调试器。

1.8 数 字 签 名

数字签名是针对数字文档的一种签名确认方法，目的是对数字对象的合法性、真实性进行标记，并提供签名者的承诺。数字签名应具有与数字对象一一对应的关系，即签名的精确性；数字签名应基于签名者的唯一特征，从而确定签名的不可伪造性和不可否认性，即签名的唯一性；数字签名应具有时间特征，从而防止签名的重复使用，即签名的时效性。数字签名的执行方式分为直接方式和可仲裁方式。

1.8.1 RSA-PKCS 签名算法

公钥密码标准(PKCS)最初是为推进公钥密码系统的互操作性，由 RSA 案例分析室与工业界、学术界和政府代表合作开发的。在 RSA 的带领下，PKCS 的研究随着时间不断发展，它涉及不断发展的 PKI 格式标准、算法和应用程序接口。PKCS 标准提供了基本的数据格式定义和算法定义，它们实际上是今天所有 PKI 实现的基础。其中 PKCS#1 定义了 RSA 公钥函数的基本格式标准，特别是数字签名。它定义了数字签名如何计算，包括待签名数据和签名本身的格式；也定义了 RSA 公/私钥的语法。

RSA-PKCS 签名算法基于 RSA 算法，用于签署 X.509/PEM 证书、CRL、PKCS#6 扩展证书以及其他使用数字签名的对象，如 X.401 消息环。

RSA-PKCS 签名算法的签名过程包括 4 个步骤：消息散列、数据编码、RSA 加密和 8 位字节串到位串的转换。签名过程的输入是一个 8 位字节串 M(消息)和签名者的私人密钥，其输出是一个位串 S(签名)。验证过程包括四个步骤：位串到字节串的转换、RSA 解密、数据解码、消息散列和比较。验证过程的输入是字节串 M(消息)、签名者的公钥、位串 S(签名)，其输出是验证成功或失败的标记号。

RSA-PKCS 签名算法的具体算法描述可参见 RFC-2313:PKCS#1 RSAv1.5 加密标准。

1.8.2　ELGAMAL 签名算法

选择一个大素数 p，p–1 有大素数因子，a 是一个模 p 的本原元，将 p 和 a 公开。用户随机地选择一个整数 x 作为自己的秘密的解密密钥，$1 < x < p-1$，计算 $y \equiv a^k \bmod p$，取 y 为自己的公开的加密密钥。公开参数 p 和 a。

1) 产生签名

设用户 A 要对明文消息 m 加签名，$0 \leqslant m \leqslant p-1$，其签名过程如下。

(1) 用户 A 随机地选择一个整数 k，$1 < k < p-1$，且 $(k, p-1) = 1$。

(2) 计算 $r = a^k \bmod p$。

(3) 计算 $s = (m - x_A r)k^{-1} \bmod (p-1)$。

(4) 取 (r,s) 作为 m 的签名，并以 $<m,r,s>$ 的形式发送给用户 B。

2) 验证签名

用户 B 验证 $a^m = y^r r^s \bmod p$ 是否成立，若成立则签名为真，否则签名为假。

1.8.3　DSA 签名算法

数字签名标准(Digital Signature Standard, DSS)是由美国国家标准技术研究所于 1994 年正式公布的联邦信息处理标准 FIPS PUB 186。DSS 目前新增了基于 RSA 和 ECC 的签名算法，但是最初只支持数字签名算法(Digital Signature Algorithm，DSA)，该算法是 ELGAMAL 签名算法的改进，安全性基于计算离散对数的难度。

DSA 由美国国家安全局指导设计，用来提供唯一数字签名的函数；它虽然是一种公钥技术，但是只能用于数字签名。DSA 中规定了使用安全散列算法(SHA-1)，将消息生成固定长度的散列值，与一个随机数 k 一起作为签名函数的输入；签名函数还需使用发送方的密钥 x 和供所有用户使用的全局公开密钥分量 (p,q,g)，产生的两个输出 (r,s) 即为消息的签名。接收方收到消息后再产生出消息的散列值，将散列值与收到签名中的 s 一起输入验证函数；验证函数还需输入全局公开密钥分量 (p,q,g) 和发送方的公钥 y，产生的输出若与收到的签名中的 r 相同，则验证了签名是有效的。DSA 的具体算法描述如下。

1. DSA 的参数

(1)全局公开密钥分量(p,q,g)可以为一组用户公用：

① P是一个满足$2^{L-1}<p<2^L$的大素数，其中$512 \leqslant L \leqslant 1024$且$L$是64的倍数；

② q是$p-1$的素因子，满足$2^{159}<q<2^{160}$，即q的长度为160bit；

③ $g \equiv h^{(p-1)/q} \bmod p$，其中$h$是一个整数，满足$1<h<p-1$，且$g \equiv h^{(p-1)/q} \bmod p>1$。

(2)用户私钥x。

x是随机或伪随机整数，满足$0<x<q$。

(3)用户公钥y

$$y \equiv g^x \bmod p$$

用户公钥是由私钥计算而来的，给定x计算y容易，但给定y计算x是离散对数问题，被认为在计算上是安全的。

(4)用户为待签名消息选取的秘密数k。

k为随机或伪随机的整数，要求$0<k<q$；每次签名都要重新生成k。

2. 签名过程

发送方使用随机选取的秘密值k计算

$$r=(g^k \bmod p) \bmod q$$

$$s=[k^{-1}(H(M)+xr)] \bmod q$$

其中，$H(M)$是使用基于SHA-1生成的M的散列值，(r,s)就是基于散列值对消息M的数字签名；k^{-1}是k模q的乘法逆，且$0<k^{-1}<q$。最后签名者应验证$r=0$或$s=0$是否成立，若$r=0$或$s=0$，就应另选k值重新生成签名。

3. 验证过程

接收者收到(M,r,s)后，首先验证$0<r<q$，$0<s<q$，若通过则计算

$$w=s^{-1} \bmod q$$

$$u_1=[(H(M)w)] \bmod q$$

$$u_2=(rw) \bmod q$$

$$v=[(g^{u_1} y^{u_2}) \bmod p] \bmod q$$

若$v=r$，则确认签名正确，可认为收到的消息是可信的。

1.8.4 ECC 签名算法

椭圆曲线密码体制实现了密钥效率的重大突破，其安全性基于椭圆曲线离散对数问题的难解性。ECC 和 RSA 相比，其主要优点在于使用比特大小的密钥能取得与 RSA 同等强度的安全性，减少了处理开销，具有存储效率、计算效率和通信带宽的解决等方面的优势，适用于计算能力没有很好支持的系统。

椭圆曲线签名体制(ECDSA)以 ECC 为基础。其签名过程包括基于散列函数生成消息摘

要、椭圆曲线计算和模计算。签名过程的输入包括用位串表示的任意长度的消息 M、一套有效的椭圆曲线域参数、私钥 d。签名过程的输出是两个整数 (r,s)，其中 $0 \leqslant r, s \leqslant n-1$。其验证过程包括生成消息摘要、模运算、椭圆曲线计算和签名核实。验证过程的输入包括收到的用位串表示的消息 M、收到的该消息的签名 (r,s)、一套有效的椭圆曲线域参数、一个有效的公钥 Q。若产生的输出 v 与 r 相等，则验证成功。ECC 签名算法具体描述如下。

1. 系统建立和密钥生成

1) 系统建立

选取一个基域 GF(p) 或 GF(2^m)、定义在该基域上的椭圆曲线 $E(a,b)$ 和 $E(a,b)$ 上拥有素数阶 n 的点 $P(x_p, y_p)$（通常称为基点 G，即 $G=P$），其中有限域 GF(p) 或 GF(2^m)、椭圆曲线参数 (a,b)、基点 G（点 $P(x_p, y_p)$）的阶 n 都是公开信息。

2) 密钥生成

系统建立后，每个参与实体进行如下计算：在区间 $[1,n-1]$ 中随机选取一个整数 d，计算 $Q=d\times G$；实体的公钥为 Q，实体的私钥为整数 d。

2. 签名过程

发送者在区间 $[1, n-1]$ 中随机选取一个整数 k，计算椭圆曲线的点 $(x_1,x_2)=kG$；转换域元素 x_1 到整数 $\bar{x}_1$，进行如下计算

$$r=\bar{x}_1 \bmod n$$
$$s=k^{-1}(H(M)+dr) \bmod n$$

其中，$H(M)$ 是使用基于 SHA-1 生成的消息 M 的散列值；(r,s) 是基于散列值对消息 M 的数字签名。最后验证 $r=0$ 或 $s=0$ 是否成立，若 $r=0$ 或 $s=0$，就应另选 k 值重新生成签名。

3. 验证过程

接收者在接收到 (M,r,s) 后，首先验证 r 和 s 是否是在区间 $[1,n-1]$ 内的整数，若验证通过则计算

$$c=s^{-1} \bmod n$$
$$u_1=H(M)c \bmod n$$
$$u_2=rc \bmod n$$

计算椭圆曲线点 $(x_1,x_2)=u_1G+u_2Q$，验证 (x_1,x_2) 是否为无穷远点，若验证通过则转换域元素 x_1 到整数 $\bar{x}_1$，计算 $v=\bar{x}_1 \bmod n$。

若 $v=r$，则确认签名正确，可认为收到的消息是可信的。

1.8.5　案例分析

下面的案例通过运算器工具完成 RSA-PKCS 签名算法、DSA 签名算法和 ECC 签名算法的签名和验证，对 RSA 签名算法、ELGAMAL 签名算法、DSA 签名算法和 ECC 签名算法进行扩展案例分析，对 RSA 签名生成、RSA 签名验证、DSA 参数生成、DSA 密钥生成、

DSA 签名生成、DSA 签名验证、ECC 密钥生成、ECC 签名生成、ECC 签名验证等进行算法跟踪。

1. RSA-PKCS 签名算法

1)签名及验证计算

(1)进入案例分析实施界面，默认选择 RSA-PKCS 标签，显示 RSA-PKCS 签名案例分析界面。

(2)选择明文格式，输入明文信息。

(3)单击“计算 SHA1 值”按钮，生成明文信息的散列值。

(4)选择密钥长度，此处以 512bit 为例，单击“生成密钥对”按钮，生成密钥对和参数。

(5)选择“标准方法”标签，查看生成的密钥对和参数，如图 1.33 所示。

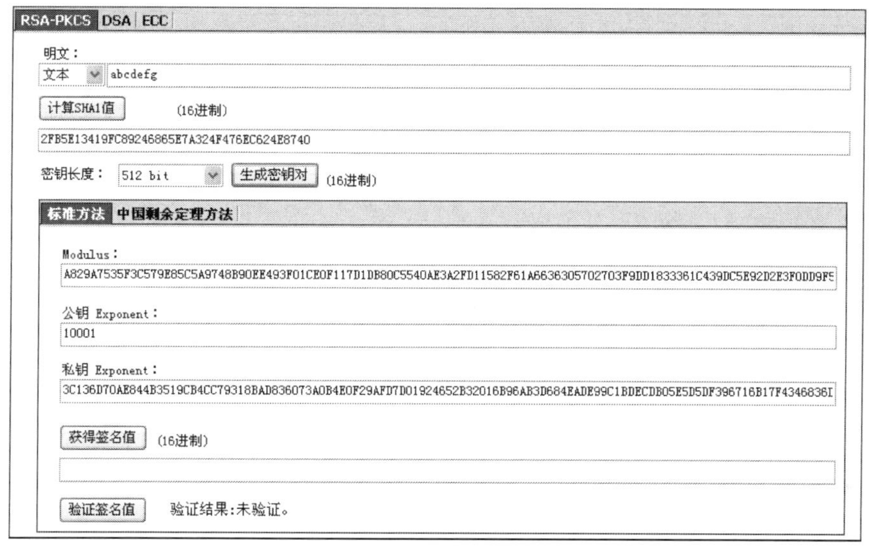

图 1.33 生成密钥对和参数

(6)标准方法签名及验证。单击“标准方法”标签下的“获得签名值”按钮，获取明文摘要的签名值，签名结果以十六进制显示于相应的文本框内；单击“验证签名值”按钮，对签名结果进行验证，并显示验证结果。

(7)选择“中国剩余定理方法”标签，查看生成的密钥对和参数，如图 1.34 所示。

(8)中国剩余定理方法签名及验证。单击“中国剩余定理方法”标签下的“获得签名值”按钮，获取明文摘要的签名值，签名结果以十六进制显示于相应的文本框内；单击“验证签名值”按钮，对签名结果进行验证，并显示验证结果。

2)扩展案例分析

(1)设置签名系统参数。直接单击“测试素性”按钮，使用系统初始预设的 RSA 参数，单击“生成 pq”按钮，系统会自动产生两个大素数。然后，单击“测试素性”按钮再次确认其素性，如图 1.35 所示。

图 1.34　查看密钥对和参数

图 1.35　生成素数

注：这个过程比较费时，可能要花费几分钟。

(2)注册用户。

① 在“用户名”文本框中输入一个“注册用户列表”框中未出现的用户名，如 alice，单击“注册”按钮。

② 在“用户注册”窗口单击“密钥测试”按钮，系统会为该用户生成一对公私钥，如图 1.36 所示。

图 1.36 生成公钥和私钥

注：这个过程比较费时，可能要花费几分钟。

③ 单击“密钥登记”按钮，主窗口的“注册用户列表”框中就会出现一个新的用户信息。

④ 重复上述过程，产生不少于两个注册用户。

(3) 在主窗口中单击“数字签名”标签进入“数字签名”窗口。

(4) 确定签名方。在“签名方基本信息”选项区中的“用户名 UID”文本框中输入一个已经注册的用户名，然后单击“获取私钥”按钮，即得到签名方的一些基本信息。

(5) 确定验证方。在“验证方公钥”选项区中的“验证方用户名”文本框中输入一个已经注册的用户名，然后单击“获取公钥”按钮，即得到验证方的一些基本信息。

(6) 签名运算。

① 输入签名消息：在“明文 M”文本框中输入要签名的消息，然后单击“确定”按钮，得到该消息摘要，如图 1.37 所示。

图 1.37 签名运算

② 签名：单击“签名”按钮，得到该消息的保密签名结果。

注：这个过程比较费时，可能要花费几分钟。

③ 发送签名。单击“发送签名”按钮返回主窗口，等待验证方验证。

(7) 在主窗口中单击“验证签名”标签，进入“验证签名”页面，如图 1.38 所示。

图 1.38　验证签名

(8) 确定验证方。在“验证方基本信息”选项区中的“用户名 UID”文本框中输入一个已经注册的用户名，单击“获取私钥”按钮，即得到验证方的一些基本信息。

(9) 确定签名方。在“签名方公钥”选项区中的“签名方用户名”文本框中输入一个已经注册的用户名，单击“获取公钥”按钮，即得到签名方的一些基本信息。

(10) 验证签名。单击“验证”按钮，验证结果会出现在“验证结果”文本框中。

注：这个过程比较费时，可能要花费几分钟。

3) 算法跟踪

在“算法跟踪”框下单击“获得 RSA 签名”/“验证 RSA 签名”按钮，进入调试器，选择对应的算法函数对 RSA 签名生成和 RSA 签名验证进行算法跟踪。跟踪完成后会自动返回案例分析界面显示计算结果；切换回调试器，停止调试，关闭调试器。

2. ELGAMAL 签名算法

(1) 在 RSA-PKCS 标签下的扩展案例分析中单击“ELGAMAL 扩展案例分析”按钮，进入 ELGAMAL 签名算法扩展案例分析窗体。

⑵设置签名系统参数。在“大素数 p”文本框内输入一个大的十进制素数(不要超过8位)；然后在“本原元 a”文本框内输入一个小于 p 的十进制正整数，单击“测试”按钮，确保 p 和 a 的合法性，界面如图 1.39 所示。

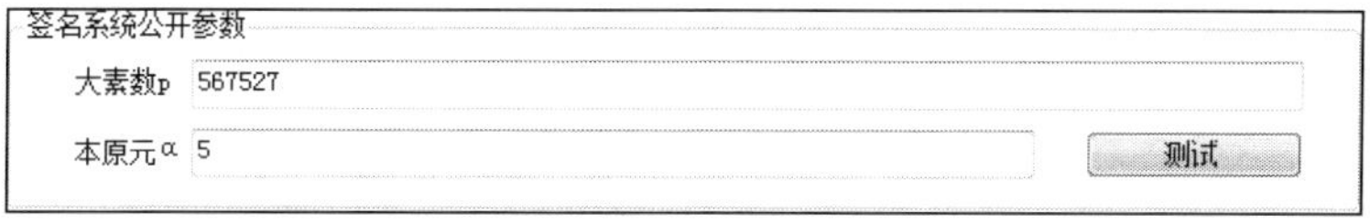

签名系统公开参数
大素数p 567527
本原元α 5
测试

图 1.39 设置参数

⑶注册用户。

① 在“用户名”文本框中输入一个“注册用户列表”框中未出现的用户名，如 alice，单击“注册”按钮。

② 在“用户注册”窗口中的“私钥 x”文本框中输入一个小于素数 p 的十进制非负整数，单击“确定”按钮。然后单击“计算公钥”按钮，系统会为该用户生成一对公私钥。

③ 单击“登记密钥”按钮，主窗口的“注册用户列表”框中就会出现一个新的用户信息，重复上述过程，产生不少于两个注册用户。

⑷在主窗口中单击“数字签名”标签，进入“数字签名”页面。

⑸确定签名方。在“签名方基本信息”框中的“用户名 UID”文本框中输入一个已经注册的用户名，然后单击“获取私钥”按钮，即得到签名方的一些基本信息。

⑹签名运算。

① 输入签名消息。在“明文 M”文本框中输入一个小于 p 的十进制非负整数，作为欲签名的消息。在“随机数 k”文本框中输入一个小于 p 的十进制非负整数，作为共享密钥的初始信息。然后单击“确定”按钮，如图 1.40 所示。

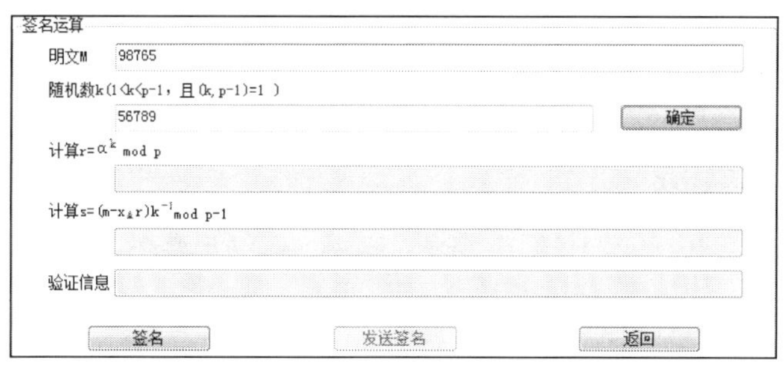

图 1.40 签名运算

② 签名。单击“签名”按钮得到该消息的保密签名结果。“验证信息”文本框暂时为空，等验证方验证后，自动填充该消息。单击“发送签名”按钮，激活验证签名窗口，等待验证方验证。

⑺在主窗口中单击“验证签名”标签，进入“验证签名”窗口。

⑻在“验证方基本信息”框中的“用户名 UID”文本框中输入一个已经注册的用户名，然后单击“获取公钥”按钮，即得到验证方的一些基本信息。

⑼验证签名。单击“验证”按钮，验证结果将会出现在“验证结果”文本框中。

⑽单击“发送确认”按钮，将验证结果通知签名方。

3. DSA 签名算法

1) 签名及验证计算

(1) 选择 DSA 标签，进入 DSA 签名案例分析界面。

(2) 选择明文格式，输入明文信息。

(3) 单击“计算 SHA1 值”按钮，生成明文信息的散列值，如图 1.41 所示。

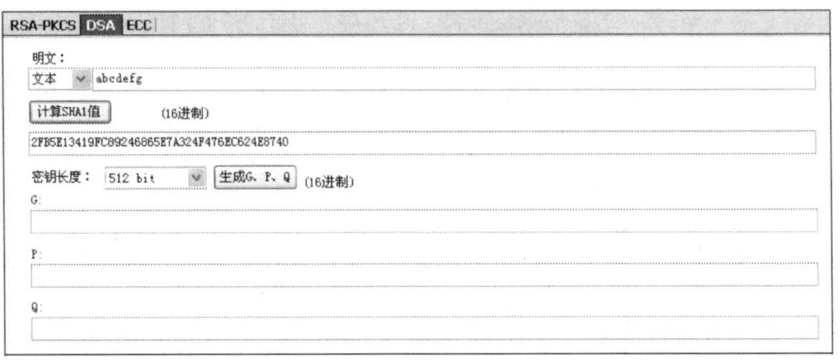

图 1.41　生成散列值

(4) 生成参数及密钥。选择密钥长度，此处以 512bit 为例，单击“生成 G、P、Q”按钮，生成 DSA 参数；单击“生成密钥”按钮生成密钥对 Y 和 X。上述过程如图 1.42 所示。

图 1.42　生成参数

(5) 签名及验证。单击“获得签名值”按钮，获取明文摘要的签名值 r 和 s，签名结果以十六进制显示于相应的文本框内；单击“验证签名值”按钮，对签名结果 r 和 s 进行验证，并显示验证结果。

2) 算法跟踪

在“算法跟踪”框下单击“生成 DSA 参数”/“生成 DSA 密钥”/“获取 DSA 签名”/“验证 DSA 签名”按钮，进入调试器，选择对应的算法函数对 DSA 参数生成、DSA 密钥生成、DSA 签名生成和 DSA 签名验证进行算法跟踪。跟踪完成后会自动返回案例分析界面显示计算结果；切换回调试器，停止调试，关闭调试器，不保存工程。

具体步骤可参照古典密码案例分析中的案例分析步骤二。

4. ECC 签名算法

椭圆曲线具有在有限域 GF(p)和 GF(2^m)上的两种类型，因此 ECC 签名算法有两种具体形式，此处以 GF(p)为例，GF(2^m)可参照完成。

1) 签名及验证计算

(1) 选择 ECC 标签，进入 ECC 签名案例分析界面。

(2) 选择明文格式，输入明文信息。

(3) 单击“计算 SHA1 值”按钮，生成明文信息的散列值，如图 1.43 所示。

(4) 参数及密钥生成。选择“F(p)”标签，在标签下选择椭圆曲线参数和密钥生成的参数，此处以 $m=112$(seed)为例，单击“取得密钥对”按钮，生成椭圆曲线参数和密钥对，如图 1.44 所示。

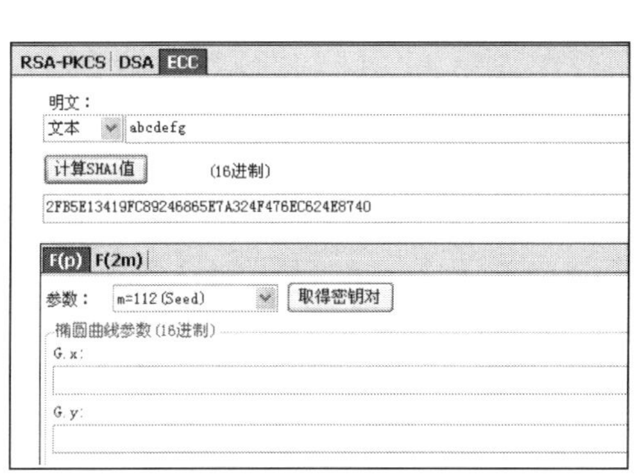

图 1.43 散列值

图 1.44 参数生成

(5) 签名及验证。单击“获得签名值”按钮，获取明文摘要的签名值 r 和 s，签名结果以十六进制显示于相应的文本框内；单击“验证签名值”按钮，对签名结果 r 和 s 进行验证，并显示验证结果。

2) 扩展案例分析

(1) 设置签名系统参数。直接单击“测试曲线”按钮，使用系统初始预设的椭圆曲线参数。在“素数 p”文本框、“常数 a”文本框和“常数 b”文本框内输入十进制非负整数，之后单击“测试曲线”按钮，如图 1.45 所示。

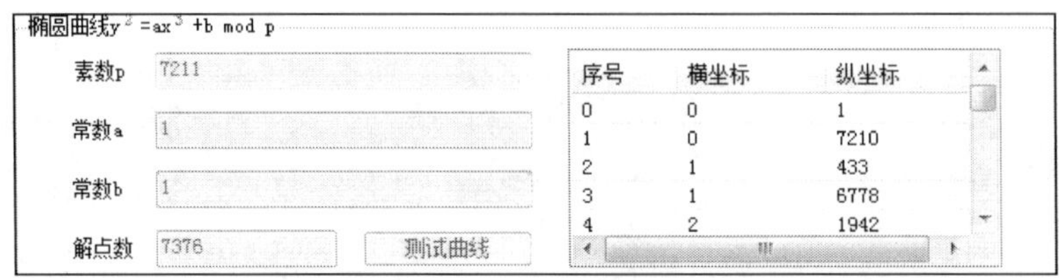

图 1.45　测试参数

(2) 注册用户。

① 在“用户名”文本框中输入一个“注册用户列表”框中未出现的用户名，如 alice，单击“用户注册”按钮，在“用户注册”页面可以据“序号”或“坐标”确定生成元，如图 1.46 所示。

图 1.46　生成元信息

② 选中“序号”单选按钮，并在相应的文本框内输入一个小于解点数的十进制数值，然后单击“生成元测试”按钮，如图 1.47 所示。

图 1.47 生成元测试（序号）

③ 选中“坐标”单选按钮，并在相应的文本框内输入右边列表框中出现的一个坐标值，然后单击“生成元测试”按钮，如图 1.48 所示。

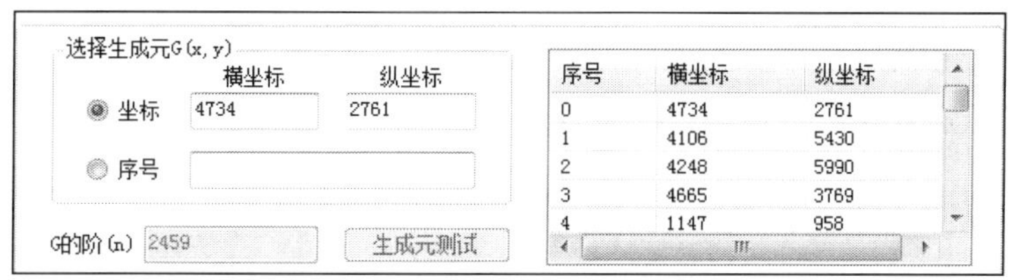

图 1.48 生成元测试(坐标)

④ 在“私钥 d”文本框内输入一个小于生成元 G 的阶数的十进制非负整数，然后单击“确定”按钮；单击“计算公钥”按钮得到对应的公钥，如图 1.49 所示。

图 1.49 得到公钥

⑤ 单击“登记密钥”按钮，主窗口的“用户管理”框中就会出现一个新的用户信息。

⑥ 重复上述过程，产生不少于两个注册用户。

(3) 在主窗口中单击“数字签名”标签，进入“数字签名”页面，如图 1.50 所示。

(4) 确定签名方。在“签名用户信息”选项区中的“用户名”文本框中输入一个已经注册的用户名，然后单击“确认”按钮，即得到签名方的一些基本信息。

(5) 签名运算。

① 输入签名消息。在“明文 M”文本框中输入一个小于 n 的十进制非负整数，作为欲签名的消息。在“随机数 k”文本框中输入一个小于 n 的十进制非负整数，作为共享密钥的初始信息。然后单击“确定”按钮，如图 1.51 所示。

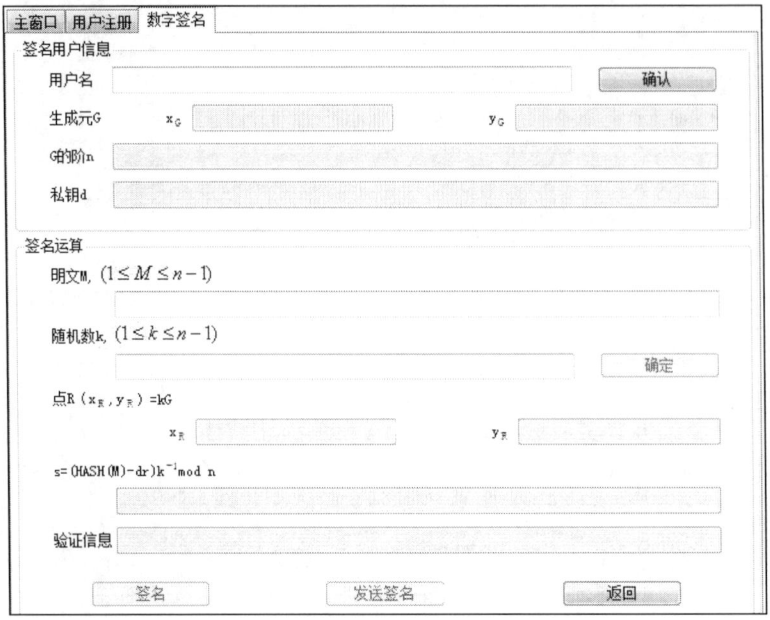

图 1.50　签名

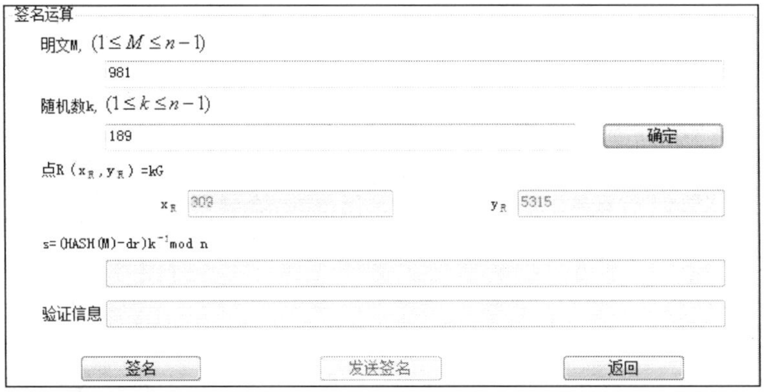

图 1.51　输入随机数

② 签名。单击“签名”按钮，得到该消息的保密签名结果。

注：“验证信息”文本框暂时为空，等验证方验证后，自动填充该消息。

③ 发送签名。单击“发送签名”按钮，激活验证签名窗口，等待验证方验证。

(6) 在主窗口中，单击“验证签名”标签，进入“验证签名”页面，如图 1.52 所示。

(7) 确定验证方。在“签名用户信息”选项区中的“用户名 UID”文本框中输入一个已经注册的用户名，单击“获取私钥”按钮，即得到验证方的一些基本信息。

(8) 验证签名。单击“验证”按钮，验证结果将会出现在“验证结果”文本框中。

(9) 单击“发送确认”按钮，将验证结果通知签名方。

3) 算法跟踪

在“算法跟踪”框下单击“取得 ECC 密钥”/“获得 ECC 签名”/“验证 ECC 签名”按钮，进入调试器，选择对应的算法函数对 ECC 密钥生成、ECC 签名生成、ECC 签名验证进行算法跟踪；跟踪完成后会自动返回案例分析界面显示计算结果；切换回调试器，停止调试，关闭调试器。

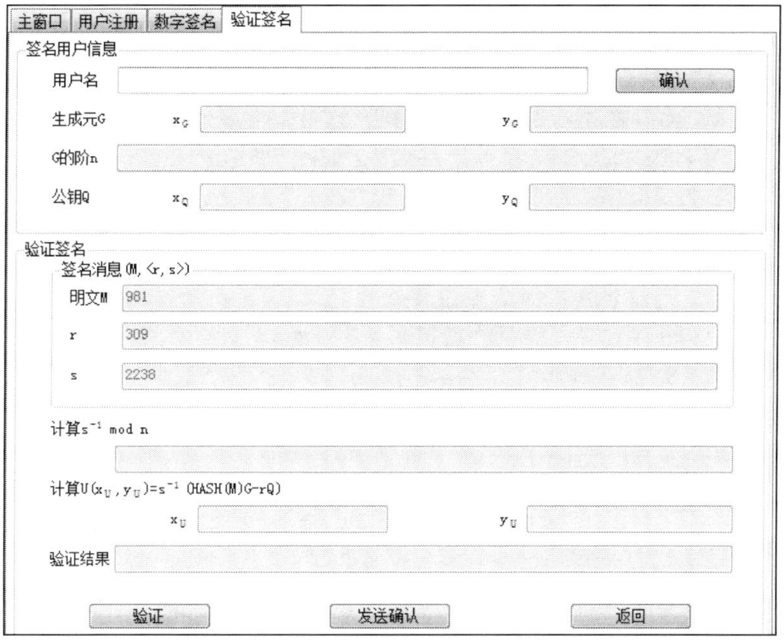

图 1.52　验证签名

1.9　文件加解密

计算机中一些不适合公开的隐私或机密文件很容易被黑客窃取并非法利用，解决这个问题的根本方法就是对重要文件进行加密。实际应用中多直接使用系统自带工具或其他专用工具；文件加解密工具均采用各种加解密算法对文件进行保护。

本案例分析中通过 DES、AES、RC4 算法对文本、图片、音频、视频等文件的内容进行加解密运算。加密的大致过程为读取文件内容、加密、将密文写入文件进行内容覆盖并保存；解密过程类似。

案例分析步骤如下。

此处以文本文件为例，图片、音频和视频等其他文件可参照完成。

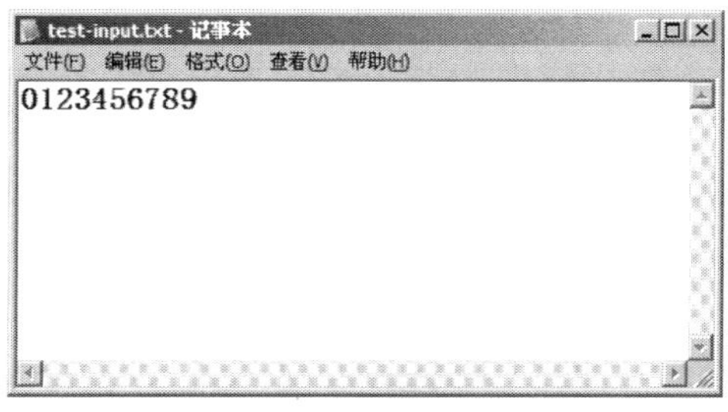

图 1.53　文件明文内容

(1) 新建文件，文件明文内容如图 1.53 所示。

(2) 采用 DES 算法对文件进行加密，具体如图 1.54 所示。

(3) 查看加密后的文件，如图 1.55 所示，文件已经 DES 算法加密过。

(4) 对加密文件进行解密，查看解密后的文件，并与加密前的文件进行对比。

(5) 修改密钥对文件进行解密，会提示解密失败，如图 1.56 所示。

(6)选择 AES、RC2 算法对文件进行加解密，查看并比较加解密结果。

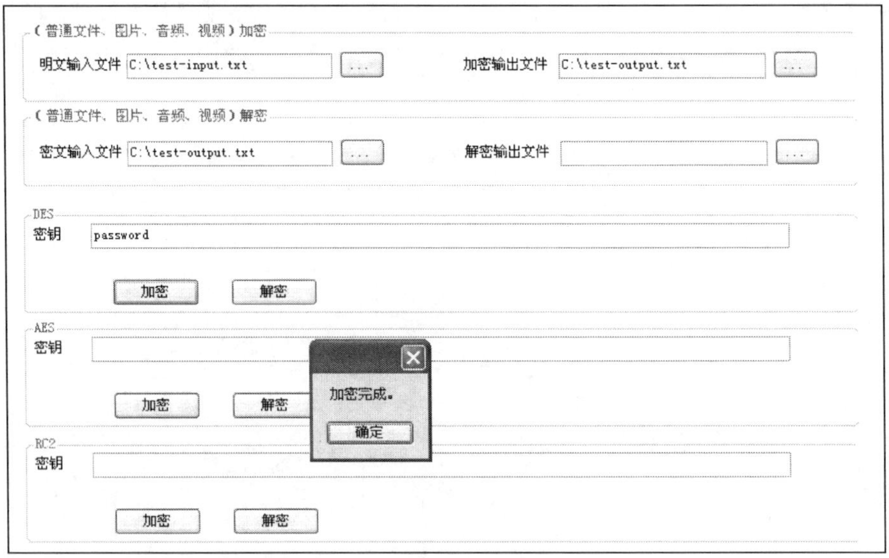

图 1.54　加密

图 1.55　加密之后的文件内容

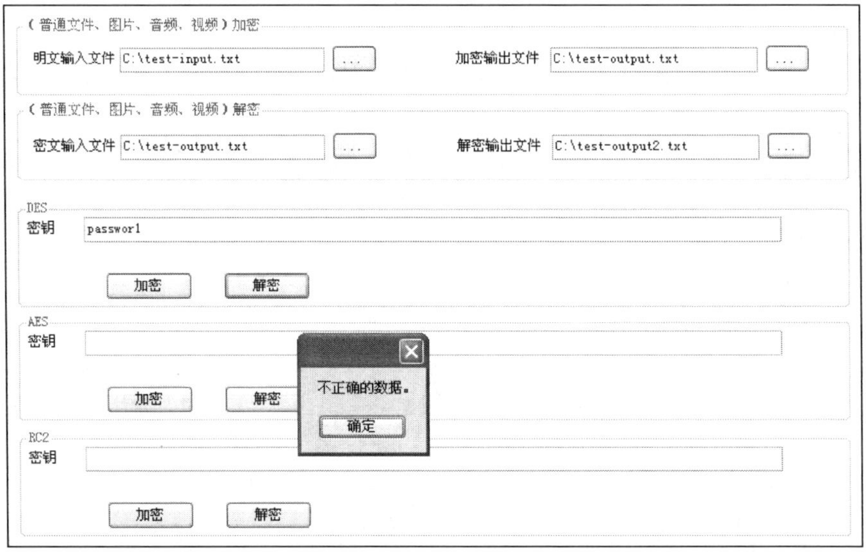

图 1.56　修改密钥解密提示

1.10 数据库加密应用

大型数据库管理系统的运行平台一般是Windows NT和UNIX，这些操作系统的安全级别通常为C1、C2级。它们具有用户注册、识别用户、任意存取控制(DAC)、审计等安全功能。虽然DBMS(数据库管理系统)在操作系统的基础上增加了不少安全措施，如基于权限的访问控制等，但操作系统和DBMS对数据库文件本身仍然缺乏有效的保护措施，有经验的网上黑客会“绕道而行”，直接利用操作系统工具窃取或篡改数据库文件内容。这种隐患称为通向DBMS的“隐秘通道”，它所带来的危害一般数据库用户难以察觉。分析和堵塞“隐秘通道”被认为是B2级的安全技术措施。对数据库中的敏感数据进行加密处理是堵塞这一“隐秘通道”的有效手段。

据有关资料报道，80%的计算机犯罪来自系统内部。在传统的数据库系统中，数据库管理员的权限至高无上，他既负责各项系统管理工作，如资源分配、用户授权、系统审计等，又可以查询数据库中的一切信息。为此，不少系统以种种手段来削弱系统管理员的权限。实现数据库加密以后，各用户(或用户组)的数据由用户用自己的密钥加密，数据库管理员获得的信息无法进行正常解密，从而保证了用户信息的安全。另外，通过加密，数据库的备份内容成为密文，从而能减少因备份介质失窃或丢失而造成的损失。由此可见，数据库加密对于企业内部安全管理也是不可或缺的。

也许有人认为，对数据库加密以后会严重影响数据库系统的效率，使系统不堪重负，然而事实并非如此。如果在数据库客户端进行数据加/解密运算，对数据库服务器的负载及系统运行几乎没有影响。在普通个人电脑上，用纯软件实现DES加密算法的速度超过200KB/s，如果对一篇1万汉字的文章进行加密，其加/解密时间仅需1/10s，这种时间延迟用户几乎无感觉。目前，加密卡的加/解密速度一般为1Mbit/s，对中小型数据库系统来说，这个速度即使在服务器端进行数据的加/解密运算也是可行的，因为一般的关系数据项都不会太长(多媒体数据另当别论)。例如，在同一时间里有10个用户并发查询，每个用户平均查找1000个汉字的数据，最先得到结果的用户延迟时间小于0.02秒，最后得到结果的用户也仅需等待约0.16秒。

Microsoft SQL Server提供了两个级别的加密：数据库级别和单元级别。两个都使用密钥管理层次结构。单元级加密是在Microsoft SQL Server 2005中推出的，现在仍然受到完全支持。单元级加密是作为一系列内置函数来执行的，具有一个密钥管理层次结构。这个加密过程是一个手动处理过程，它需要重新设计应用程序架构来调用加密和解密功能。此外，图表必须进行修改，使数据存储为数据类型，然后在读取的时候将它改回适当的数据类型。加密的传统限制是存在于这个方法之中的，就是不能使用自动的查询优化技术。

TDE(透明数据加密)是SQL Server 2008中的一个新特性，它提供了对数据和日志文件的实时加密。数据在它写到磁盘之前进行加密，当它从磁盘读出来时进行解密。TDE的“透明”是指加密是由数据库引擎来执行的，而SQL Server客户端对此完全不知道。要进行加密和解密不必编写任何代码。只要执行两个步骤将数据库为TDE准备好，然后加密就通过ALTER DATABASE命令在数据库级别开启了。

以下案例分析利用单元级加密的方法加密数据库表中一些字段的数据，利用数据库级加密对整个数据库进行加密。

1.10.1 单元级的加密

在测试数据库中创建Customer(信用卡用户)表，表中有字段ID、name、city和各种信用卡细节。其中信用卡细节需要加密而其他数据不需要。设定User1有对称式密钥，并用该密钥登录，运行相应的代码加密数据。

1) 产生密钥

在含有Customer表的数据库中使用Triple DES作为加密算法，生成对称式密钥。本例中，密钥本身由已经存在于数据库中的证书保护，对称密码受非对称密码和存在的其他对称式密钥保护，使用下面命令：

```
CREATE SYMMETRIC KEY User1SymmetricKeyCertAUTHORIZATION User1 WITH
ALGORITHM = TRIPLE_DES ENCRYPTION BY CERTIFICATE User1 Certificate
```

2) 打开密钥

对称式密钥使用前必须显式打开，所以接下来打开它，重新找回密码，解密它，并放它在受保护的服务器内存中，使用下面命令：

```
OPEN SYMMETRIC KEY User1SymmetricKeyCertDECRYPTION BY CERTIFICATE
User1Certificate
```

3) 加密数据

在下面的代码中，使用正常的T-SQL INSERT语句将一行数据插入表中，id、name和city用明文保存，其他以加密方式存储，用Triple DES加密算法加密数据，命令如下：

```
INSERT INTO Customer VALUES(4, 'John Doe', 'Fairbanks', EncryptByKey
(Key_GUID('User1SymmetricKeyCert'), 'Amex'),EncryptByKey(Key_GUID
('User1SymmetricKeyCert'), '1234-5678-9009-8765'), EncryptByKey(Key_GUID
('User1SymmetricKeyCert'), 'Window shopper. Spends $5 at most.'))
```

加密完成后，使用下面命令，关闭密钥，释放内存，以防它被误用。

```
CLOSE SYMMETRIC KEY User1SymmetricKeyCert
```

1.10.2 数据库级的加密

1) 创建一个主钥

主钥是一个对称密钥，是用来创建证书和非对称密钥的。执行下面的脚本来创建一个主钥：

```
USE master;
CREATE MASTER KEY ENCRYPTION BY PASSWORD = 'Pass@word1';
GO
```

注意：密码应该为强密码(如使用字母、数字、大写、小写和特殊字符)，而且应该将它备份(使用BACKUP MASTER KEY)和保存在一个安全的地方。

2)创建证书

证书可以用来创建用于数据加密的对称密钥或用来直接加密数据。执行下面的脚本来创建一个证书：

```
USE master;
CREATE CERTIFICATE TDECert WITH SUBJECT = 'TDE Certificate';
GO
```

注意：证书还要备份(使用 BACKUP CERTIFICATE)并存储在一个安全的地方。

3)创建一个数据库加密密钥

TDE 需要一个数据库加密密钥。执行下面的脚本来创建一个新的数据库并为它创建一个数据库加密密钥：

```
CREATE DATABASE mssqltips_tde
GO
USE mssqltips_tde;
CREATE DATABASE ENCRYPTION KEYWITH ALGORITHM = AES_256ENCRYPTION BY SERVER
CERTIFICATE TDECert;
GO
```

为了与 TDE 一起使用，这个加密密钥必须由一个证书加密(密码不行)，并且这个证书必须放在主数据库中。

4)激活 TDE

执行 TDE 的最后一步是执行下面的脚本：

```
ALTER DATABASE mssqltips_tdeSET ENCRYPTION ON
GO
SELECT [name], is_encrypted FROM sys.databases
GO
```

在 sys.databases 中查询 is_encrypted 字段来检查在一个特定数据库上是否激活了 TDE。

注意：TDE 只加密数据和日志文件的内容，它不会在数据在客户端和数据库服务器间传送时加密数据。

1.11 基于 SSH 协议的安全通信

SSH 的全称为 Security Shell，其目的是在非安全网络上提供安全的远程登录和其他安全网络服务，通常代替 Telnet 协议、RSH 协议等来使用。SSH 允许客户机通过网络连接到远程服务器并运行该服务器上的应用程序，被广泛应用于系统管理中，可对客户机和服务器之间的数据流进行加密。

SSH 分为客户端和服务器端两个部分。服务器端是一个守护进程，在后台运行并响应来自客户端的连接请求；一般是 SSHD 进程，提供对远程连接的处理，一般包括公钥认证、密钥交换、对称密钥加密和非安全连接等。客户端包含 SSH 程序以及如 SCP(远程拷贝)、SLogin(远程登录)、SFTP(安全文件传输)等应用程序。SSH 的连接过程大致为：本地客户端发送一个连接请求到远程服务器端；服务器端检查申请包和 IP 后，发送密钥(公钥)给 SSH 的客户端；本地客户端再将密钥发回给服务器端，连接建立。

SSH 支持以下两种级别的安全验证方式。

1) 基于密码的安全验证方式

这种方式使用服务器的用户名和密码进行远程登录，所有传输的数据都会被加密。密码方式具有以下缺点：不能保证当前正在连接的服务器就是正确的目标服务器；密码容易被人偷窥或受到暴力攻击；服务器上的一个账户若要给多人使用，则必须让所有使用者都知道密码，导致密码容易泄露，而且修改密码时必须通知所有人。

2) 基于密钥的安全验证方式

采用基于密钥的验证方式时，客户端要首先为自己创建一对密钥，并通过某种安全方式把公钥放到需要访问的服务器上。在密钥方式下，客户端和服务器端各自拥有自己的公私密钥对，连接时进行双向认证，保证了服务器的正确性，同时不需要输入服务器端密码(只需要客户端自己的密钥密码)，杜绝了密码方式的缺点。

OpenSSH 是 SSH 协议的免费开源实现，用安全、加密的网络连接工具代替了 Telnet、FTP、RLogin、RSH 和 RCP 等工具。OpenSSH 支持 SSH 协议的版本 1.3、1.5 和 2，默认的协议是版本 2；从 OpenSSH 自版本 2.9 以来，支持 RSA 和 DSA 密钥，默认使用 RSA 密钥，服务器端使用私钥，将其公钥用于客户端。

(1) OpenSSH 配置文件说明：

```
sshd_config             //SSH 的配置文件
ssh_host_dsa_key        //DSA 算法生成的私钥
ssh_host_dsa_key.pub    //DSA 算法生成的公钥
ssh_host_key            //SSH v1 版本，RSA 算法所生成的私钥
ssh_host_key.pub        //SSH v1 版本，RSA 算法所生成的公钥
ssh_host_rsa_key        //RSA 算法生成的私钥
ssh_host_rsa_key.pub    //RSA 算法生成的公钥
```

(2) sshd_config 配置说明：

```
#KeyRegenerationInterval 1h
                    //指定 SSH v1 服务器使用的密钥重新生成的间隔时间，默认为 1h
#ServerKeyBits 768  //指定 SSH v1 服务器密钥的长度，默认为 768
#SyslogFacility AUTHPRIV  //指定 SSH 记录信息中的设备码
#LogLevel INFO  //指定日志文件的记录等级
#LoginGraceTime 2m  //设置用户登录的超时时间，超过仍无法登录则断开
#PermitRootLogin yes  //设置是否允许 root 登录，默认为 yes
#StrictModes yes
    //在接受用户登录前，SSHD 是否需检查文件的模式以及主目录的拥有权，默认为 yes
#MaxAuthTries 6  //指定每个连接最大允许的认证次数
#RSAAuthentication yes  //指定是否允许使用 RSA 验证，默认为 yes，只适用于 SSH v1
#PubkeyAuthentication yes
    //指定是否允许使用公开密钥验证，默认为 yes，只适用于 SSH v2
#AuthorizedKeysFile .ssh/authorized_keys
    //指定用来存储公开密钥的文件(可验证用户身份)，默认为.ssh/authorized_keys
```

```
#For this to work you will also need host keys in /etc/ssh/ssh_known_hosts
#RhostsRSAAuthentication no//是否允许同时使用RSA和rhosts或/etc/hosts.
                                //equiv文件来进行验证，默认为no，只适用于SSH v1
#similar for protocol version 2
#HostbasedAuthentication no//是否允许同时使用rhosts或/etc/hosts.equiv文件
                              //来进行验证，以及公开密钥客户端主机验证，默认为no，
                              只适用于SSH v1
#Change to yes if you don't trust ~/.ssh/known_hosts for
#RhostsRSAAuthentication and HostbasedAuthentication
#IgnoreUserKnownHosts no  //该选项用来指定在启用RhostsRSAAuthentication或
                              //RhostsRSAAuthentication时，SSHD是否忽略
                              //$HOME/.ssh/known_hosts中的主机，默认为no
#IgnoreRhosts yes  //忽略文件$HOME/.rhosts和$HOME/.shosts
#PassWordAuthentication yes  //是否允许密码验证的功能，默认为yes
#PermitEmptyPassWords no  //启用密码验证功能时是否允许密码为空，默认为no
#ChallengeResponseAuthentication yes
    //是否启用Challenge Response的验证方法，默认为yes
#KerberosAuthentication no  //是否启用Kerberos验证，默认为no
#KerberosOrLocalPasswd yes  //在启用此项后，如果无法通过Kerberos验证，则密码
                         //的正确性将由本地的机制来决定，如/etc/passwd，默认为yes
#KerberosTicketCleanup yes
    //在用户注销后，是否自动删除用户的Tick Cache文件，默认为yes
#KerberosGetAFSToken no  //AFS token传送可用在建立远端主机上的Kerberos/AFS
                            //身份，如果启用了AFS，而且使用者已有Kerberos 5 TGT，
                            //则会尝试传送AFS令牌给服务器端
#GSSAPIAuthentication no//是否允许通过GSSAPI来进行身份验证，GSSAPI是一套
                            //类似Kerberos 5的通用网络安全系统接口。如果拥有一
                            //套GSSAPI库，就可以通过TCP连接直接建立CVS连接，由
                            //GSSAPI 进行安全鉴别
#GSSAPICleanupCredentials yes  //是否在使用者注销后自动清除身份验证快取(缓存)
GSSAPICleanupCredentials yes
#UsePAM no  //是否允许使用PAM来进行身份验证，设置为yes时，非对称密钥认证失败仍
            //可以用密码验证登录
#AllowTcpForwarding yes  //是否允许TCP端口转发和X转发，保护其他TCP连接
#GatewayPorts no//是否允许远程客户端使用本地主机的端口转发功能，出于安全考虑建议禁止
#X11Forwarding no  //是否允许X11传送
#X11DisplayOffset 10//指定SSHD X11传送时，第一个可供使用的显示编号，默认值为10
#X11UseLocalhost yes
        //是否SSHD将X11传送服务器的IP地址指定为Loopback地址或通用地址
#PrintMotd yes//指定SSHD是否在用户登录后，显示/etc/motd文件的内容，默认为yes
#PrintLastLog yes  //指定SSHD是否显示用户上次登录的时间及日期，默认为yes
#TCPKeepAlive yes  //指定SSH服务器是否传送TCP KeepAlive信息给客户端，启用此
                 //项后，任何闲置的客户端都将收到此信息，除非连接已经中断，默认为yes
#UseLogin no  //是否允许在交谈式登录阶段使用Login命令，默认为no
#UsePrivilegeSeparation yes
        //指定是否由SSHD来建立多个子进程，以处理不同的权限要求，默认为yes
```

```
#PermitUserEnvironment no   //是否允许使用用户定义的环境
#Compression delayed  //设置是否对通信数据进行加密，还是延迟到认证成功之后再对通
                      //信数据进行加密，delayed 为默认值，还可以设置为 yes
#ClientAliveInterval 0   //设置让 OpenSSH 服务器端在指定时间间隔定时向客户端请
                         //求一个数据包，测试客户端是否还在，可防止掉线，0 表示不
                         //发送，对于使用 NAT 的时候比较有用，只适用于 SSH v2
#ClientAliveCountMax 3
  //测试客户端的时间达到此值客户端还没有回应，即自动终止连接，只适用于 SSH v2
#ShowPatchLevel no   //是否在与客户端交换版本信息时，显示套件商的修补等级
#UseDNS yes   //是否允许使用 DNS 查询客户端
#PidFile /var/run/sshd.pid   //指定 SSHD 启用后存放 pid 记录的文件
#MaxStartups 10
  //设置最多允许同时存在的未通过验证的连线请求，超过此设定值的请求将被舍弃
#PermitTunnel no   //是否允许 tun(4) 设备转发，可以为 yes、point-to-point、
                   //ethernet、no(默认)；yes 同时蕴含着 point-to-point 和 Ethernet
#Banner /some/path   //指定在验证用户身份之前，传送给远程用户的网页内容(一般包括
                     //相关的警告信息和法律责任)，只适用于 SSH v2，默认不启用
Subsystem sftp /usr/libexec/openssh/sftp-server
//定义一个外部子系统，只适用于 SSH v2，默认值为/usr/libexec/openssh/sftp-server
```

以下案例分析配置 SSH 服务器，查看 SSH 密钥，修改相关配置，使用 putty 通过 SSH 密码认证及公钥认证两种验证方式进行远程连接、分析 SSH 通信加密过程等。

1.11.1　配置 SSH 服务器

(1) 打开 Linux 案例分析台，输入用户名与密码进入 Linux 系统。

(2) 配置 SSH 服务。

使用 vim /etc/ssh/sshd_config 进入 SSH 服务器配置文件 sshd_config 的编辑状态，如图 1.57 所示，可按 I 键开始编辑。

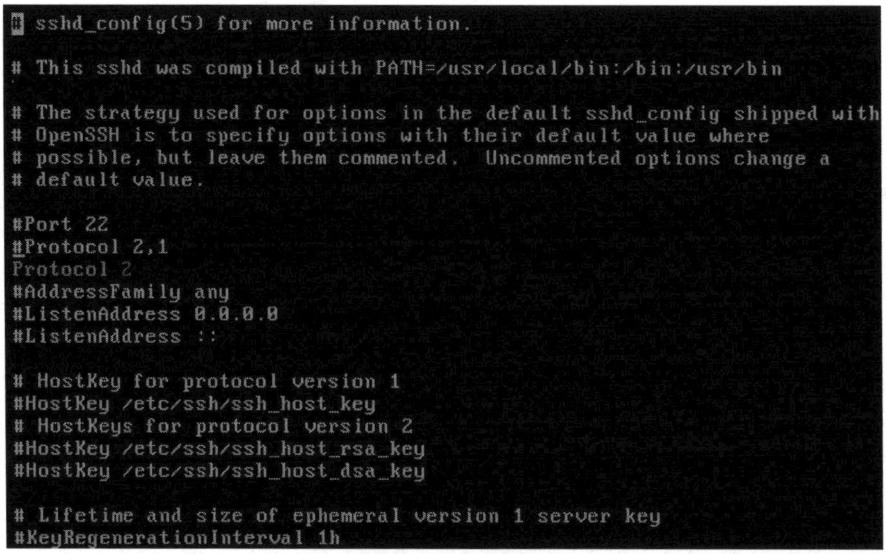

```
# sshd_config(5) for more information.

# This sshd was compiled with PATH=/usr/local/bin:/bin:/usr/bin

# The strategy used for options in the default sshd_config shipped with
# OpenSSH is to specify options with their default value where
# possible, but leave them commented.  Uncommented options change a
# default value.

#Port 22
#Protocol 2,1
Protocol 2
#AddressFamily any
#ListenAddress 0.0.0.0
#ListenAddress ::

# HostKey for protocol version 1
#HostKey /etc/ssh/ssh_host_key
# HostKeys for protocol version 2
#HostKey /etc/ssh/ssh_host_rsa_key
#HostKey /etc/ssh/ssh_host_dsa_key

# Lifetime and size of ephemeral version 1 server key
#KeyRegenerationInterval 1h
```

图 1.57　编辑窗口

其中：

```
#Port 22                    //SSH 默认监听端口，默认为 22
#Protocol 2,1               //指定 SSH 支持的通信协议版本
#ListenAddress 0.0.0.0      //SSH 服务器的监听地址，0.0.0.0 表示所有分配的 IPv4 地址
#ListenAddress ::           //SSH 服务器的监听地址，0.0.0.0 表示所有分配的 IPv6 地址
#HostKey /etc/ssh/ssh_host_key        /指定存储 SSH v1 的私有密钥
#HostKey /etc/ssh/ssh_host_rsa_key    //指定存储 SSH v2 的私有密钥
#HostKey /etc/ssh/ssh_host_dsa_key    //指定存储 SSH v2 的私有密钥
```

其他详细配置说明参见案例分析原理部分，可根据实际需要进行相应的配置。

(3)配置完成后，按 Esc 键进入命令行，输入:wq 保存修改并退出，输入:q!放弃修改。

1.11.2 查看 SSH 密钥

1)查看 SSH 密钥文件名称

输入 ls /etc/ssh，列出 ssh 目录下的文件名称，如图 1.58 所示；其中 ssh_host_key 与 ssh_host_key.pub 为 SSH v1 的私钥与相应的公钥文件，ssh_host_rsa_key 与 ssh_host_rsa_key.pub 为 SSH v2 的 RSA 私钥与相应的公钥文件，ssh_host_dsa_key 与 ssh_host_dsa_key.pub 为 SSH v2 的 DSA 私钥与相应的公钥文件。

```
[root@localhost ~]# ls /etc/ssh
moduli          ssh_host_dsa_key        ssh_host_key.pub
ssh_config      ssh_host_dsa_key.pub    ssh_host_rsa_key
sshd_config     ssh_host_key            ssh_host_rsa_key.pub
```

图 1.58 公钥和私钥

2)查看 SSH 公私密钥对

输入 more 和要查看的密钥文件名，如 more/etc/ssh/ssh_host_rsa_key.pub 和 more/etc/ssh/ssh_host_rsa_key，分屏查看 SSH 的公私密钥对，如图 1.59 所示。


```
-----BEGIN RSA PRIVATE KEY-----
MIIEogIBAAKCAQEAsAnx+YIbW6R/DHuP2mzC2T16rFVAsoNymfi45WyJeE3SxRvL
Nde2Pb2Gr5VnTSks5cM0qJmH5oJYA7e+ACdi7tNQZGpL3nYMaKa5xL33J11xxVpc
/hHrt01wKQjADWbyshjCQwUqR/G8Ab36jtoA21RhzE3F5iaBozLYyoNpVngEbTqg
a4KZ0bijvyE0B9ro6LtmlmQdNBblFOo2zoJdeSJMfAQpq79IGMXp53qbvEmtYVtp
jcZ9IHOsg6nU50kJevniEydRXnRrNRP1e3TZoROZTXStHSrQQyLPZWwtvoVLUJMg
DCTnk+E0Vf4vvfme9XueugNsU0O/gTDvml6eSwIBIwKCAQBfkF7JRqEjHsigYFVn
8eYeJoRsLkexXUzXPeC3DwjMR4EL6oRBzN9GFm2vxiIikrH5EjbfLsYeDD5oaw9f
K1L2rTpFI8LJOMToWoIaWH7a2Mi7l3RPaNBq0kQziGhByiv6R/RthnYJzF6/Hf0L
uCxZQ8AP0nK+xHJCppLxl8t4FF1732SSdu5GUC5ejVq7RmSKMLTIMqiLyFt3CgWS
xeAksC7RRTz7qWcGW6bAX2bQfkMFxA5bK9TNvOlb6BXqiWWy8MKLYpAffVOs0t1T
tm7RHhPTJQ8iBdydh7mGwd5dAYOAv4+kBGju38OQ+ymtHdGqsnLD07G3gkvkxPXF
y9OTAoGBAN6zGFLftEMhKKmD63ovj7mQcSd6/XsIVHeRz4nNK35e0lwZAtXvosv8
oOcgTzEV2kmMBQy4CRj7ogYF/dJB6wxJ4gO0VKcu/7NrPfDIRQYdUgIBjhrWvuom
/3uY0PVLhaFnfBwqbc9/D5py7bL7uTmEIJ+D7qeKHysF4zpRwNI3AoGBAMpcrzX3
RBkGnfWn+3EGDOHt8IZMTK8PUVk8CDby99Zq8HG5Ff5YUDeXK1ZXU0F3NfXYMJM7
RDpz7uslNmECzK2kGP68YHhGSnv3RBwmc/nnl6isAJ7R2l0v2HfBoeIzdiN1L2cR
5N2FNWeHJt8lCXdszuhvCBGfhWb+Tq0tGNqNAoGBANH5UXK1qfYmlA2LApfGcZG0
Euq1ymywFSBHpmv79c7rsGV2qub34qMSw5gXJhhWbrpfcnm01WCyvVYi6ADBzvz1
NC9g4hn5HPmfoM0UmNnhIW+bEPS72JOhHMT9zFT+EEe5V8LI6zFaiw33VSUZOZyh
JhK+OMnaACFAEMH1T2cdAoGBAJwbnRsAk55G7uIT3znuuXsWo5rNJTaWybnd2nOI
O4gmnDp41nPAeGV1/Nw0vJGWehVsQrq4sPnkZ9n4IqKbwndStDI5jD+GrnzjUcyS
sT0gXw0W+SoPmdLbxD8gWE9phwVpB0+C1R/qawa4t5Yyg6VFTyhVpyOJsAZfm8dr
7pn3AoGAF06zpkROqS4f9Eb9DxSbCeiyIUXb7icPqBavikRfIG9kHC1WEiREcMdD
--More--(91%)
```


图 1.59 分屏显示公私钥

1.11.3　密码验证方式

(1) 修改 SSH 配置文件 sshd_config，使其支持密码认证方式，如图 1.60 所示。

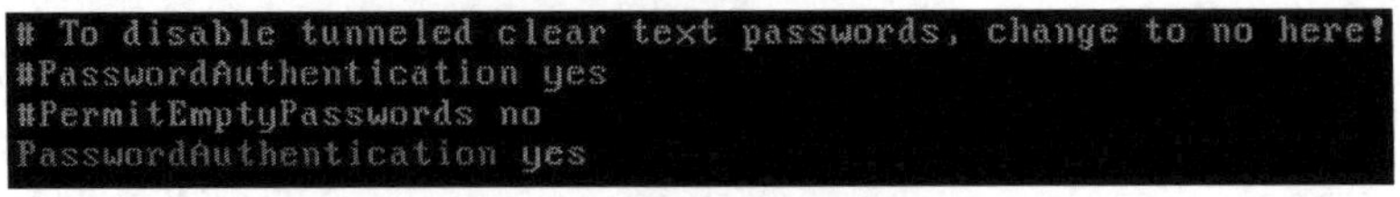

```
# To disable tunneled clear text passwords, change to no here!
#PasswordAuthentication yes
#PermitEmptyPasswords no
PasswordAuthentication yes
```

图 1.60　修改配置文件

(2) 下载客户端工具。从 Linux 案例分析台系统切换回本地 Windows 系统；从 ISES 工具箱中的密码学目录下下载 SSH Client 工具，即 ssh-tools.rar 文件至本地主机；将文件解压，即可看到 putty.exe 和 puttygen.exe 两个工具。

(3) 客户端远程连接配置。运行 putty.exe 文件，进入 putty 配置窗体；保持默认配置不变，在 Session 界面下选择登录协议为 SSH，输入 SSH 服务器即 Linux 案例分析台的 IP 和 SSH 服务器配置的协议端口号(默认为 22)，如图 1.61 所示。

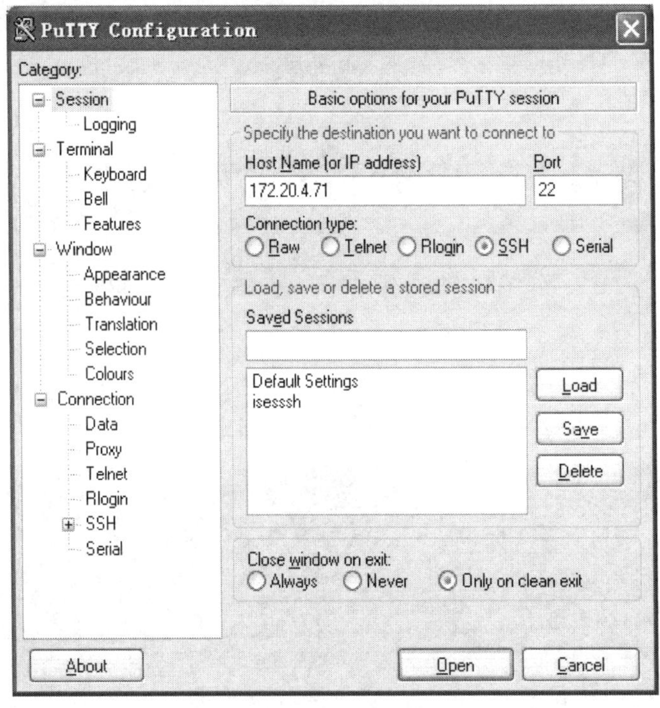

图 1.61　参数设置

(4) 客户端远程连接 SSH 服务器。确认输入无误后，单击 putty 配置窗体的 Open 按钮，打开连接窗体，输入 SSH 服务器的用户名和密码进行远程连接认证；首次连接时，会出现如图 1.62 所示的对话框，用来告知客户端登录的服务器的密钥指纹，并询问是否保存至本地 putty 的缓存；单击 Yes 按钮进行保存，则以后就不会再弹出这个界面；单击 No 按钮不保存，则下次登录时会进行同样的提示；单击 Yes 或 No 按钮都可正常登录，单击 Cancel 按钮则会取消此次登录。

图 1.62　连接远程服务器

登录成功后即可在本地主机远程操控 Linux 案例分析台；要退出时按下 Ctrl+D 键进行安全注销。

1.11.4　密钥验证方式

1）客户端产生密钥对

切换回本地 Windows 系统，运行 puttygen.exe，进入 putty 密钥生成器界面；可选择密钥生成算法。此处以 RSA 为例，对应服务器版本选择 SSH2-RSA，单击 Generate 按钮进行密钥对的生成，需在空白区域移动鼠标指针以提供给 putty 足够的随机数来生成密钥。密钥生成后输入密钥密码；单击相应的保存按钮，公钥被保存在文件 key.pub 中，私钥保存在文件 key.ppk 中。上述过程如图 1.63 所示。

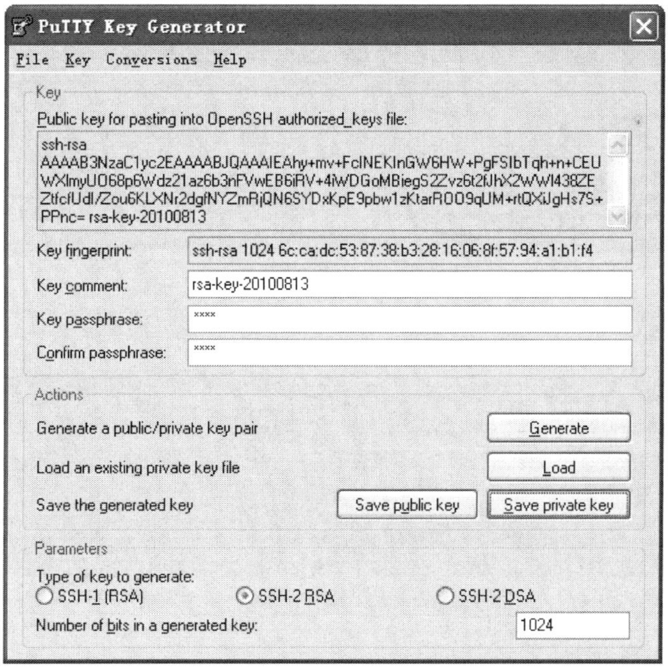

图 1.63　密钥生成器

2) 将客户端公钥放至 SSH 服务器

(1) 建立密钥文件。以密码验证方式远程登录到 Linux 案例分析台；输入 mkdir -p.ssh 在当前用户的默认目录下新建.ssh 目录；输入 touch .ssh/authorized_keys 在.ssh 目录下创建 authorized-keys 文件，即 SSH 服务可识别的认证密钥文件。输入 chmod go-w.ssh.ssh/authorized_keys 禁止其他用户修改目录及密钥文件；输入 vim .ssh/authorized_keys 进入密钥文件的编辑状态。上述过程如图 1.64 所示。

```
root@localhost:~
login as: root
root@172.20.4.71's password:
Last login: Fri Aug 13 00:29:09 2010 from 172.20.1.71
[root@localhost ~]# mkdir -p .ssh
[root@localhost ~]# touch .ssh/authorized_keys
[root@localhost ~]# chmod go-w .ssh .ssh/authorized_keys
[root@localhost ~]# vim .ssh/authorized_keys
```

图 1.64　密钥文件

(2) 复制客户端公钥至密钥文件。返回 puttygen 窗体，复制刚刚生成的公钥，如图 1.65 所示。

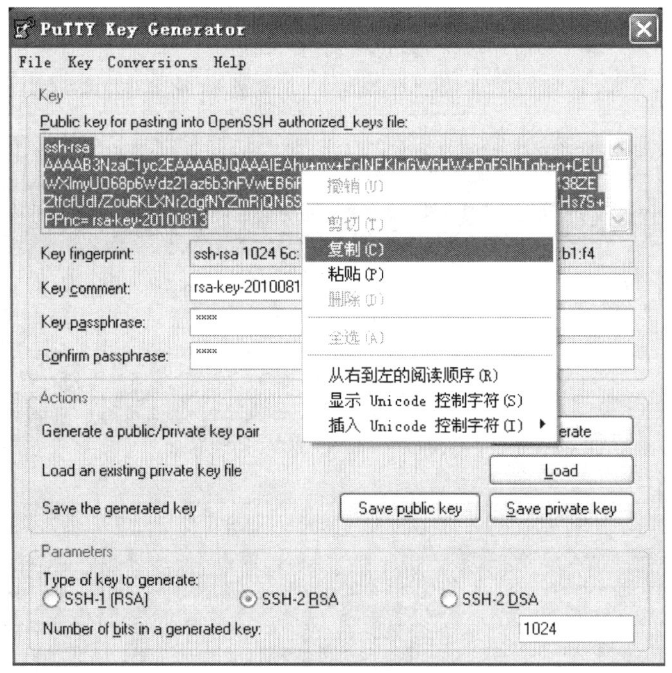

图 1.65　复制公钥

切换回远程 Linux 窗体，按下 O 键，右击即可完成复制，保存并退出文件。按 Ctrl+D 键进行注销，断开连接。

3) 禁用密码认证方式

在 Linux 案例分析台修改 SSH 配置文件 sshd_config，使其不支持密码认证方式，如图 1.66 所示。

```
# To disable tunneled clear text passwords, change to no here!
#PasswordAuthentication yes
#PermitEmptyPasswords no
PasswordAuthentication no
```

图 1.66　修改配置文件

4) 配置客户端为密钥认证方式

运行 putty.exe，在左侧的树状图中选择 Connnection/SSH 下的 Auth 节点，选择保存的私钥文件 key.ppk，为认证指定私钥文件，如图 1.67 所示。

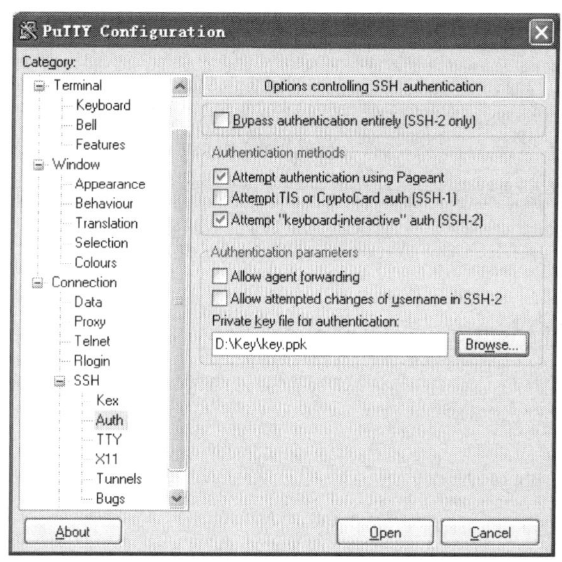

图 1.67　密钥认证方式设置

选择 Connnection 下的 Data 节点，输入默认的登录用户名称。

5) 客户端远程连接 SSH 服务器

返回 Session 界面，选择登录协议为 SSH，输入 SSH 服务器的 IP 和协议端口，单击 Open 按钮，打开远程连接；输入刚刚设定的密钥密码即可通过验证，成功登录 Linux 案例分析台，如图 1.68 所示。

图 1.68　远程连接

1.12　基于 GnuPG 的加密及签名

GnuPG 的全称是 GNU Privacy Guard，通常简称 GPG，是一个以 GNU 通用公共许可证释出的开源密码工具软件，可用来取代 PGP，可用于数据加解密和数字签名及验证等。GPG

的官方网站为http://www.gnupg.org，有 Windows 和 Linux 版本，Linux 系统通常自带 GPG。

GPG 支持以下加密算法。

公钥算法：RSA、RSA-E、RSA-S、ELG-E、DSA。

对称加密算法：3DES、CAST5、BLOWFISH、AES、AES192、AES256、TWOFISH。

散列函数：MD5、SHA-1、RIPEMD160、SHA-256、SHA-384、SHA-512。

同时 GPG 支持的压缩方式包括不压缩、ZIP、ZLIB 和 BZIP2 等。

GPG 的语法格式如下：

```
gpg [选项] [文件名]
```

1.12.1 使用密钥

1) 产生密钥

gpg --gen-key：产生一个新的密钥对。

2) 输出密钥

gpg --eXPort [UID]：输出一个用户的密钥，UID 缺省将输出所有的密钥，默认地，结果将输出到标准输出(stdout)去，可使用-o 选项将密钥输出到一个文件里。

3) 引入密钥

gpg --import [filename]：将别人的公钥加入密钥数据库，filename 缺省将从标准输入(stdin)读入数据。

4) 取消密钥

gpg --gen-revoke：取消一个已经存在的密钥，该命令将产生一份取消密钥证书，且需要事先输入密钥。

5) 密钥管理

gpg --list-keys：显示所有现有的密钥。

gpg --list-sigs：显示所有现有的密钥，同时显示签名。

gpg -fingerprint：显示密钥的指纹。

gpg --list-secret-keys：列出私钥。

gpg --delete-key UID：删除一个公钥。

gpg --delete-secret-key：删除一个私钥。

gpg --edit-key UID：此命令可以修改密钥的失效日期、加入一个指纹、对密钥签名等。

上述命令在使用前需事先输入用户密码进入命令行。

6) 密钥签名

GPG 通过对密钥进行签名来克服公钥的真实性问题。密钥上的签名就表示承认密钥上的用户身份确实是这个密钥的主人，所以只有在绝对确信一个密钥的真实性的时候(如通过安全渠道拿到密钥，且检查了指纹)，才应该对它签名认可。

对一个密钥签名，首先用 gpg --edit-key UID，然后用 sign 命令。

GPG 根据现有的签名和“主人信任度”来确定密钥的真实性。主人信任度是密钥的主人用来确定对别的某个密钥的信任程度的一个值。

1.12.2　加密和解密

1) 密钥选择

可通过命令行选项-u UID 或--local-user UID 选择要使用的密钥，取代默认密钥。

2) 加密

加密的命令如下：

```
gpg -e Recipient [Data]
```

或

```
gpg --encrypt Recipient [Data]
```

3) 解密

解密的命令是：gpg [-d] [Data] 或 gpg [--decrypt] [Data]，预设输出为 stdout，可以使用-o 选项将输出转到一个文件。

1.12.3　签名和检验签名

1) 签名

gpg -s（--sign）[Data]：使用密钥进行签名的同时数据也被压缩，最终结果无法直接读懂。

gpg --clearsign [Data]：使用密钥签名并生成清晰的结果。

gpg -b（--detach-sign）[Data]：使用密钥签名并将签名写入另一个文件。

对数据既加密又签名的完整命令行如下：

```
gpg [-u Sender] [-r Recipient] [--armor] --sign --encrypt [Data]
```

2) 验证

如果数据既加密又签名，签名是在解密过程中检验的；可以用以下命令检验签名：

```
gpg [--verify] [Data]
```

前提是需要接收方有发送方的公钥。

上述所有命令的具体使用方法可参见官方教程http://www.gnupg.org/howtos/ch/index.html。

1.12.4　案例分析

下面的案例在本地主机或 Windows 案例分析台或其他安装 Windows 系统的主机上，gpg4win-1.4 版本，ThurdBird 邮件客户端上使用 GPG 生成密钥对，使用密钥对文件和 E-mail 进行加解密和签名。

图 1.69　密钥对生成

1. 下载与安装

(1)进入 ISES 客户端，从工具箱中的密码学目录下下载 gpg4win-1.4.rar 文件和 Thunderbird.rar 文件。

(2)在本地或 Windows 案例分析台下安装 GPG 工具和 ThurdBird 邮件客户端。

2. 生成密钥对

安装完成后，双击桌面的 WinPT 图标即可进入密钥管理程序。单击界面左上方的钥匙图标进入密钥生成向导，或者执行 key→Normal 菜单命令生成密钥对，如图 1.69 所示。

(1)选择密钥类型：

```
DSA and Elgamal
    DSA and RSA
    DSA sign only             //生成仅用于签名的 DSA 密钥对
    RSA sign only             //生成仅用于签名的 RSA 密钥对
    RSA sign and Encrype      //生成可用于签名和加密的 RSA 密钥对
```

(2)添加密钥长度、姓名、邮件地址和过期时间；单击 Start 按钮，提示输入密钥口令(Passphrase)，系统会根据配置参数生成密钥。

(3)密钥生成成功，将会出现在管理列表中。

3. 密钥导入/导出

执行 key→Export 命令导出公钥，执行 Export Secret Key 命令导出私钥；系统同时支持从文件导入密钥；系统的 Type 字段会显示所列出密钥是否包含公私钥，如图 1.70 所示；单独的公钥会显示成绿色钥匙的图标。

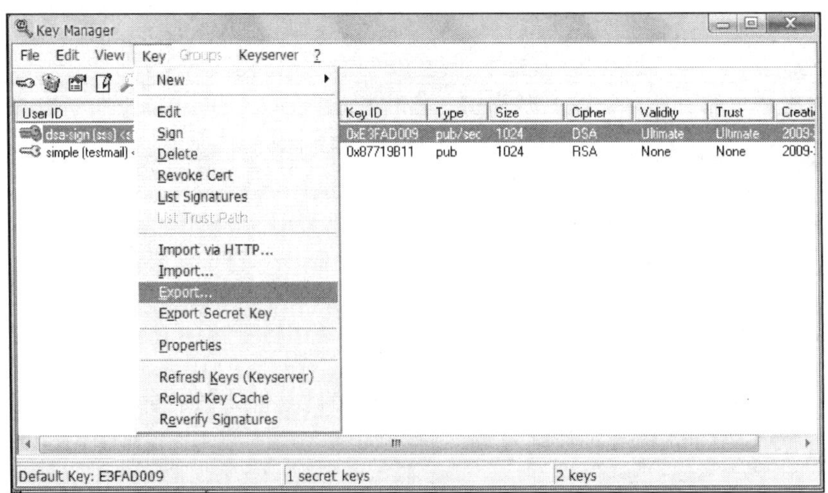

图 1.70　密钥导入/导出

4. 文件加密与签名

(1)Encryption Key Selection 列出的为可供选择的可用于加密的密钥。该项只有当 Encryption Options 选为 Public-key 时，才为可选，并通过选中密钥对文件进行加密。

(2)Signing Keys 下拉菜单列出所有可以用来签名的密钥，选择签名密钥，对文件进行签名。

(3)单击 OK 按钮，输入签名密钥口令，即可实现对文件的加密与签名。在同一目录下会出现同样的文件名，后缀为 gpg 的表示加过密，为 asc 的表示签过名的文件。

5. 文件解密与验证

打开 GPGee→Verify/Decrypt 右键菜单对文件进行验证和解密。

(1)当对文件进行签名验证时，会自动查找密钥库的公钥，并用公钥对文件签名进行认证。

(2)远程用户对文件认证时，只需导入签名方的公钥文件，对文件进行签名认证。

(3)对后缀为 gpg 的加密文件进行解密时，软件会自动寻找密钥库中的对文件加密的公钥对应的私钥，对 gpg 文件进行解密。

如果私钥文件不存在，则解密失败，若私钥存在，输入私钥口令，则释放被加密文件到同一目录下。

6. 邮件内容的加密与解密

1)设置快捷键

单击如图 1.71 所示的菜单，编辑 WinPT 的快捷键。

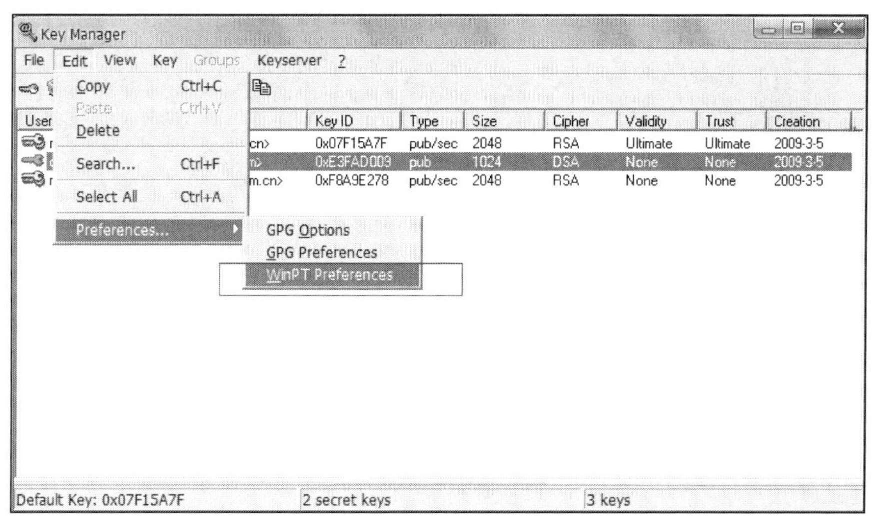

图 1.71　编辑快捷键

快捷键设定如图 1.72 所示，加密剪切板信息时应按 Ctrl+Alt+E 组合键，解密时按 Ctrl+Alt+D 组合键。

2)编辑并加密新邮件

例如，在 Outlook 或者 Foxmail 中，选中全部需要加密的文本并按下快捷键，WinPT 将会对所选择的文字进行加密。按下所设置的快捷键 Ctrl+Alt+E，则弹出加密密钥选择窗口，如图 1.73 所示，用户选择需要加密使用的密钥文件。

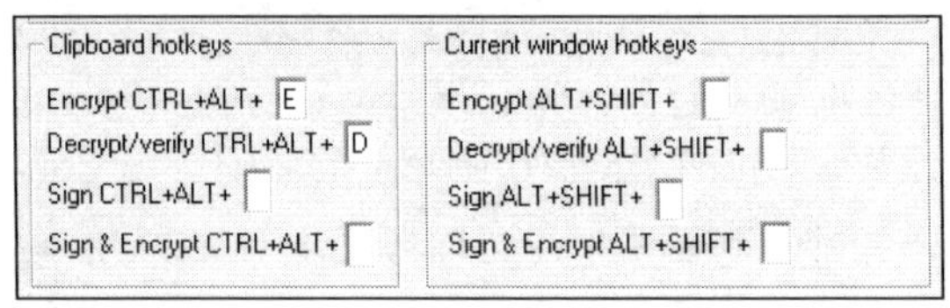

图 1.72　快捷键设定情况

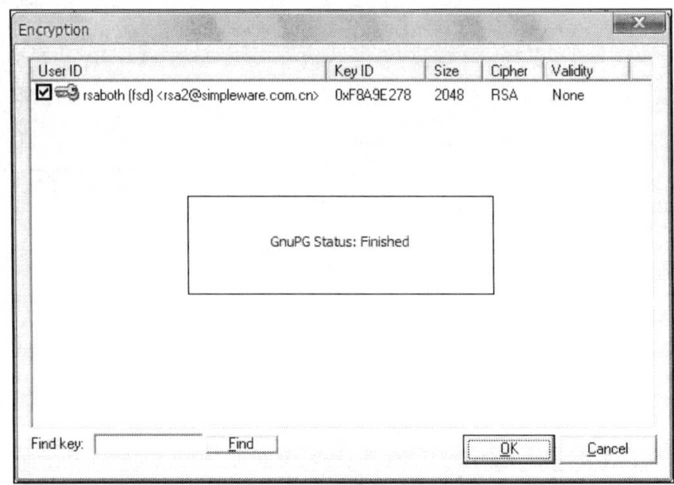

图 1.73　加密密钥选择窗口

单击 OK 按钮，则会使用所选密钥加密信息，并将加密后的密文复制到剪切板，用户直接右击从弹出的快捷菜单中选择“粘贴”命令，即可将密文复制到邮件正文，如图 1.74 所示。

图 1.74　加密后的密文

接收邮件的用户看到加密密文后，直接复制密文，并按 Ctrl+Alt+D 快捷键对密文进行解密。选择加密时对应的解密私钥即可解密出明文。

7. 邮件加密与签名

(1) 启动 ThurdBird 邮件客户端，导入 enigmail-0.95.7-tb+sm.XPi 插件到 ThurdBird 中，并启用 OpenGPG 支持，具体如图 1.75 所示。

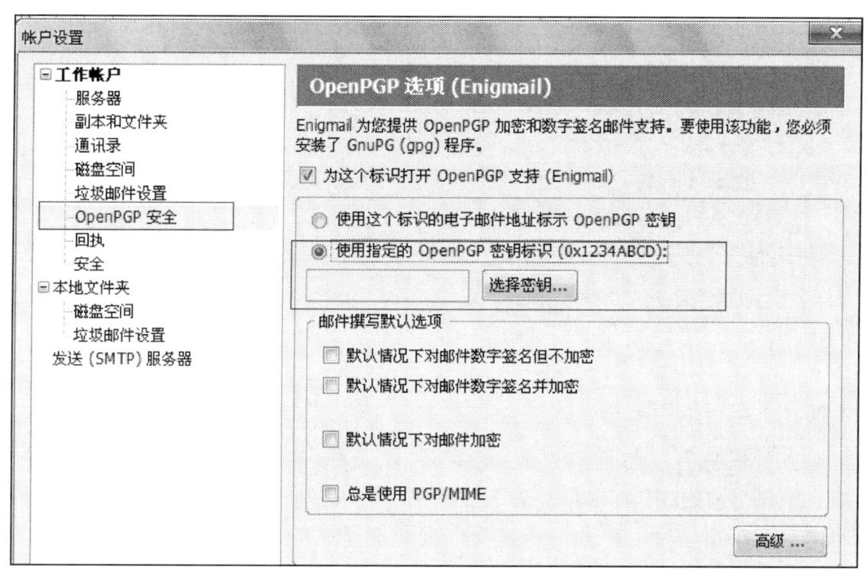

图 1.75 安全设置

(2) 加密邮件。发送加密邮件时，ThurdBird 会使用收件人的公钥证书对邮件进行加密。

(3) 签名邮件。发送签名邮件时，需要发件人的私钥用于对邮件签名。输入私钥读取的口令。签过名的邮件在发件箱中如图 1.76 所示，表示为已签名邮件。

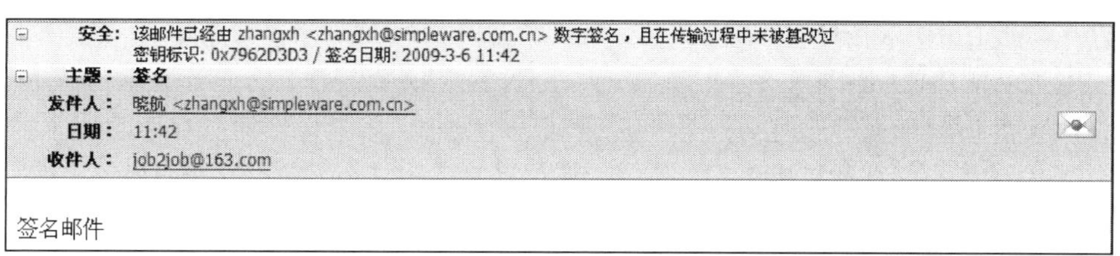

图 1.76 已签名邮件

8. 邮件解密与签名验证

1) 查看加密邮件

加密邮件在未解密的状态下显示如图 1.77 所示。

当 ThurdBird 客户端有私钥时，输入解密私钥，会正常显示邮件内容，并提示为已解密邮件。

```
-----BEGIN PGP MESSAGE-----
Charset: GB2312
Version: GnuPG v1.4.9 (MingW32)
Comment: Using GnuPG with Mozilla - http://enigmail.mozdev.org

hIwDJcnI+W3nnacBA/4wJg1RIyQDUOKZJBziHHIQvyIqnnhW1m9/WvkG/9qyZBj7
/Zwp7m+E8MaX1PUyeXZXTVCbTvv9ay2bGTjKQmIIr59RrS3q1vTHr8PXn+q9K1We
pgeUuJ3JFjWXfjlz1KUwPvEAXVJVgRm2dA3CquB2qAHXfwWSQaaBVBVw7/Za5YSM
A2AuHBx5YtPTAQQAjGey81T09SjfX0jtTkcahS2s/Laejp+WDM7M91Nw0OS0NS6K
MZNaF1g5m52KirpRo4KeIoj1JF02rGIph4XKp0YXJVW5q9BZDX5/7dUtIdYP7ZTe
LsCT+HLvNoABw0I4dQYgYWzy5fVqv/0LacAzLugFKYjw9MRPDAjxtytCKz/STAFw
gyU66XbvJBUcaQ1we3a2pVY6HsJmZ0i97QI1yKEXrCmu8iv6JXIPb6jcUPR1ZAuN
L++Ba3ANewV1ME3yxrhC8yETiinoixIepl8=
=tFDh
-----END PGP MESSAGE-----
```

图 1.77　加密邮件

2) 查看签名邮件

查看签名的邮件内容，邮件内容显示为邮件正文和发件人私钥对正文信息的签名密文。当 ThurdBird 客户端的 GPG 中存在发件人的公钥时，则会正常显示邮件内容，并有签名是否通过认证的提示。

1.13　PGP 在文件系统、邮件系统中的应用

PGP (Pretty Good Privacy) 是 PGP 公司的加密/签名工具套件，使用了有商业版权的 IDEA 算法并集成了有商业版权的 PGPdisk 工具，有别于开源的 GPG。PGP 能够提供独立计算机上的信息保护功能，使这个保密系统更加完备。它提供了数据加密，包括电子邮件、任何存储的文件、即时通信 (如 ICQ) 等功能。数据加密功能让使用者可以保护他们发送的信息 (如电子邮件)，还有他们存储在计算机上的信息。文件和信息通过使用者的密钥，通过复杂的算法运算后编码，只有接收人才能把这些文件和信息解码。PGP 加密系统是采用公开密钥加密与传统密钥加密相结合的一种加密技术。它使用一对数学上相关的钥匙，其中一个 (公钥) 用来加密信息，另一个 (私钥) 用来解密信息。PGP 传统加密技术部分所使用的密钥称为“会话密钥”。每次使用时，PGP 都随机产生一个 128 位的 IDEA 会话密钥，用来加密报文。公开密钥加密技术中的公钥和私钥则用来加密会话密钥，并通过它间接地保护报文内容。PGP 中的每个公钥和私钥都伴随着一个密钥证书。它一般包含以下内容：

① 密钥内容 (用长达百位的大数字表示的密钥)；

② 密钥类型 (表示该密钥为公钥还是私钥)；

③ 密钥长度 (密钥的长度，以二进制位表示)；

④ 密钥编号 (用以唯一标识该密钥)；

⑤ 创建时间；

⑥ 用户标识(密钥创建人的信息，如姓名、电子邮件等)；

⑦ 密钥指纹(为 128 位的数字，是密钥内容的提要，表示密钥唯一的特征)；

⑧ 中介人签名(中介人的数字签名，声明该密钥及其所有者的真实性，包括中介人的密钥编号和标识信息)；

⑨ PGP 把公钥和私钥存放在密钥环(KEYR)文件中。PGP 提供有效的算法查找用户需要的密钥。

PGP 在多处需要用到口令，它主要起到保护私钥的作用。由于私钥太长且无规律，所以难以记忆。PGP 把它用口令加密后存入密钥环，这样用户可以用易记的口令间接使用私钥。PGP 的每个私钥都由一个相应的口令加密。PGP 主要在 3 处需要用户输入口令。

(1)需要解开收到的加密信息时，PGP 需要用户输入口令，取出私钥解密信息。

(2)当用户需要为文件或信息签名时，用户输入口令，取出私钥加密。

(3)对磁盘上的文件进行传统加密时，需要用户输入口令。

PGP 用的实际上是 RSA 和传统加密的杂合算法。因为 RSA 算法计算量极大，在速度上不适合加密大量数据，PGP 实际上用来加密的不是 RSA 本身，而是采用了一种称为 IDEA 的传统加密算法。传统加密，一般来说就是用一个密钥加密明文，然后用同样的密钥解密。这种方法的代表是 DES，也就是乘法加密，它的主要缺点就是密钥的传递渠道解决不了安全性问题，不适合网络环境邮件加密需要。IDEA 的加(解)密速度比 RSA 快得多，所以实际上 PGP 是以一个随机生成密钥(每次加密不同)用 IDEA 算法对明文加密，然后用 RSA 算法对该密钥加密。这样收件人同样是用 RSA 解密出这个随机密钥，再用 IDEA 解密邮件本身。这样的链式加密就做到了既有 RSA 体系的保密性，又有 IDEA 算法的快捷性。PGP 利用这种链式加密，既保证了保密性，又保证了加密的速度。

下面的案例在本地主机和 PGP 8.1 实现利用 PGPkeys 生成密钥、利用 PGP 加解密文件、创建与使用 PGPdisk、利用 PGP 加解密邮件。

1.13.1 生成密钥

(1)从工具箱下载 PGP 8.1 到本地主机中，并安装(安装过程中需要重启系统，具体步骤参照安装包中的说明文档)。安装完成后运行 PGPkeys：开始→程序→PGP-PGPkeys。

(2)单击工具栏的钥匙图标，启动 PGP 密钥生成向导，单击“下一步”按钮，进入分配姓名和电子邮箱界面。输入姓名和一个真实有效的 E-mail 地址(此邮件地址会在下面的案例分析中使用到)。

(3)单击“下一步”按钮，进入分配密码界面；输入至少 8 位字符长度的密码，如图 1.78 所示。

(4)单击“下一步”按钮，进入密钥生成进程界面，等密钥生成后单击“下一步”按钮，完成密钥的生成。

(5)打开 PGPkeys.exe，执行“开始”→“程序”→PGP→PGPkeys 命令可以看到刚刚创建的密钥信息，如图 1.79 所示。

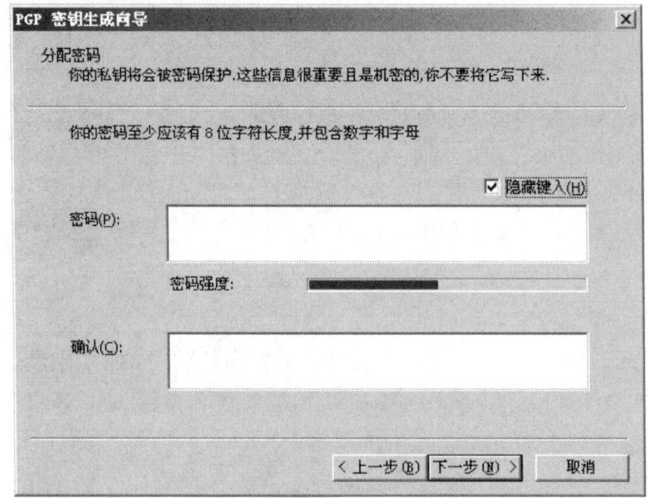

图 1.78　密码设置

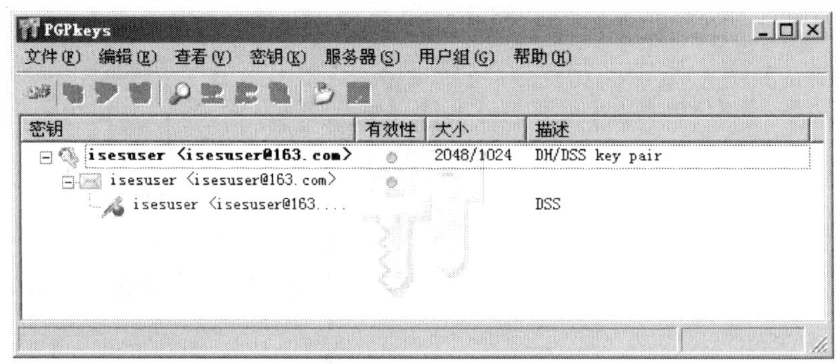

图 1.79　查看密钥信息

1.13.2　文件加解密

(1) 在待加密的文件上右击，选择 PGP→“加密”命令，弹出“PGP 外壳-密钥选择”对话框。

(2) 选择刚创建的密钥，单击“确定”按钮，PGP 会对文件进行加密，并保存为.pgp 的加密文件。

(3) 要查看加密后的文件，在加密后的文件上双击或者右击，选择 PGP→“解密&效验”命令，此时会要求输入密码，如图 1.80 所示。

(4) 正确输入文件加密密钥对应的密码，PGP 解密文件并提示保存解密文件。

(5) 保存解密文件，并与原文件比较。

1.13.3　创建与使用 PGPdisk

(1) 运行 PGPdisk：启动→程序→PGP→PGPdisk；启动 PGPdisk 创建向导。

(2) 单击“下一步”按钮，设置 PGPdisk 位置和大小。

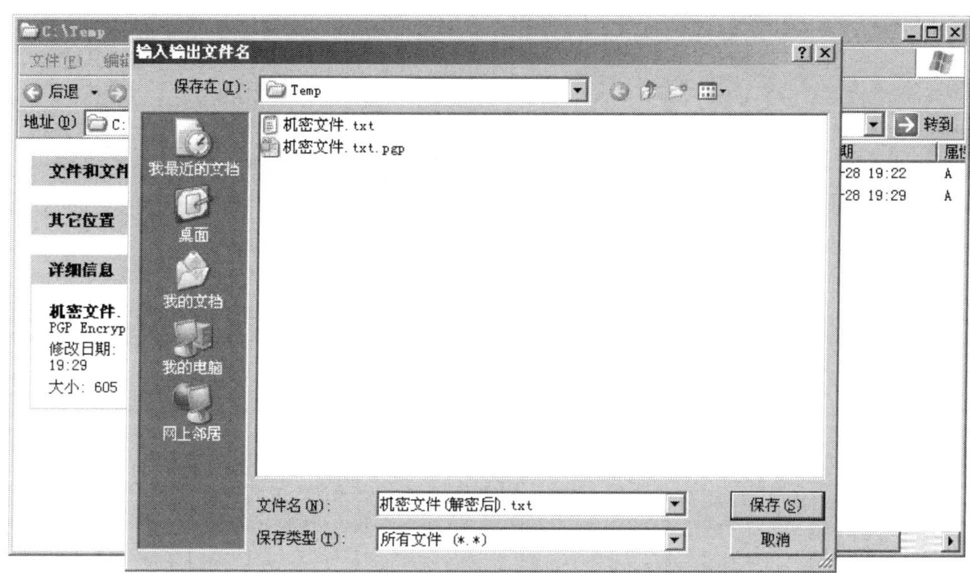

图 1.80 查看加密后的文件

(3)单击“高级选项”按钮，可以指定 PGPdisk 以一个分区存在或者是 NTFS 分区上的一个文件夹存在，还可以指定 PGPdisk 的加密算法和文件系统格式。

(4)选择完毕后单击“确定”按钮，并单击“下一步”按钮，选择保护方法，如图 1.81 所示。

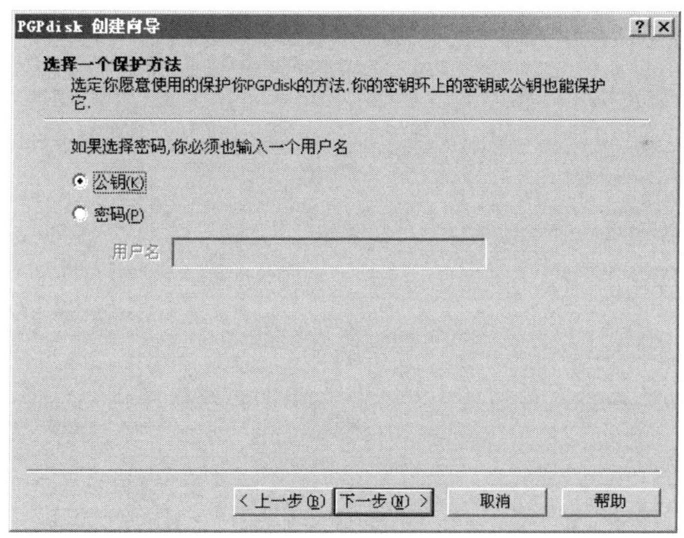

图 1.81 选择保护方法

(5)选择使用公钥保护 PGPdisk，单击“下一步”按钮，选择已经生成的公钥，如图 1.82 所示。

(6)单击“下一步”按钮进入收集随机数据界面。此时随意移动鼠标或者打字，产生随机数据用于创建 PGPdisk 的加密密钥。

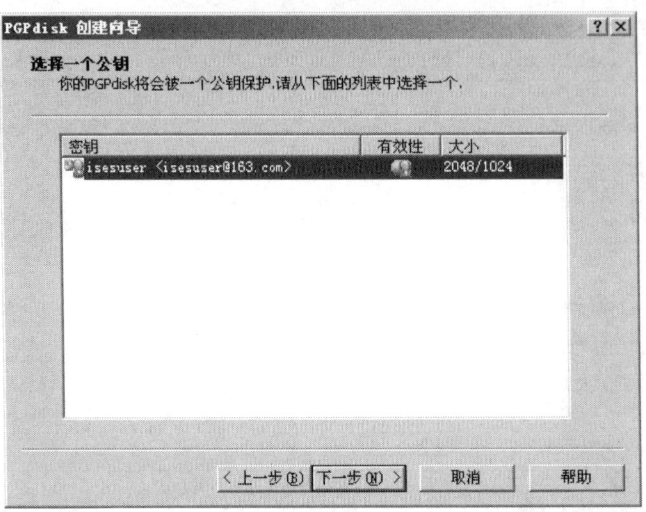

图 1.82　选择公钥

(7) 随机数据收集完毕，单击“下一步”按钮，PGPdisk 将新添加的卷进行加密和格式化操作。

(8) 单击“下一步”按钮完成 PGPdisk 的创建。在“我的电脑”中可以看到 PGPdisk 创建的虚拟分区，如图 1.83 所示。

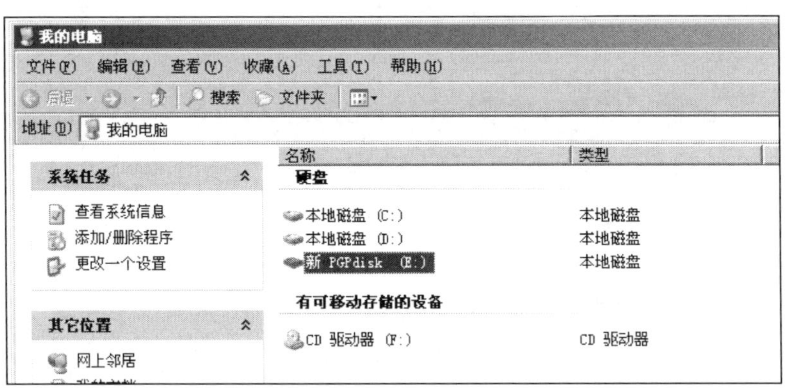

图 1.83　虚拟分区情况

(9) 将待加密的文件保存到这个分区。找到 PGPdisk 文件的保存位置(默认保存在 C:\Documents and Settings\Administrator\My Documents 文件夹)，在 PGPdisk 文件上右击，选择 PGP→“编辑 PGPdisk”命令。

(10) 在弹出的 PGPdisk 编辑器中可以添加或编辑对新创建的 PGPdisk 卷的访问用户。修改之前，必须先将 PGPdisk 反装配，单击工具栏的反装配按钮；然后选择菜单栏的“用户”→“添加”命令，此时需要输入创建 PGPdisk 时所选公钥对应的密码；单击“确定”按钮，将弹出 PGPdisk 用户添加向导，单击“下一步”按钮进入选择保护方法界面，如图 1.84 所示。

如果有导入的其他 PGP 密钥，也可以选择使用这些其他的 PGP 公钥；在此没有导入其他 PGP 密钥，所以默认只能使用密码保护的方式。

(6) 此时需要为选择的 PGP 密钥输入密码，输入 PGP 密钥的密码，单击“确定”按钮。

(7) PGP 会对邮件正文进行加密，并发送邮件；回到 Outlook Express，单击工具栏的收取/发送按钮，收到刚发送的邮件。打开邮件，如图 1.88 所示，可以看到邮件正文是已经被签名并加密过的。

图 1.88 打开邮件

(8) 右击任务栏的 PGPtray 图标，选择“当前窗口”→“解密&效验”命令，如图 1.89 所示。

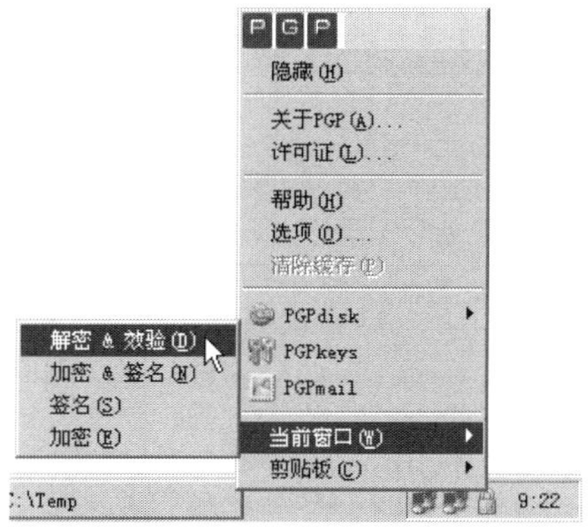

图 1.89 解密&效验

(9) 输入 PGP 密钥的密码，单击“确定”按钮。

(10) PGP 解密并验证邮件正文，如图 1.90 所示，单击“确定”按钮。

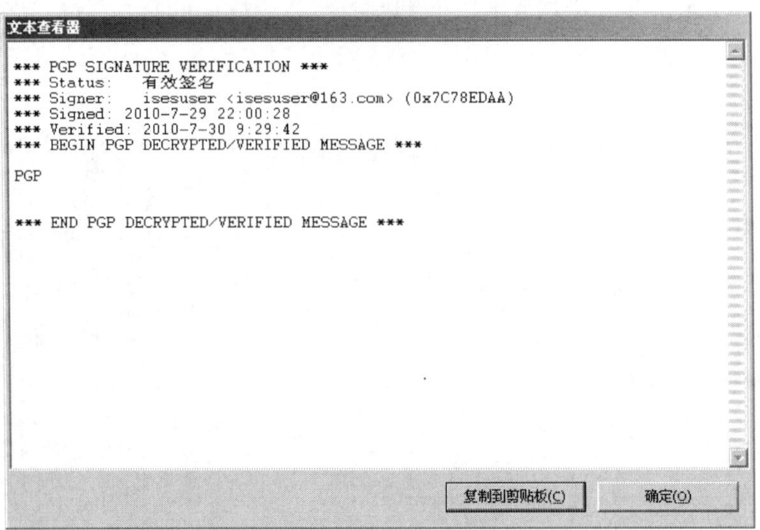

图 1.90　查看邮件正文

(11) 邮件的附件可按照 PGP 加解密文件中的步骤进行解密。

第 2 章　PKI

PKI(Public Key Infrastructure)即公钥基础设施，是一种遵循既定标准的密钥管理平台，它是网络应用透明地提供加密和数字签名等密码服务所必需的密钥和证书管理设施。

PKI 由证书颁发机构(CA)、注册机构(RA)、证书库、密钥备份及恢复系统、证书作废处理系统、PKI 应用接口系统(API)等部分组成。

1) 证书颁发机构

CA 是提供身份验证的第三方机构，也是公钥证书的颁发机构，由一个或多个用户信任的组织或实体组成。在 PKI 中，CA 负责颁发、管理和吊销最终用户的证书，认证用户并在颁发证书之前对证书信息签名。

2) 注册机构

可以将 RA 看成 PKI 的一个扩展部分，并且它已逐渐成为 PKI 的一个必不可少的组成部分。RA 充当了 CA 和它的最终用户之间的桥梁，分担了 CA 的部分任务，协助 CA 完成证书处理服务。

3) 证书库

证书库是公开的信息库，用于存放证书，供用户查询其他用户的证书和公钥。

4) 密钥备份及恢复系统

该组件是 PKI 提供的用于对密钥进行备份与恢复的机制。

5) 证书作废处理系统

证书在 CA 为其签署的有效期内也可能需要作废，为实现这一点，PKI 必须提供证书作废机制。

6) PKI 应用接口系统

为了用户能够方便地使用加密、数字签名等安全服务，PKI 必须提供良好的应用接口系统。

该部分案例分析主要包括：证书申请案例分析、请求管理案例分析、证书管理案例分析、交叉认证案例分析、Word 签名案例分析、Foxmail 证书签名及加密案例分析、IIS 证书应用案例分析和 Windows CA 实现 IIS 双向认证等。

2.1　证 书 申 请

公钥证书的发放一般经历三个过程：终端用户注册、证书的产生和发放。

CA 有多种方式让终端用户注册，用户的选择在很大程度上取决于应用环境。许多终端用户使用浏览器通过互联网向 CA 或 RA 注册。注册是 PKI 中最重要的过程之一。

该案例分析是通过用户在客户端填写注册信息，按照说明选择由 CA 提供的作为申请的一部分密钥，并提交申请表来完成证书的申请。

下面通过案例分析注册信息的填写、选择证书属性、提交数字证书申请内容。

(1) 填写注册信息，如图 2.1 所示。

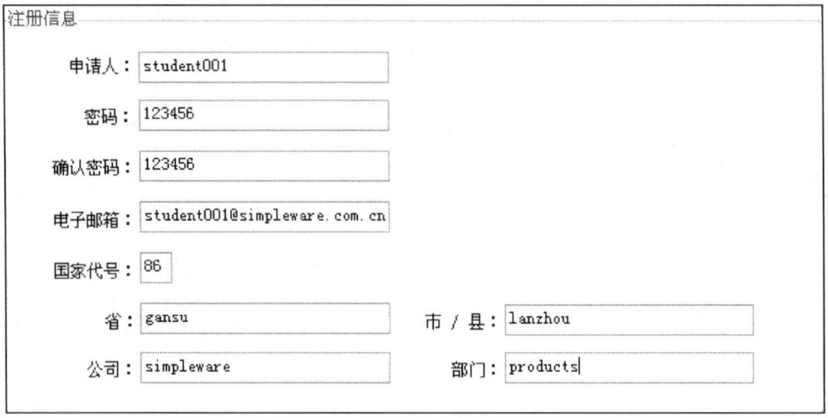

注册信息
申请人：student001
密码：123456
确认密码：123456
电子邮箱：student001@simpleware.com.cn
国家代号：86
省：gansu
市 / 县：lanzhou
公司：simpleware
部门：products

图 2.1　填写注册信息

(2) 选择证书属性，包括密钥用法、增强型密钥用法及密钥长度，如图 2.2 所示。

(3) 单击“申请”按钮，系统给予申请成功提示信息，如图 2.3 所示。

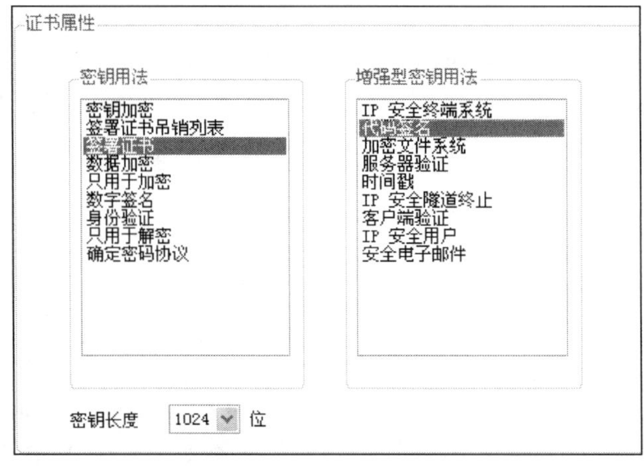

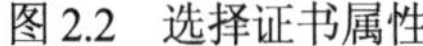

证书属性
密钥用法
密钥加密
签署证书吊销列表
签署证书
数据加密
只用于加密
数字签名
身份验证
只用于解密
确定密码协议
增强型密钥用法
IP 安全终端系统
代码签名
加密文件系统
服务器验证
时间戳
IP 安全隧道终止
客户端验证
IP 安全用户
安全电子邮件
密钥长度
1024
位

图 2.2　选择证书属性

证书请求成功！
确定

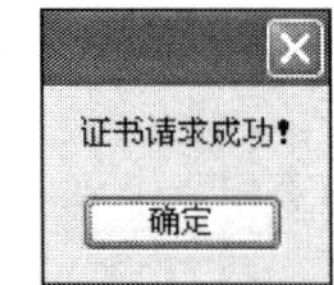

图 2.3　申请成功提示

2.2　请 求 管 理

根据已经提交的证书请求信息分别进行颁发和拒绝操作，并通过查看申请列表掌握证书申请的处理情况。

一个认证请求大致由三部分组成：签名算法标识符、主体公钥信息及可选扩展项。

(1) 签名算法标识符：用来标识签署证书所用的数字签名算法和相关参数。

(2) 主体公钥信息：包括主体的公钥及所用的加密算法。

(3) 可选扩展项。

机构密钥标识符：用来区分同一个颁发者的多对证书签名密钥。

主体密钥标识符：用来区分同一个证书拥有者的多对密钥。

密钥用途：指明运用证书中的公钥可完成的各项功能和服务。

扩展密钥用途：说明证书中的公钥的特别用途。

2.2.1　申请证书的颁发或拒绝

(1) 选中“等待颁发的申请”单选按钮，在“证书请求列表”框中出现未处理的申请证书，如图 2.4 所示。

(2) 单击要颁发拒绝的证书，在右侧“证书请求详细信息”框内可查看相关信息。

(3) 单击“颁发”或“拒绝”按钮，系统给予提示信息。

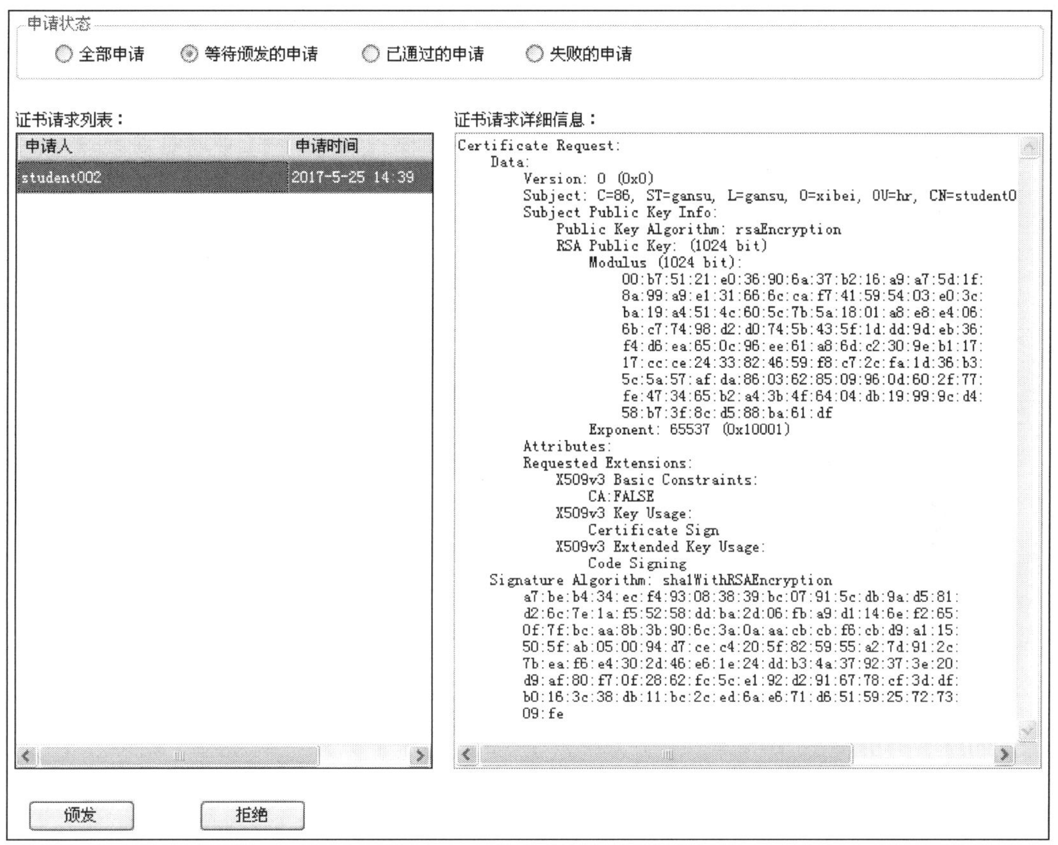

图 2.4　颁发证书

2.2.2　查看证书申请处理情况

用户可根据需要在“申请状态”栏中选择不同申请状态的单选按钮来查看证书申请处理情况，例如，图 2.5 所示为查看失败申请。

图 2.5　查看失败申请

2.3　证 书 管 理

公钥证书发放以后，需要进行有效的管理。公钥证书的管理一般包括三个方面。

(1) 证书的检索：根据不同证书状态查看不同证书信息。

(2) 证书的验证：验证一个证书的有效性。可查看该证书的作废证书表(CRL)。

(3) 证书取消：有两种方式导致证书取消，即证书自然过期或证书在有效期内被作废(撤销)。

可根据 X.509 V3 证书格式和 CRL 结构对公钥证书进行管理。

1) X.509 V3 证书格式

现实中有各种各样的证书，如 PGP 证书、SET 和 IPSec 证书。最广泛采用的证书格式是国际电信联盟(ITU)提出的 X.509 版本 3 格式(X.509 V3)。X.509 V3 格式如下：

① 版本号；

② 证书序列号；

③ 签名算法标识符；

④ 颁发者信息；

⑤ 有效期；

⑥ 主体名称；

⑦ 主体公钥信息；

⑧ 颁发者唯一标识符；

⑨ 主体唯一标识符；

⑩ 扩展项；

⑪ 颁发者签名。

2) CRL 结构

CRL 是作废证书表的缩写。CRL 中记录尚未过期但已声明作废的用户证书序列号，供证书使用者在认证对方证书时查询使用。CRL 通常也称为证书黑名单。

下面通过案例分析查看证书和证书链信息、导出已颁发证书、撤销已颁发证书内容。

2.3.1　查看证书

1. 查看证书详细信息

(1) 选择任意证书状态，在下方的“证书列表”中出现符合要求的所有证书。

(2) 在“证书列表”框中单击要查看的证书，在右侧“证书详细信息”栏会出现被选证书信息，如图 2.6 所示。

图 2.6　查看证书详细信息

2. 查看根证书

(1) 选择任意证书状态，在下方的“证书列表”框中出现符合要求的所有证书，如图 2.7 所示。

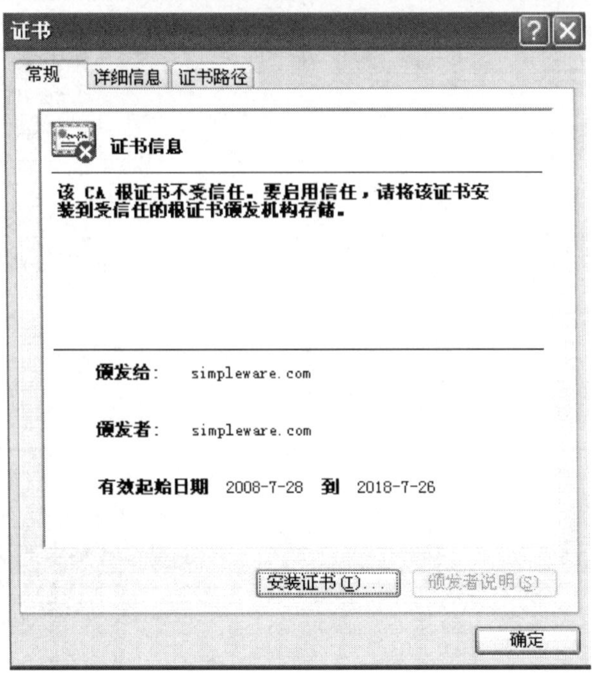

图 2.7　查看证书信息

(2) 单击“查看根证书”按钮，弹出证书信息窗口，如果未安装过此根证书，则会提示此 CA 根证书不受信任。

(3) 切换到“详细信息”或“证书路径”选项卡可查看根证书的详细属性或颁发机构，如图 2.8 所示。

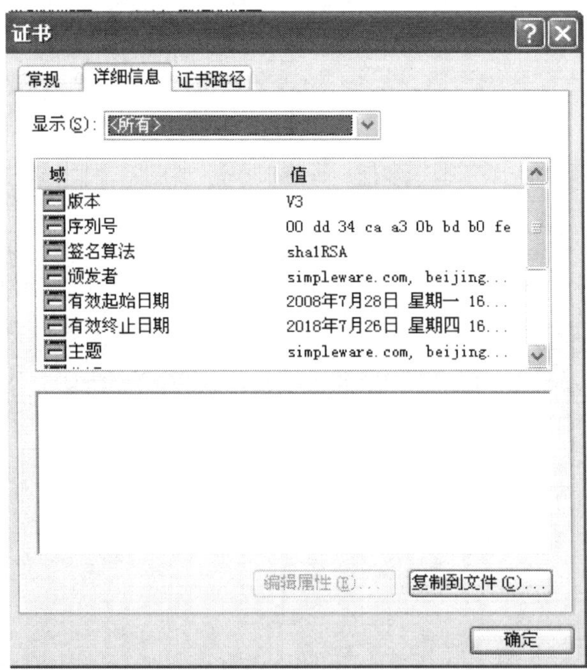

图 2.8　证书“详细信息”选项卡

(4) 单击“常规”选项卡，显示根证书基本信息界面；单击“安装证书”按钮，弹出“证书导入向导”对话框，用户可根据系统提示信息按步骤安装根证书。

(5) 单击“详细信息”选项卡，进入查看根证书详细属性界面；单击“复制到文件”按钮，弹出“证书导出向导”对话框，用户可根据系统提示信息按步骤导出根证书。

3. 查看 CRL

(1) 选择任意证书状态，在下方的“证书列表”框中出现符合要求的所有证书。

(2) 单击“查看 CRL”按钮，系统弹出“证书吊销列表”对话框，如图 2.9 所示。

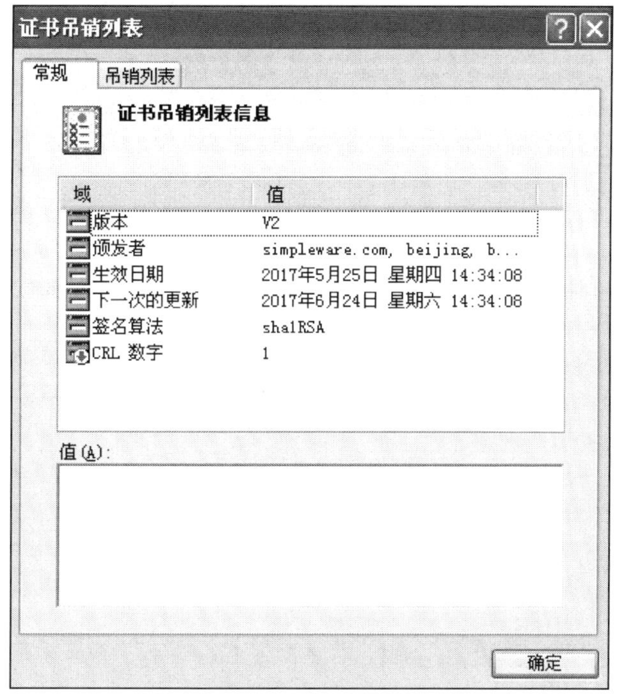

图 2.9　证书吊销列表

(3) 单击“确定”按钮返回案例分析实施界面。

2.3.2　导出证书

(1) 选中“已颁发的证书”单选按钮，下方的“证书列表”中出现已颁发的所有证书。

(2) 单击要导出的证书。

(3) 单击“导出证书”按钮，注意：用户可根据需要选中“导出时包含私钥”复选框。

(4) 弹出“另存为”对话框，在“文件名”文本框中填写文件名后单击“保存”按钮，弹出“输入密码”窗口，如图 2.10 所示。

(5) 输入密码后单击“确定”按钮，确认导出证书，系统弹出导出成功提示信息，如图 2.11 所示。

(6) 单击“确定”按钮返回案例分析实施界面。

图 2.10　设置私钥密码

图 2.11　证书导出成功提示

2.3.3　撤销证书

(1)选中“已颁发的证书”单选按钮，下方的“证书列表”中出现已颁发的所有证书。

(2)单击要撤销的证书。

(3)选择撤销该证书的原因。

(4)单击“撤销证书”按钮，系统弹出撤销成功提示信息，如图 2.12 所示。

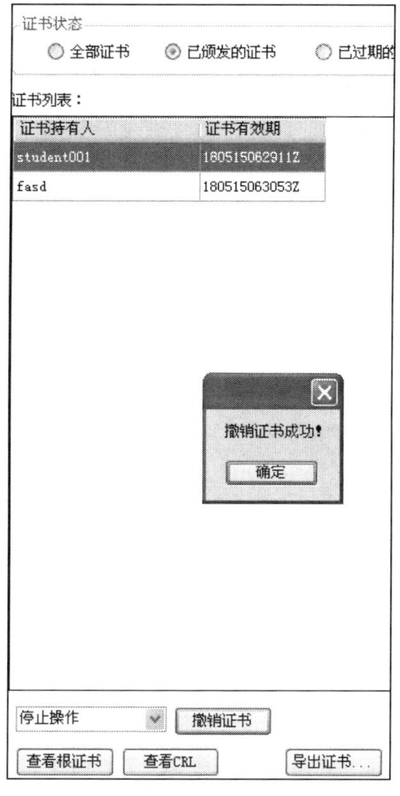

图 2.12　撤销证书

(5)单击“确定”按钮返回案例分析实施界面。

2.4　交 叉 认 证

交叉认证是一种把各个 CA 连接在一起的机制，从而使得它们各自终端用户之间的安全通信成为可能。每个 CA 都有自己的信任域，在该信任域中的所有用户都能够相互信任，而不同信任域中的用户需要相互信任，这就需要通过在 CA 之间进行交叉认证来完成。交叉认证的作用就是扩大认证域的信用范围，使用户在更加广泛的范围内建立信任关系。

交叉证书可以是单向的，称为域内交叉认证，如在 CA 的严格层次结构中，上层 CA 对下层 CA 的认证；亦可以是双向的，称为域间交叉认证，如在分布式信任结构的中心辐射配置中，根 CA 与中心 CA 之间的相互认证。

在两个 CA 之间的交叉认证是：一个 CA 承认另一个 CA 在一个名字空间被授权颁发的

证书。例如，假设实体 A 已被 CA_1 认证并且拥有 CA_1 的公钥 k_1，而实体 B 已被 CA_2 认证并且拥有 CA_2 的公钥 k_2。在交叉认证之前，A 只能验证 CA_1 的公钥 k_1，不能验证 CA_2 颁发的证书；而 B 只能验证 CA_2 颁发的证书，不能验证 CA_1 颁发的证书。在 CA_1 与 CA_2 交叉认证之后，A 就能验证 CA_2 的公钥，从而验证 CA_2 颁发的证书；而 B 也能验证 CA_1 的公钥，从而验证 CA_1 颁发的证书。

交叉认证一般分为两个操作步骤。

(1) 建立交叉认证管理，通过签发包含另一个 CA 公钥的交叉证书来实现。

(2) 证书路径处理，该路径可能涉及一系列证书，包括从根 CA 公钥(信任锚点)的验证一直到用来验证其他用户证书的 CA 公钥。

案例分析内容包括查看交叉认证证书、颁发交叉认证证书、撤销交叉认证证书、创建和验证交叉认证证书路径。

2.4.1　查看与导出证书

1. 查看证书

选择需要查看的 CA 证书节点，下方“证书”栏内即出现该 CA 的详细信息，如图 2.13 所示。

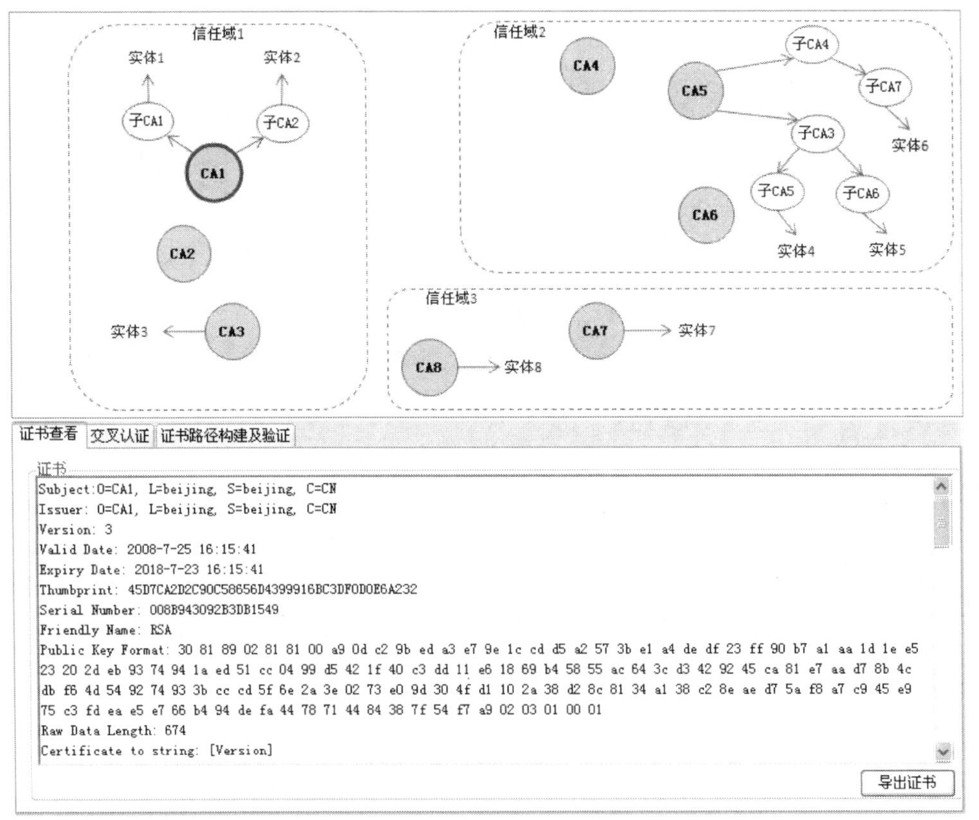

图 2.13　查看证书信息

2. 导出交叉认证证书

(1) 单击需导出的 CA 证书节点。

(2) 单击“导出证书”按钮，弹出“另存为”对话框，输入文件名后单击“保存”按钮，弹出证书信息窗口，如果该 CA 的根证书未安装，会提示该 CA 不受信任。

(3) 单击“确定”按钮返回案例分析实施界面。

2.4.2 创建交叉认证证书

1. 签发交叉认证

选择需要颁发交叉认证证书的两个 CA，并填写有限期限，单击“签发交叉认证”按钮，即可成功建立交叉认证，如图 2.14 所示。

2. 查询交叉认证信息

(1) 选择需要查询的交叉认证证书。

(2) 单击“资料查询”按钮，弹出确认路径提示框，单击“确定”按钮，返回案例分析实施界面，并在界面下方显示该交叉认证证书的详细信息，如图 2.14 所示。

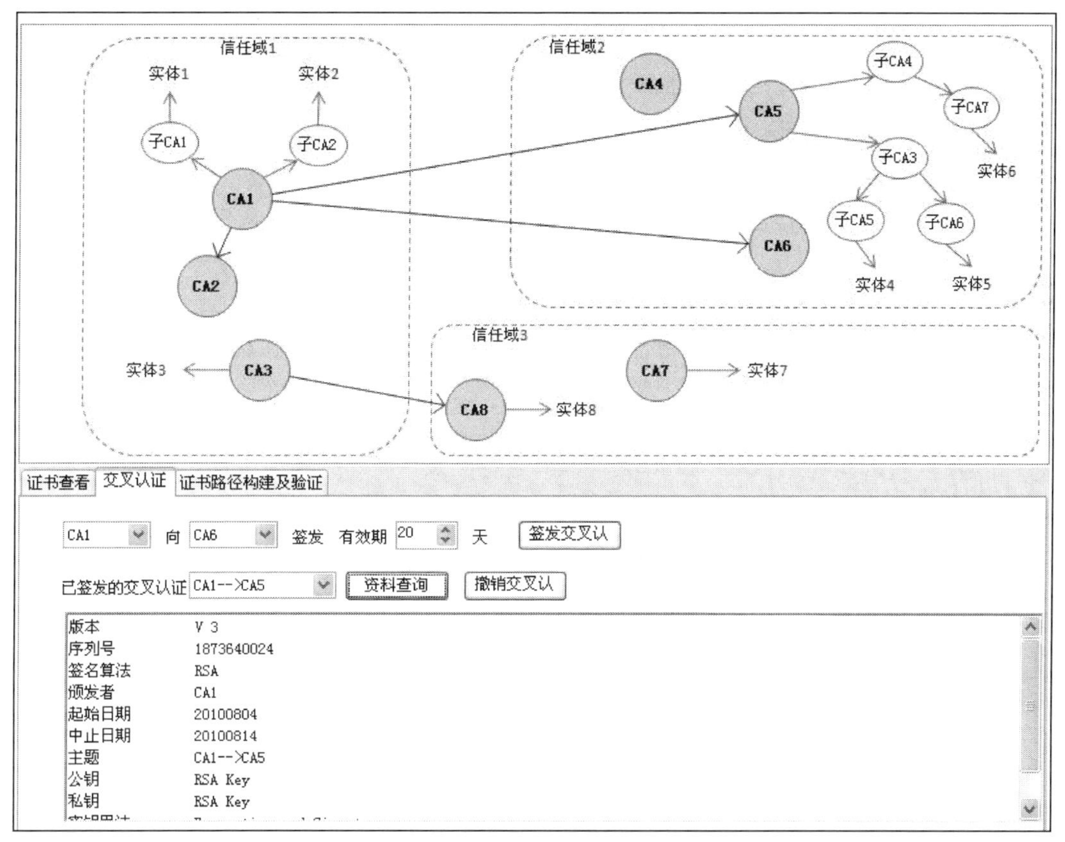

图 2.14　交叉认证证书信息

3. 撤销交叉认证

(1) 选择要撤销的交叉认证证书。
(2) 单击“撤销交叉认证”按钮即可完成撤销操作。

2.4.3 构建及验证证书路径

1. 构建证书路径

(1) 单击证书路径构建及验证选项卡，选择已建立交叉认证的 CA 下的实体。
(2) 单击“查询”按钮，弹出成功建立信任链对话框，如图 2.15 所示。

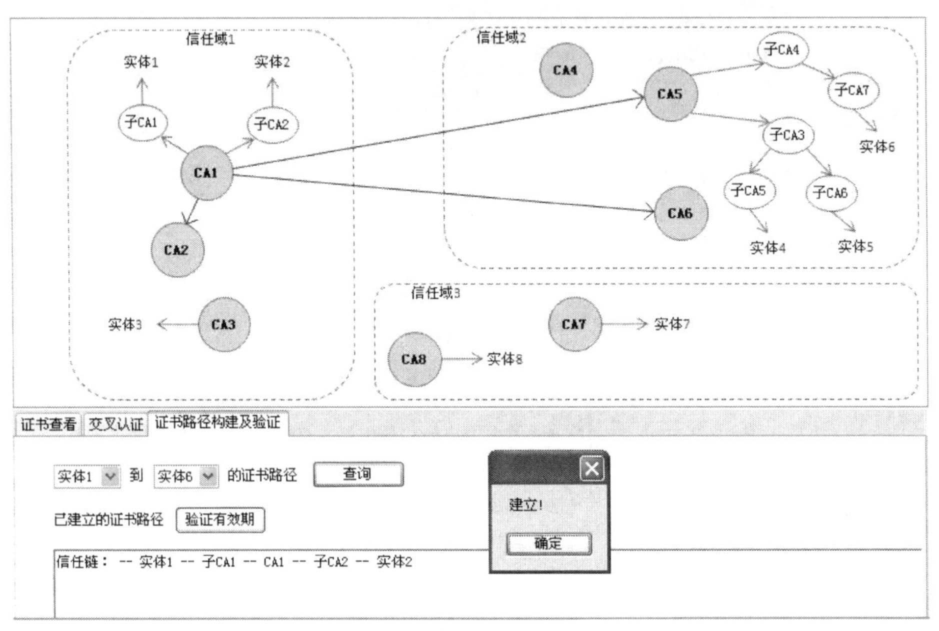

图 2.15　建立信任链提示

(3) 单击“确定”按钮返回案例分析实施界面，并在界面下方显示两个实体的信任链。

注意：若选择的两个实体的 CA 之间没有进行交叉认证，则单击“查询”按钮后弹出无法建立信任链的提示信息。

2. 验证证书路径有效期

(1) 重复构建证书路径操作步骤。
(2) 在图 2.15 中，单击“验证有效期”按钮即可出现各级 CA 的生效日期及到期日期。

2.5 证书应用

数字签名是一种确保数据完整性和原始性的方法。数字签名可以提供有力的证据，表明自从数据被签名以来尚未发生更改，并且它可以确认对数字签名人或实体的身份。数字签名实现了“完整性”和“认可性”这两项重要的安全功能，而这是实施安全电子商务的基本要求。

当数据以明文或未加密形式发布时，通常使用数字签名。在这种情况下，由于消息本身的敏感性无法保证加密，所以必须确保数据仍然保持其原来的格式，并且不是由冒名者发送的。因为在分布式计算机环境中，网络上具有适当访问权的任何人，无论是否被授权都可以很容易地读取或改变明文文本。

数字签名主要是为了证明发件人身份，就像我们看到的某文件签名一样。但现在要说的签名是采用电子数字签名的方式，这种签名还可以防止别人仿签，因为经过加密的签名会变得面目全非，别人根本不可能看到签名真正的样子。但是在邮件传输过程中，通常又不是单独使用文件加密或者数字签名，而是结合起来使用，它们两者一起作用就可起到非常好的安全保护作用。

2.5.1 Word 签名案例分析

本案例分析 Word 文档进行签名的过程。

1. 申请证书

(1) 填写注册的基本个人信息，申请数字证书。
(2) 根据证书用途选择密钥用法和增强型密钥用法。
(3) 设定证书的密钥长度，单击“申请”按钮，提交证书申请，如图 2.16 所示。

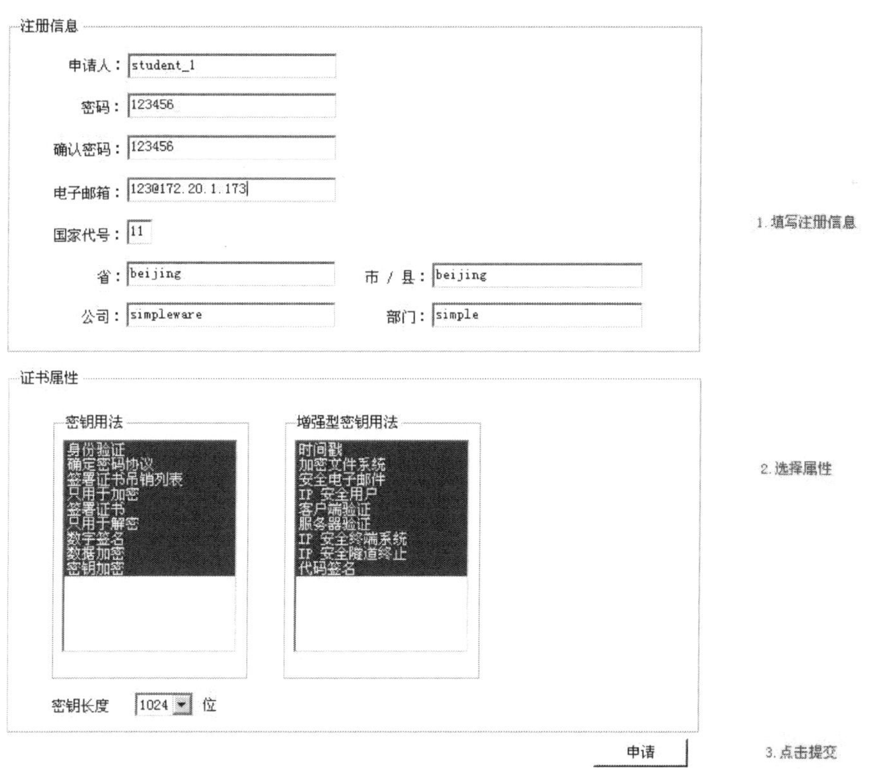

图 2.16　证书申请

(4) 选择证书管理，颁发证书，如图 2.17 所示。

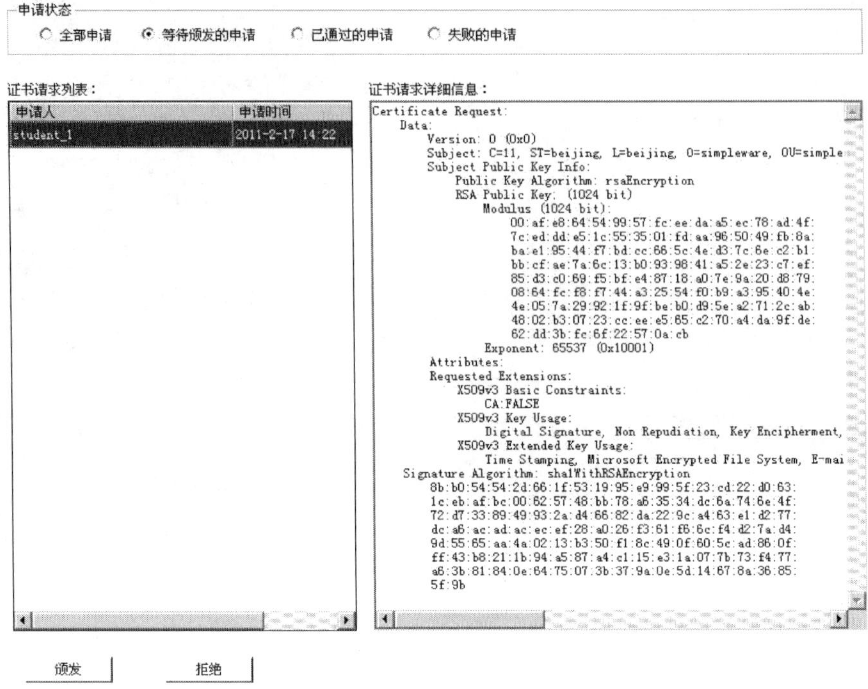

图 2.17　颁发证书

(5) 导出已申请的证书，选中“导出时包含私钥”复选框，如图 2.18 所示。

图 2.18　导出证书

(6)输入证书私钥及证书密码，如图 2.19 所示。

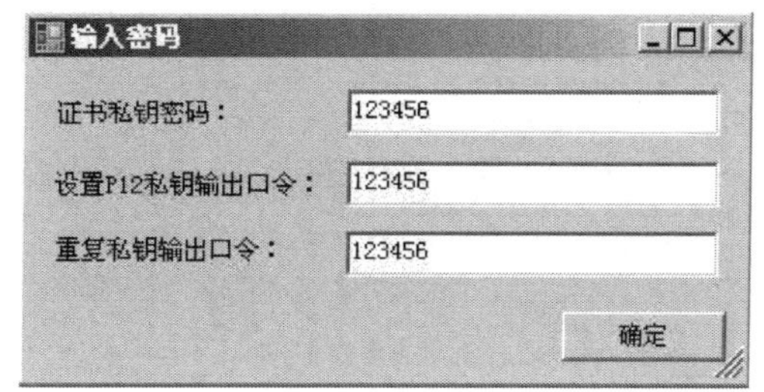

图 2.19　输入私钥和密码

2. 证书导入

(1)双击已导出的后缀为p12的含有私钥的证书(注：证书需在运行 Word 的主机上进行导入)，单击“下一步”按钮，在弹出的界面中输入刚才为证书设定的证书密码，如图 2.20 所示。

(2)单击“下一步”按钮，提示导入成功，如图 2.21 所示。

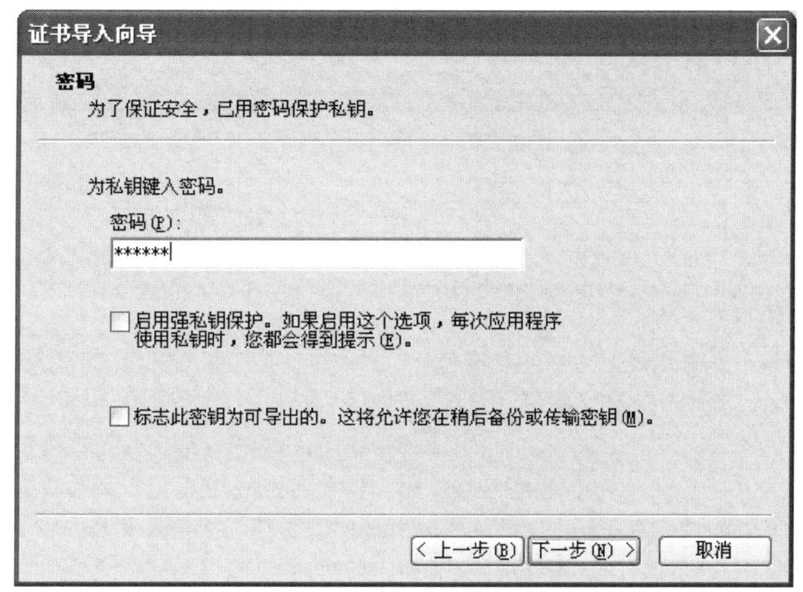

图 2.20　输入密码

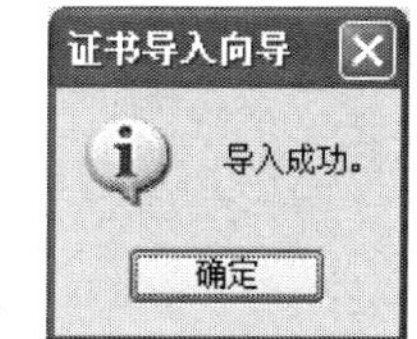

图 2.21　导入成功提示

3. Word 签名

(1)打开 Windows 案例分析台，如本地环境安装有 Word，也可在本地进行 Word 签名案例分析。

(2)新建 Word 文档，输入一些文字并保存后退出。

(3)重新打开刚才创建的文件，执行“工具”→“选项”→“安全性”→“数字签名”命令。

(4)单击“添加”按钮，选择刚导入的证书，并单击“添加”按钮，如图 2.22 所示。

(5)此时可以查看证书详细信息，如图 2.23 所示。

(6)添加证书后单击“确定”按钮即完成对 Word 文档的签名，再次打开该文件时会有已签名提示。

(7)当对该文件进行修改时，该签名会自动消失，以表明该文档被修改。

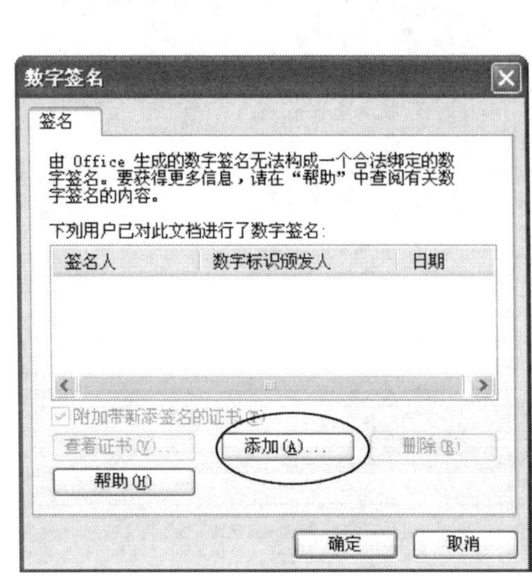

图 2.22　添加证书

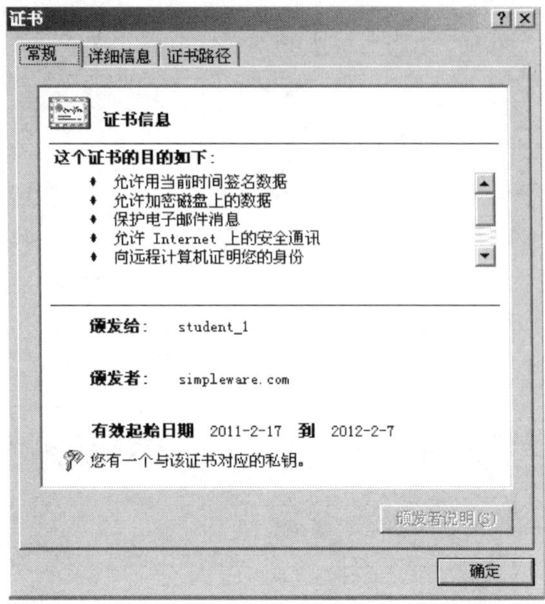

图 2.23　证书信息

2.5.2　Foxmail 证书签名及加密案例分析

当用户使用自己的电子证书在发出的邮件上签名时，邮件将被按照邮件的内容通过摘要函数运算取得一个可用以检验邮件完整性的值，并将该值使用电子证书中的私有密钥加密，然后与公共密钥和邮件内容一起发送出去。由于私有密钥加密的内容只有对应的公共密钥可以解密，并且摘要函数可以在任意大小的数据中采集一个固定长度的摘要，供采集的数据源即使有一位数据改变，取得的结果也不同，邮件的内容有任何改变都无法与原来检验邮件完整性的值相匹配，当收件人收到邮件时即可知道邮件的内容是否被篡改，同时知道该邮件发送者使用的是哪一个电子证书。而由于第三方权威证书发行机构在发出电子证书时，将验证申请者是否拥有所申请电子邮箱的使用权，收件人也就能够通过证书发行机构验证发件人所使用的电子证书，确认所收到的邮件的确来自拥有这个邮箱地址的用户，从而实现对发件人的真实性与邮件内容是否完整的鉴别。

不论是签名还是加密、解密，具体的步骤都由电子邮件客户端软件实施。目前 Foxmail 与 Outlook 等主流电子邮件客户端软件都能够被支持。用户需要做的只是申请电子证书，并在电子邮件客户端软件上指定每个电子邮件地址将使用哪种电子证书。在需要为发送的电子邮件签名或加密时单击相应的按钮即可完成。而当收到使用电子签名的邮件时，验证邮件是否完整和解密的工作也将由电子邮件客户端软件自动完成。

将证书应用于邮件签名与加密过程如下。

1. 在邮件服务器中新建邮箱账号

(1) 打开 Windows 案例分析台，执行"开始"→"程序"→hMailServer→hMailServer administrator 命令，单击 Connect 按钮，在弹出的窗口中输入密码，单击 OK 按钮，出现如图 2.24 所示窗口。

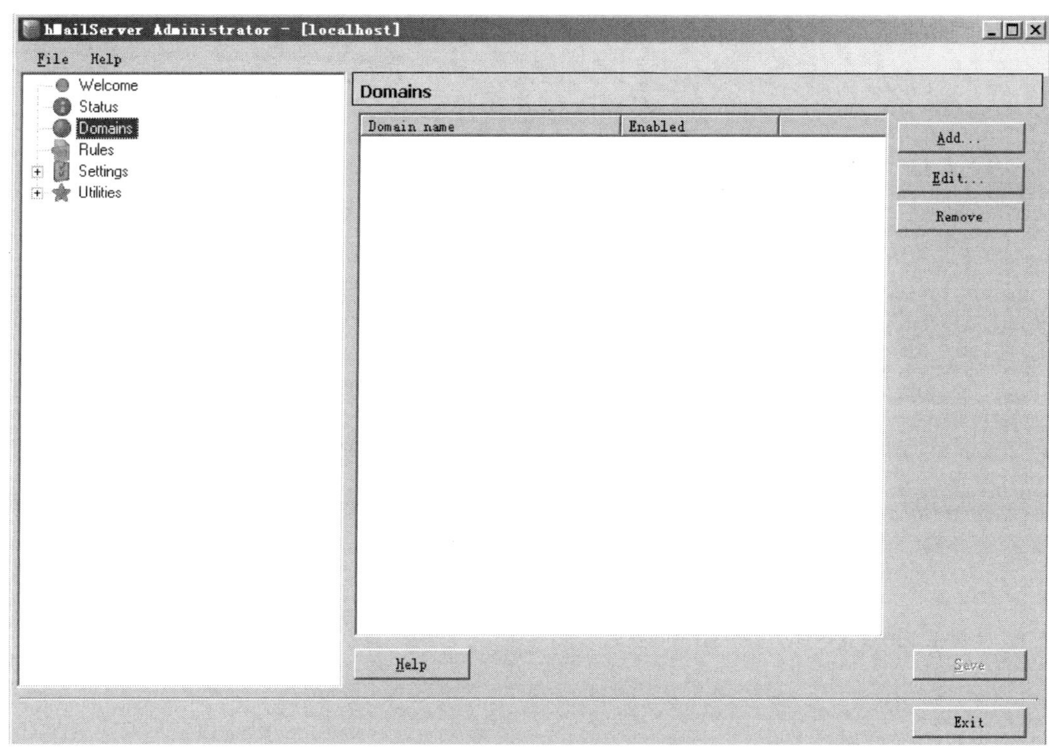

图 2.24　主界面

(2) 在图 2.24 所示窗口中单击 Domains 选项，并单击右侧的 Add 按钮，在图 2.25 所示窗口中填写域名(如 172.20.1.173)，并保存。

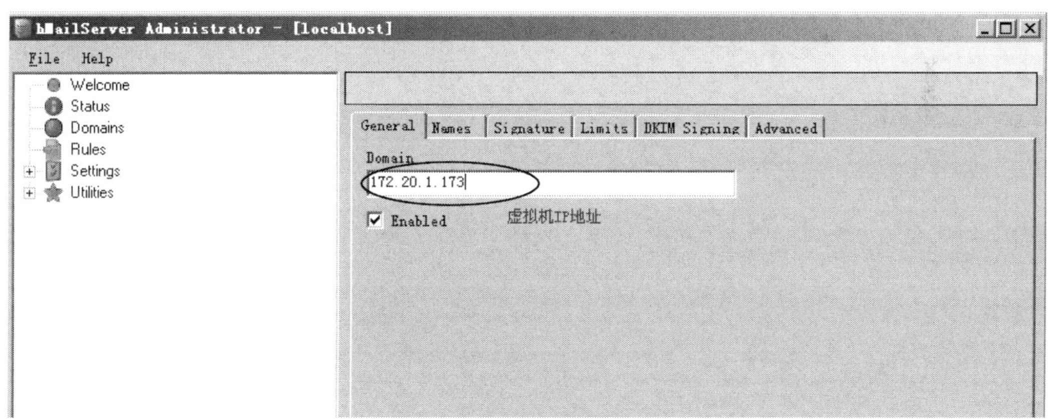

图 2.25　添加域名

(3) 选择 Accounts 节点，单击右侧的 Add 按钮，参照图 2.26 填写并保存相关信息(注：申请证书的邮件地址要与图 2.25 中地址一致)。

(4) 设置 SMTP、Local host name 为 Windows 案例分析台本地连接 1 的 IP 地址，如图 2.27 所示并保存。

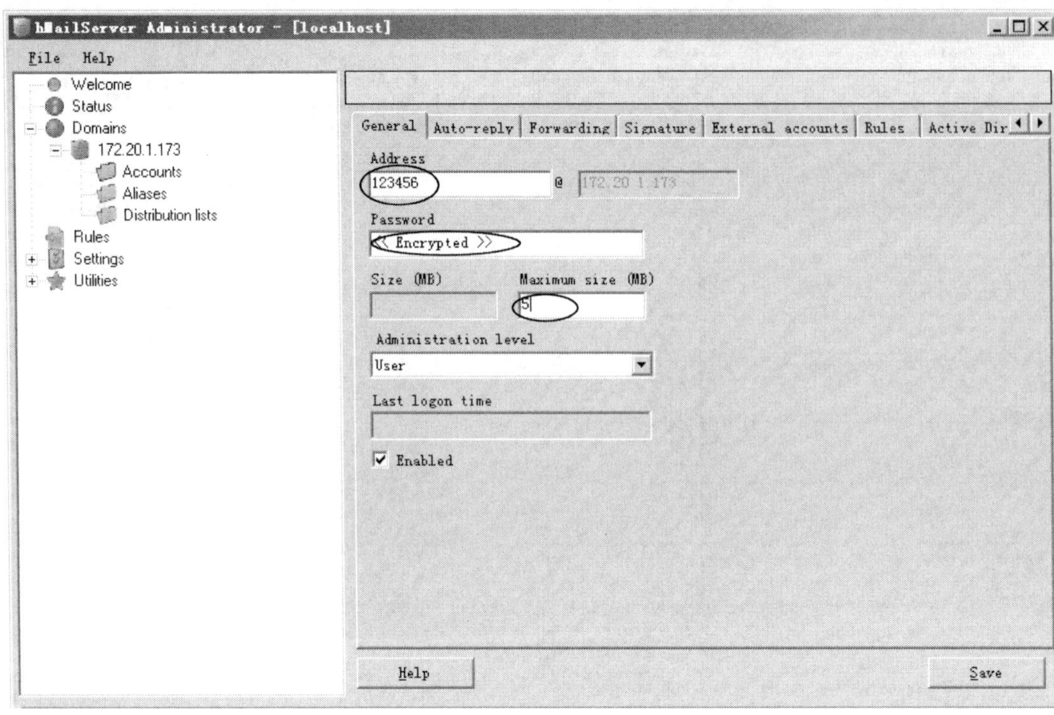

图 2.26　添加邮箱

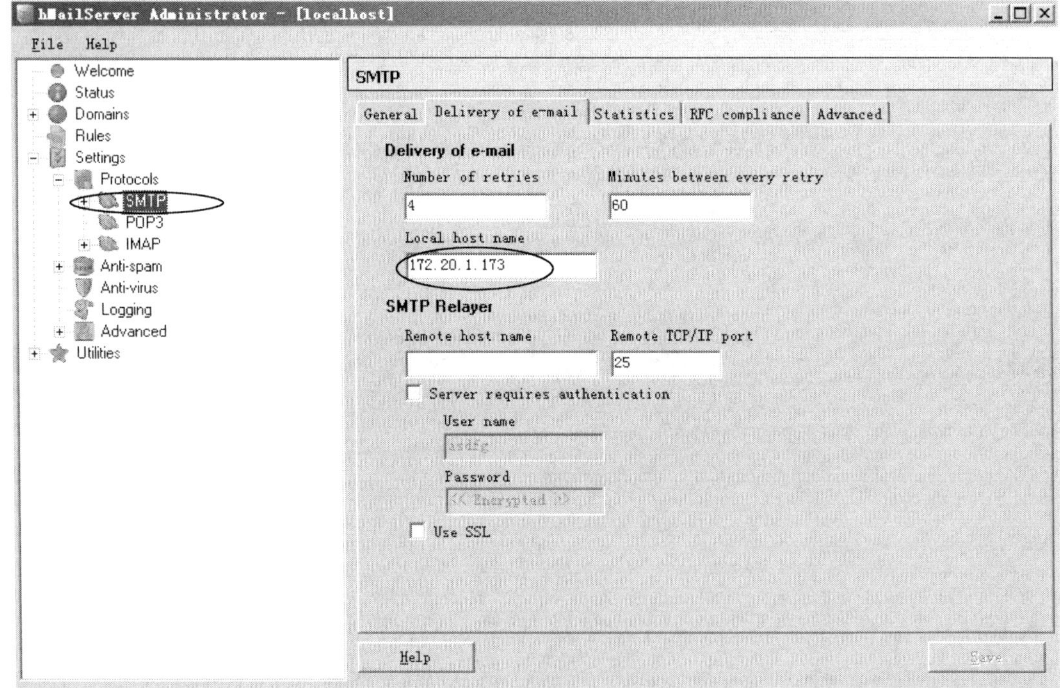

图 2.27　设置协议参数

2. 设置证书

(1) 切换到 PKI 的申请证书案例分析实施界面。
(2) 填写注册的基本个人信息，申请数字证书。
(3) 根据证书用途选择密钥用法和增强型密钥用法。
(4) 设定证书的密钥长度，单击“申请”按钮，提交证书申请，注意电子邮箱地址要和邮件服务器中新建的邮箱账号保持一致。

3. 导入证书

(1) 把前面导出的证书文件复制到案例分析台中(可以通过共享文件等方式)，并对其进行导入。
(2) 在案例分析台中双击证书文件，弹出证书导入向导，根据提示完成导入操作。

4. 设置邮箱签名证书

(1) 在本地案例分析台打开 Foxmail，新建邮箱账户，该邮箱账户需与申请证书的邮件地址一致，且 SMTP 和 POP3 都设置为案例分析台 IP，邮箱账户始终需用全名(Foxmail 程序从工具箱中下载)。
(2) 打开新建邮箱的属性界面，选择已导入证书文件。
(3) 选中证书，单击“确定”按钮，邮箱签名证书设置完毕，如图 2.28 所示。

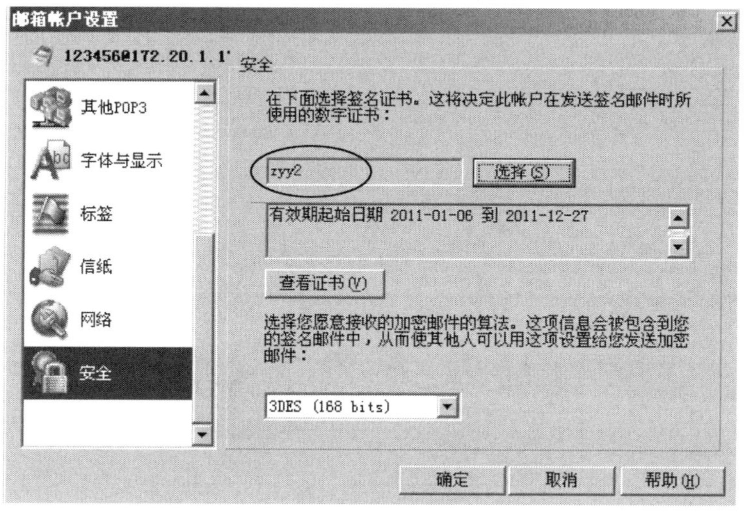

图 2.28　设置完成

5. 发送签名邮件

(1) 撰写新邮件，在发送邮件之前，选择“数字签名”选项，系统会自动应用该邮箱账户证书对发送的信息进行签名。
(2) 邮件接收端查看已收到的签名邮件。

6. 发送加密邮件

在发送加密邮件时，不要在同一台主机上进行发送，发送过程如下。

(1) A 邮箱给 B 邮箱发送一封签名邮件(A、B 邮箱不要设置在同一台主机上，A、B 邮箱的新建和注册同前面步骤)。

(2) B 邮箱接收到对方的签名邮件后，通过邮件属性窗口将签名的证书导入通讯录中。

(3) B 邮箱撰写新邮件发送给 A 邮箱，在发送邮件之前，选择“加密”选项，如图 2.29 所示。

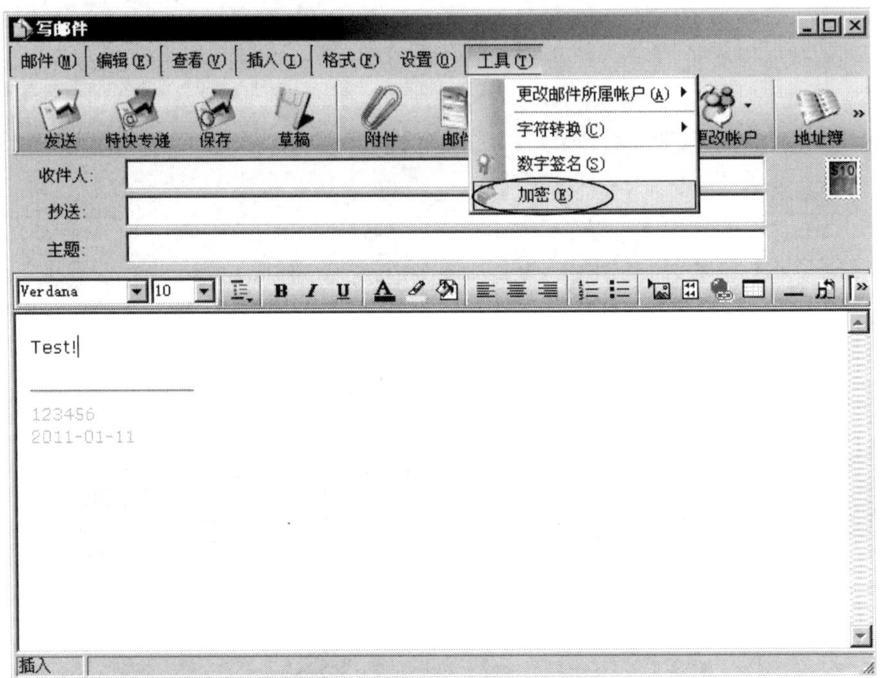

图 2.29　选择加密

(4) 单击“发送”按钮，如出现图 2.30 所示画面，单击“确定”按钮继续发送。

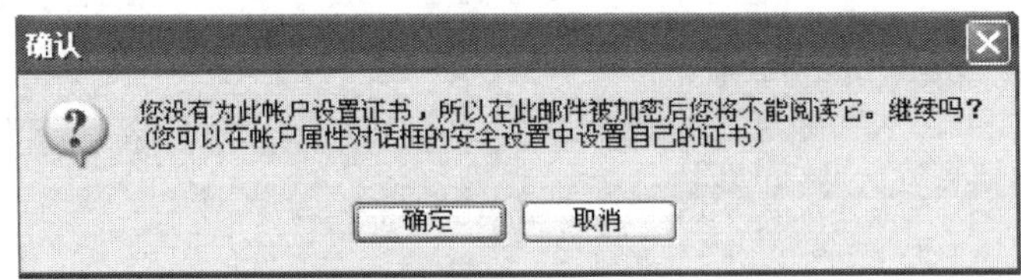

图 2.30　确认信息

(5) A 邮箱收取加密邮件，尝试是否能打开邮件。

2.5.3　Web 服务器证书应用案例分析

Internet 信息服务(Internet Information Services，IIS)是由微软公司提供的基于运行 Microsoft Windows 的互联网基本服务。Internet 信息服务是一种 Web(网页)服务组件，其中包括 Web 服务器、FTP 服务器、NNTP 服务器和 SMTP 服务器，分别用于网页浏览、文件传输、新闻服务和邮件发送等，它使得在网络(包括互联网和局域网)上发布信息成了一件很容易的事。

IIS 作为当今流行的 Web 服务器之一，提供了强大的 Internet 和 Intranet 服务功能。如何加强 IIS 的安全机制，建立一个高安全性能的 Web 服务器，已成为 IIS 设置中不可忽视的重要组成部分。

Apache 是最常用的 Web 服务器软件，它可以运行在几乎所有广泛使用的计算机平台上。Apache 源于 NCSAhttpd 服务器，经过多次修改，成为世界上最流行的 Web 服务器软件之一。Apache 取自“a patchy server”的读音，意思是充满补丁的服务器，因为它是自由软件，所以不断有人来为它开发新的功能、新的特性，修改原来的缺陷。Apache 的特点是简单、速度快、性能稳定，并可作为代理服务器使用。

Apache 加密 TCP/IP 网络产品的标准是 SSL，对于 Internet 上普遍使用的超文本传输协议(HTTP)而言，其加密后的协议称为 HTTPS，默认采用 443 端口。HTTPS 数据是加密以后传输的，因此能有效保护在网络上传输的个人隐私信息。

本案例分析通过在 IIS 和 Apache 中配置服务器数字证书，部署 HTTPS 服务来加强 IIS 和 Apache 的安全机制。

1. 申请并导出含私钥的服务器证书

具体参照证书申请、申请管理和证书管理案例分析。其中，“密钥用法”需选择“数据加密”，“增强型密钥用法”需选择“服务器验证”，导出证书时需选中“导出时包含私钥”复选框，如图 2.31 所示。

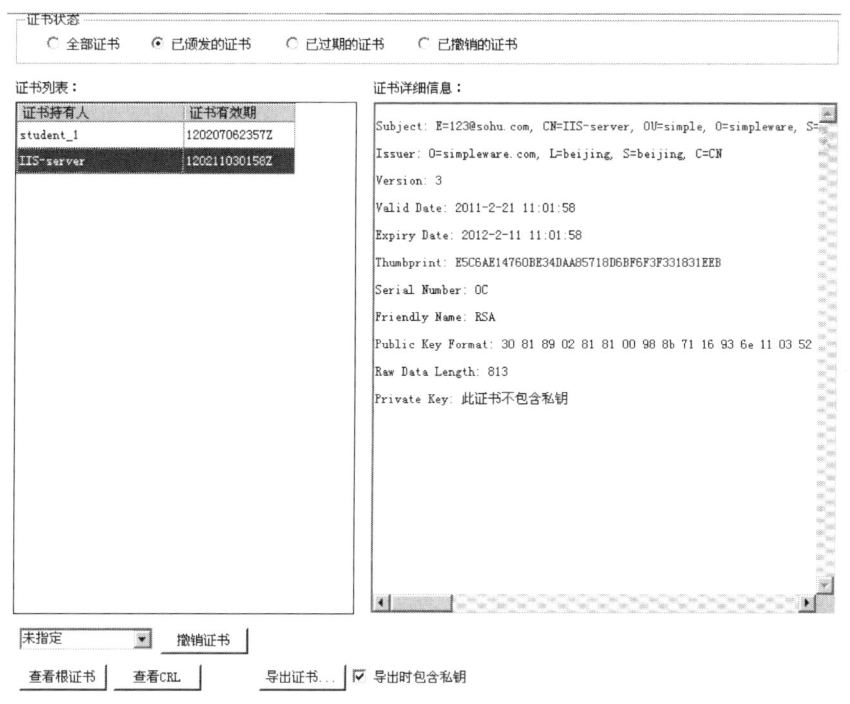

图 2.31　导出证书

2. 证书导入

(1) 启动 Windows 案例分析台，进入 Windows 2003 系统，将刚导出的证书复制到 Windows 案例分析台。

(2) 打开 IIS 管理器，选择“目录安全性”选项卡，并单击“服务器证书”按钮，系统会弹出服务器证书配置向导。

(3) 从.pfx 文件导入证书，单击“浏览”按钮，选取案例分析系统生成的证书，默认生成证书后缀为 p12。

(4) 输入刚才为证书设定的证书密码，单击“下一步”按钮，提示配置 HTTPS 安全访问的端口，采用默认 443 端口即可，单击“完成”按钮，显示证书信息。

(5) 查看证书，可以看到证书的详细信息。

3. 测试 IIS 证书是否导入成功

(1) 将 Windows 案例分析台最小化，返回本地主机。

(2) 在系统目录 C:\WINDOWS\system32\drivers\etc 下，找到 hosts 文件，用记事本打开，添加 Windows 案例分析台 IP 和所申请证书人名称，如图 2.32 所示。

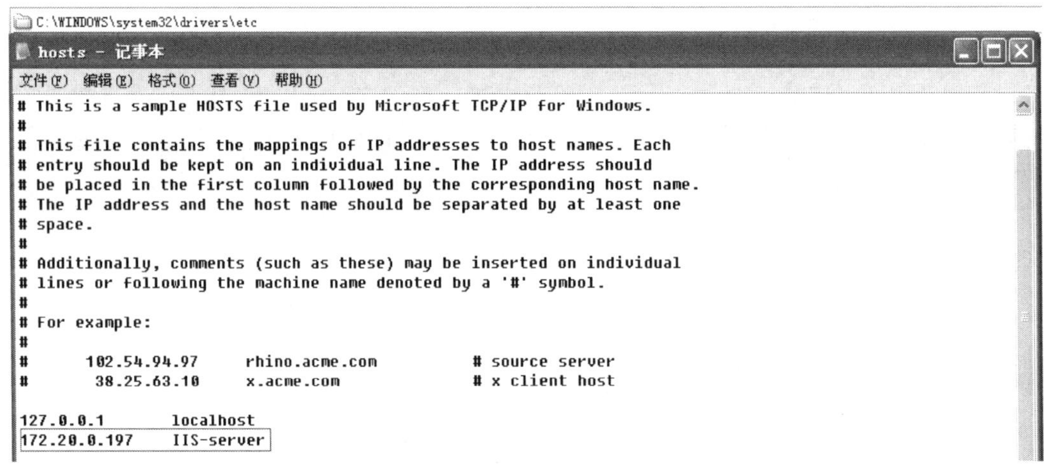

图 2.32 添加地址

(3) 打开 IE 浏览器，以 https 访问上一步添加的远程网站，如 https://IIS-server，当 IE 浏览器状态栏显示锁形标志时，即与服务器建立依靠证书验证的安全连接。

4. 安装 Apache 服务器

(1) 在案例分析台中关闭 IIS 网站。

(2) 下载 Apache 服务器并双击 httpd-2.2.17-win32-x86-openssl-0.9.8o.msi 文件，默认安装即可，注意填写服务器必要信息，如图 2.33 所示。

(3) 在本地主机上打开 IE 浏览器访问案例分析台 Web 页面(http://案例分析台 IP)，验证安装是否成功。

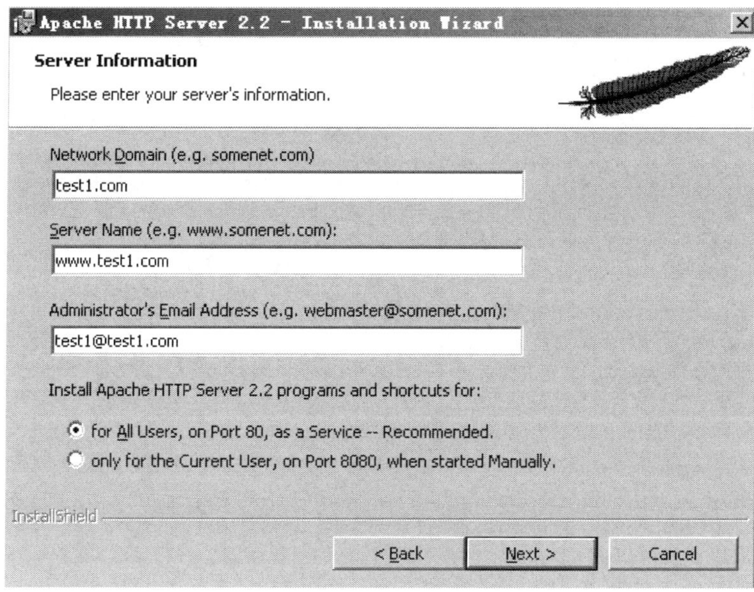

图 2.33　填写服务器信息

5. 修改配置文件

(1) 转到 Apache 安装目录(本例中为 C:\Program Files\Apache Software Foundation\Apache2.2，后同)的 conf\extra 目录下，将其中的 httpd-ssl.conf 文件复制到上一级的 conf 目录下并改名为 ssl.conf。

(2) 用文本编辑器打开 ssl.conf 文件，将 SSLCertificateFile "C:/Program Files/Apache Software Foundation/Apache2.2/conf/server.crt"改为 SSLCertificateFile "C:/Program Files/Apache Software Foundation/Apache2.2/conf/my-server.crt"，将 SSLCertificateKeyFile "C:/Program Files/Apache Software Foundation/Apache2.2/conf/server.key"改为 SSLCertificateKeyFile "C:/Program Files/Apache Software Foundation/Apache2.2/conf/my-server.key"，然后保存。

(3) 用文本编辑器打开 Apache 配置文件(httpd.conf)，去掉这行的注释“#LoadModule ssl_module modules/mod_ssl.so”，在 httd.conf 文件中找到“# Secure (SSL/TLS) connections”，在其下方添加“Include conf/ssl.conf”，这样就可以把 ssl.conf 包含在内。

(4) 将 conf 目录下的 openssl 文件(openssl 的配置文件)复制到 bin 目录下。

6. 创建一个 SSL 证书

(1) 打开一个命令行窗口，转到 bin 目录下，输入命令“openssl req -config openssl.cnf -new -out my-server.csr”，如图 2.34 所示。

(2) 按提示输入，只需要在 PEM 输入两段相同的密码，然后在国家、省和公司后面输入，其他“[]”为空不需要输入(记住输入的密码)。

(3) 输入命令“set OPENSSL_CONF=openssl.cnf”，再输入命令“openssl rsa -in privkey.pem -out my-server.key”，根据提示输入前面的密码。

```
C:\WINDOWS\system32\cmd.exe - openssl req -config openssl.cnf -new -o...
Microsoft Windows [版本 5.2.3790]
(C) 版权所有 1985-2003 Microsoft Corp.

C:\Documents and Settings\Administrator>cd C:\Program Files\Apache Software Foun
dation\Apache2.2\bin

C:\Program Files\Apache Software Foundation\Apache2.2\bin>openssl req -config op
enssl.cnf -new -out my-server.csr
Loading 'screen' into random state - done
Generating a 1024 bit RSA private key
.........++++++
.++++++
writing new private key to 'privkey.pem'
Enter PEM pass phrase:_
```

图 2.34　输入命令结果

(4) 输入命令“openssl x509 -in my-server.csr -out my-server.crt -req -signkey my-server.key -days 365”，创建一个一年后过期的证书。

(5) 输入命令“openssl x509 -in my-server.crt -out my-server.der.crt -outform DER”，将 bin 目录下创建的文件(my-server.crt、my-server.csr、my-server.key、.rnd、privkey.pem、my-server.der.crt)复制到 conf 目录下，如图 2.35 所示。

htcacheclean.exe	61 KB	应用程序	2010-10-18 1:33	A
htdbm.exe	81 KB	应用程序	2010-10-18 1:33	A
htdigest.exe	69 KB	应用程序	2010-10-18 1:33	A
htpasswd.exe	77 KB	应用程序	2010-10-18 1:33	A
httxt2dbm.exe	57 KB	应用程序	2010-10-18 1:33	A
logresolve.exe	21 KB	应用程序	2010-10-18 1:33	A
rotatelogs.exe	53 KB	应用程序	2010-10-18 1:33	A
wintty.exe	21 KB	应用程序	2010-10-18 1:33	A
apr_dbd_odbc-1.dll	29 KB	应用程序扩展	2010-10-18 1:33	A
apr_dbd_sqlite3-1.dll	29 KB	应用程序扩展	2010-10-18 1:57	A
libapr-1.dll	133 KB	应用程序扩展	2010-10-18 1:57	A
apr_dbd_oracle-1.dll	33 KB	应用程序扩展	2010-10-18 1:57	A
libapriconv-1.dll	37 KB	应用程序扩展	2010-10-18 1:57	A
libaprutil-1.dll	189 KB	应用程序扩展	2010-10-18 1:57	A
apr_dbd_mysql-1.dll	29 KB	应用程序扩展	2010-10-18 1:57	A
apr_dbd_pgsql-1.dll	29 KB	应用程序扩展	2010-10-18 1:57	A
apr_dbm_db-1.dll	25 KB	应用程序扩展	2010-10-18 1:57	A
abs.exe	81 KB	应用程序	2010-10-18 1:57	A
libhttpd.dll	265 KB	应用程序扩展	2010-10-18 1:58	A
dbmmanage.pl	9 KB	PL 文件	2010-10-18 1:58	A
.rnd	1 KB	RND 文件	2010-12-7 9:26	A
my-server.csr	1 KB	CSR 文件	2010-12-7 9:30	A
privkey.pem	1 KB	PEM 文件	2010-12-7 9:30	A
my-server.key	1 KB	KEY 文件	2010-12-7 9:35	A
my-server.crt	1 KB	安全证书	2010-12-7 9:39	A
my-server.der.crt	1 KB	安全证书	2010-12-7 9:41	A

图 2.35　需复制的文件

7. 测试配置是否成功

(1) 重启 Apache 服务。

(2) 客户端通过 HTTPS 访问案例分析台 Web 页面(IE 6.0)，在弹出的安全警报对话框中单击“查看证书”按钮，可以看到证书信息。

(3) 查看证书完毕后单击“是”按钮继续操作，在 IE 浏览器状态栏可以看到锁形标志，即与服务器建立依靠证书验证的安全连接。

2.5.4 Windows CA 实现 IIS 双向认证

认证协议就是能使通信各方证实对方身份或消息来源的通信协议。认证协议根据应用需求的不同主要可分为单向认证和双向认证两种。单向认证就是通信中一方对另一方的认证。双向认证是最常用的协议，该协议使得通信各方能够互相鉴别对方的身份。在双向认证中，将实体 *A* 和 *B* 分别称为发起方和响应方，因为双向认证中的任何一方都可能是声称方或证实方，这区别于单向认证中的情形。

在双向认证中，重要的是认证的成功并不取决于包含在文本域中的消息，而是取决于以下两个方面。

(1) 声称者与其密钥的绑定的证实。

(2) 声称者基于随机数的数字签名的证实。

建立 CA 服务器，申请服务器证书、客户端证书，实现 IIS 双向认证的安全访问步骤如下。

1. 安装和管理证书服务

打开控制面板，执行“添加或删除程序”→“添加/删除 Windows 组件”命令，安装“证书服务”，依次选择相关信息即可完成安装，过程中所需安装文件均在“C:\\CertSrv”路径下。

打开控制面板，执行“管理工具”→“证书颁发机构”命令，可对证书进行管理。

注：如果证书服务没有添加成功，请在桌面上右击“我的电脑”图标，选择“属性”命令，修改计算机名后重新启动计算机，而后重新安装证书服务。

2. IIS 服务器申请

(1) 右键菜单打开的界面默认显示 IIS 网站属性，选择“目录安全性”选项卡，单击“服务器证书”按钮，生成新的服务器证书请求，如已经安装证书，则先删除之。

(2) 选中“新建证书”单选按钮，单击“下一步”按钮；填写证书信息，生成证书请求。

(3) 打开 IE 浏览器，在地址栏填写相应信息，进入 Web 申请证书界面，执行“申请证书”→“高级申请”命令，选择第二项申请方式，如图 2.36 所示。

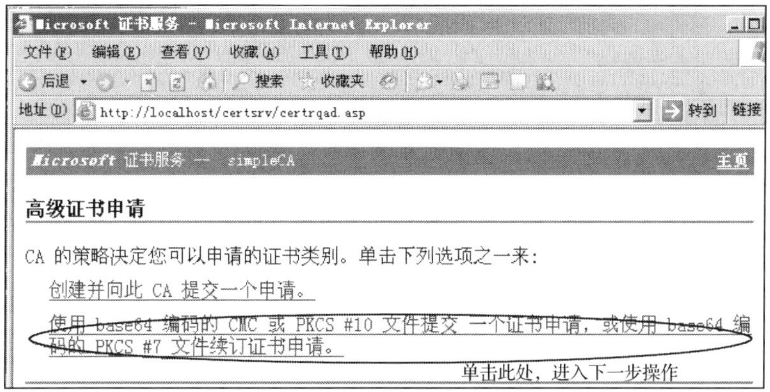

图 2.36 创建证书申请

(4) 导入 IIS 生成 certreq.txt 证书请求文件，并将证书中的 Base-64 编码请求复制到图 2.37 所示文本框中(也可直接导入文件)，并单击“提交”按钮，等待申请服务器证书。

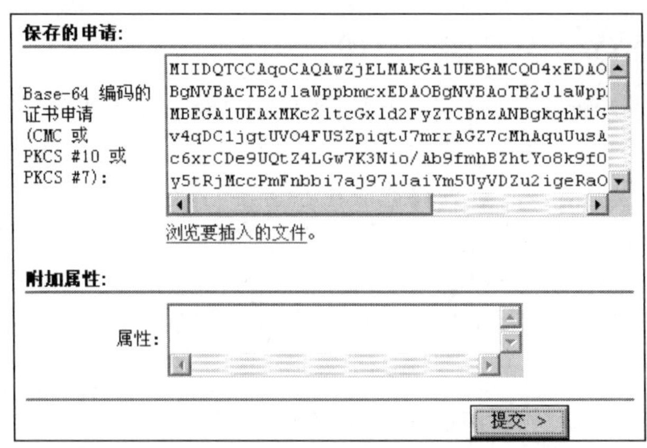

图 2.37　文件内容拷贝

3. 服务器证书的颁发与下载

(1) 打开控制面板，执行“管理工具”→“证书颁发机构”命令，即看到在“挂起的申请”框中显示刚才提交的证书请求。右击该申请，即可对请求颁发证书。

(2) 通过 IIS 进入证书申请首页，单击查看证书挂起状态，将会显示刚才申请的并已经颁发的证书。

(3) 保存申请的证书，将 CA 证书保存在 IIS 所在主机，IIS 导入作为服务器的私钥文件。

(4) 再次进入 IIS 默认网站属性窗口，单击“服务器证书”按钮，处理请求，并选择 CA 颁发的证书文件。

(5) 配置 IIS 安全传输端口后，单击“下一步”按钮即可完成操作，如图 2.38 所示。

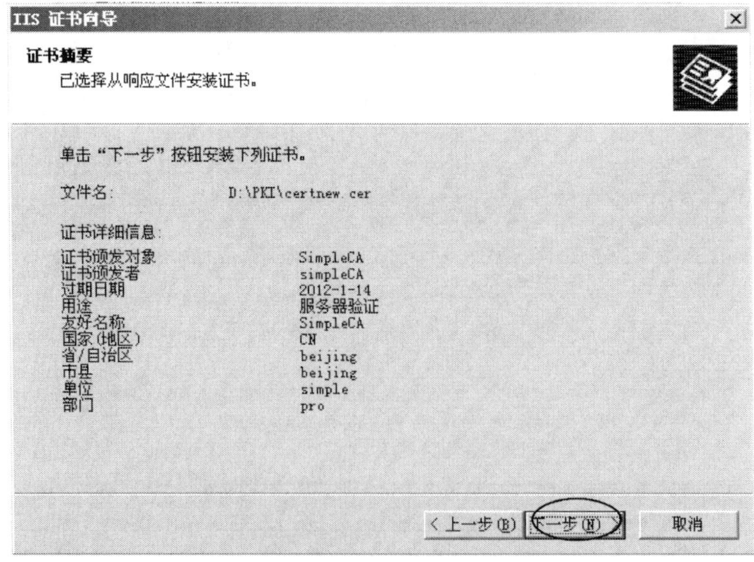

图 2.38　证书摘要

(6) 在 IIS 默认网站属性窗口中选择“目录安全性”选项卡，单击“编辑”按钮进入安全通信配置界面，选中“要求安全通道”复选框和“忽略客户端证书”单选按钮即表示客户端不需要提供证书即可成功连接。“要求客户端证书”即表示客户端也需要提供自己的公钥证书，IIS 服务器端用客户端的公钥对数据进行加密，从而形成 IIS 双向认证加密，如图 2.39 所示。

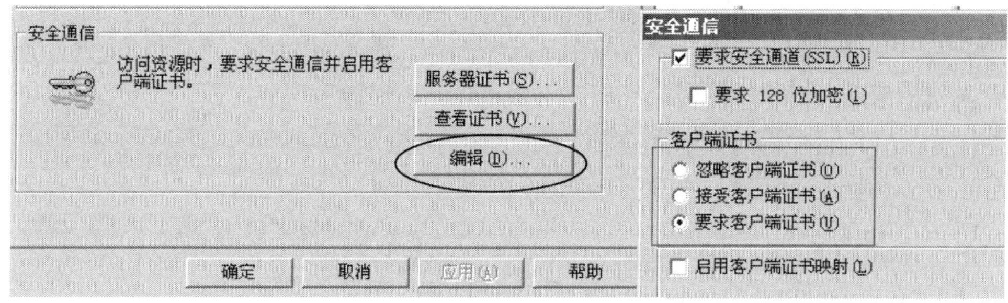

图 2.39　安全通信

(7) 当选中“忽略客户端证书”单选按钮时，在不需要本地客户端的情况下，即可正常访问 IIS。但当选中“要求客户端证书”单选按钮时，则 IIS 无法正常访问。

4. 申请客户端证书

1) 证书申请

将默认网站设置为“忽略客户端证书”，打开本地浏览器，访问 https://192.168.1.205 CA 所在服务器 IP 地址/certsrv/default.asp，并单击“申请一个证书”(注：192.168.1.205 是 CA 所在服务器 IP 地址)，实现 Web 申请证书，如有安全警告选择继续。

证书根据实现的功能主要有两种类型：一是用于实现 Web 浏览；二是用于电子邮件加密的证书。

2) 高级证书申请

可向 CA 提交证书请求，从而获得已签名的证书。证书申请成功，会提示证书已挂起，表示此时证书的状态，需要 CA 管理员对已提交的证书申请进行颁发。

客户端证书颁发同服务器端证书颁发。

5. 客户端证书安装

查看挂起证书状态时，安装已申请的证书，并提示证书已经成功安装，则证书会自动保存在本地 CSP 中。

6. 登录 IIS

将默认网站设置为“要求客户端证书”，再次登录网站，提示选择客户端证书，此时选择前面所申请的证书，IE 浏览器即能正常访问 IIS，从而实现了双向认证。

第 3 章 PMI

授权管理基础设施(Privilege Management Infrastructure，PMI)是国家信息安全基础设施的一个重要组成部分，目标是向用户和应用程序提供授权管理服务，提供用户身份到应用授权的映射功能，提供与实际应用处理模式相对应的、与具体应用系统开发和管理无关的授权和访问控制机制，简化具体应用系统的开发与维护。

PMI 以资源管理为核心，对资源的访问控制权交由授权机构统一处理，即由资源的所有者来进行访问控制。同公钥基础设施(PKI)相比，两者的主要区别在于：PKI 证明用户是谁，而 PMI 证明这个用户有什么权限，能干什么，而且 PMI 需要 PKI 为其提供身份认证。

PMI 平台由属性证书、属性权威、属性策略管理机构、用户授权管理系统和发布系统等几部分组成，采用分布式树状层次结构在整个应用环境中建立起统一的授权管理平台。基于 PMI 的授权管理体系基于 PKI 基础设施，采用层次结构的授权管理模式，通过属性证书提供用户身份到应用授权的映射功能。

PMI 在体系上可分为三级，分别是 SOA 中心、AA 中心和 AA 代理点。在实际应用中这种分级体系需要灵活配置，可以是三级、二级或一级。

1) SOA 中心

信任源点(SOA 中心)是整个授权管理体系的中心业务节点，也是整个授权管理基础设施的最终信任源和最高管理机构。SOA 中心的职责主要包括授权管理策略的管理、应用授权受理、AA 中心的设立审核及管理、授权管理体系业务的规范化等。

2) AA 中心

AA 中心是 PMI 的核心服务节点，是对应于具体应用系统的授权管理分系统，由具有设立 AA 中心业务需求的各应用单位负责建设，并与 SOA 中心通过业务协议达成相互信任关系。AA 中心的职责主要包括应用授权受理、属性证书的发放和管理以及 AA 代理点的设立审核和管理等。AA 中心需要为其所发放的所有属性证书维持一个历史记录和更新记录。

3) AA 代理点

AA 代理点是 PMI 的用户代理节点，也称为资源管理中心，是与具体应用用户的接口，是对应 AA 中心的附属机构，接受 AA 中心的直接管理，由各 AA 中心负责建设，报经主管的 SOA 中心同意并签发相应的证书。AA 代理点的设立和数目由各 AA 中心根据自身的业务发展需求而定。AA 代理点的职责主要包括应用授权服务代理和应用授权审核代理等，负责对具体的用户应用资源进行授权审核，并将属性证书的操作请求提交到授权服务中心进行处理。

该部分以 PMI 系统的处理流程为主线，包括证书申请、申请管理、证书管理、属性管理、证书应用(基于角色的授权与访问控制、基于安全级别的授权与强制访问控制)等案例分析。

3.1　证书申请

PKI 的公钥证书将用户身份与公钥进行绑定，而 PMI 的属性证书是将用户身份和属性信息进行绑定，以权威机构(如 AA)的签名证书来证明这种绑定，从而可以简化用户的属性鉴别过程，实现授权和访问控制的分离。

属性证书的格式与公钥证书格式相似，可与公钥证书一起使用，其方法为在公钥证书的扩展项中用指针指向属性证书的数据结构。公钥证书与属性证书结合的方式带来的最大好处是简化了认证的过程。在用户的一次访问请求过程中，首先需要对用户的身份进行认证，然后根据用户的身份查找其属性信息。“公钥证书+属性证书”的方式可以使这个验证过程一次完成，在取得用户的公钥证书后，通过指针可以获得属性证书中的相关信息。

选择正确的公钥证书，为证书添加属性信息，发送证书申请案例分析步骤如下。

(1)选择公钥证书(注：公钥证书即 PKI 证书管理中不带私钥时导出的.pem 文件，可按照申请证书、申请管理、管理证书的步骤一步步导出一个公钥证书)。

(2)分别选取等级属性、角色属性和组属性。

(3)单击“提交申请”按钮，提交证书申请。

上述过程如图 3.1 所示。

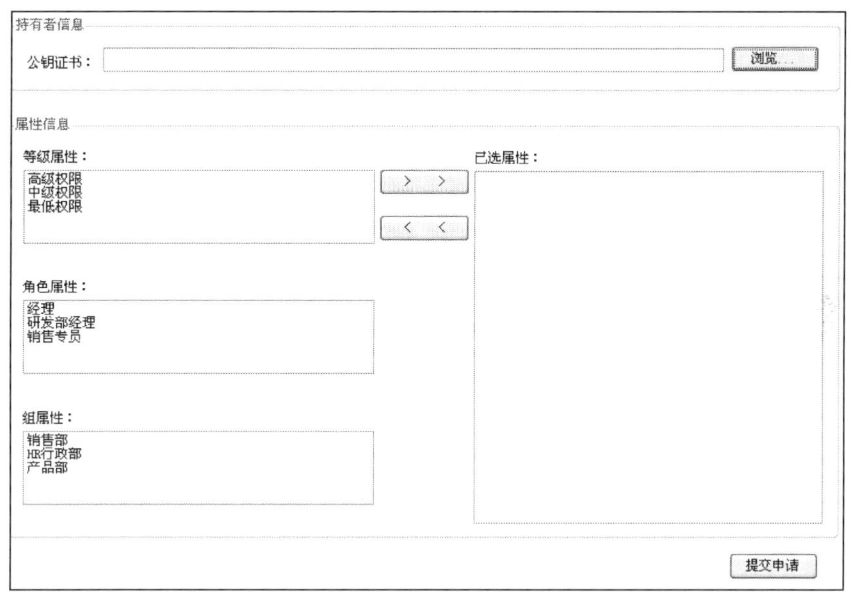

图 3.1　证书申请

(4)申请成功后，系统会有相应提示，如图 3.2 所示。

图 3.2　申请成功提示信息

3.2 申请管理

属性证书请求的格式与公钥证书请求的格式不同，需包含相应的公钥证书的详细信息；在对请求进行授权管理时，需参照相应公钥证书的信息。

根据证书请求内容和相应的公钥证书颁发或拒绝属性证书申请，查看属性证书申请的处理情况分析步骤如下。

(1) 选取等待颁发的申请，查看待审批的属性证书的信息，如图 3.3 所示。

(2) 如果该申请满足要求，则单击“颁发”按钮，不符合要求则单击“拒绝”按钮，如图 3.4 所示。

图 3.3　属性证书信息

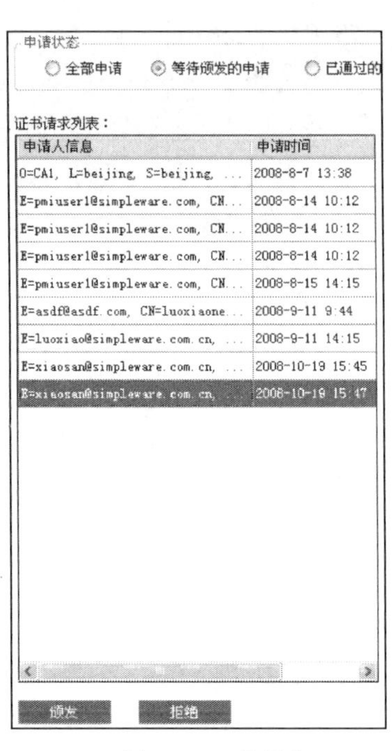

图 3.4　证书颁发

(3) 单击“颁发”按钮后，设定属性证书的有效期，单击“完成”按钮进行证书的颁发，如图 3.5 所示。

(4) 颁发成功后，系统会有相应提示，如图 3.6 所示。

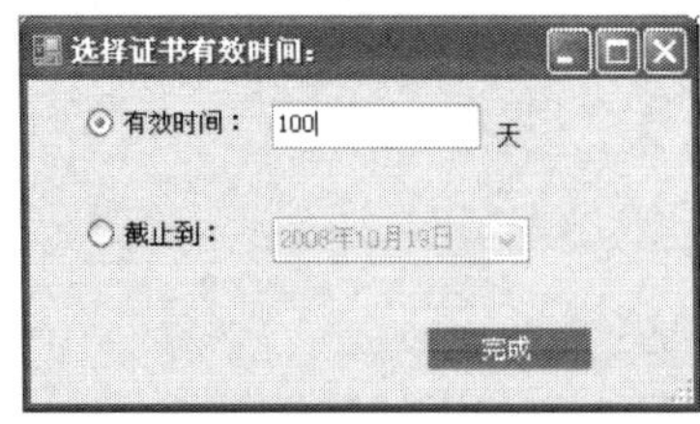

图 3.5　设定有效期

图 3.6　提示信息

然后分析属性证书申请的具体格式，并与公钥证书进行对比，总结异同，在案例分析报告中写明每一个申请详细信息以及属性信息，对已提交的证书申请进行处理，并将处理过程和最终的申请处理状态记录在案例分析报告中。

3.3　证 书 管 理

属性证书包含以下内容。

(1) Version(版本号)：目前的版本号最高为 v2。

(2) Holder(持有者)：表明属性证书持有者的身份，可以有多种描述方式，其中最常见的就是用户的公钥证书 PKC。

(3) Issuer(颁布者) Algorithm：对属性证书颁布者的信息描述。

(4) Signature(签名) Algorithm：对签名算法以及签名的描述。

(5) SerialNumber(序列号)：唯一地标识了属性证书的序号。

(6) AttrCertValidityPeriod(有效期)：属性证书的有效期间。

(7) Attributes(属性)：属性证书最重要的域，描述了用户的某种属性信息，如果采用 RBAC 访问机制，那么这个域中记录的就是用户的角色信息。

(8) IssuerUniqueID(属性证书颁布者的 ID)：唯一地确定了属性证书颁布者的身份。

(9) Extensions(扩展项)：允许对属性证书增加一些新的域，以更好地扩展属性证书的功能。

查看属性证书的具体信息、管理属性证书案例分析步骤如下。

(1) 在证书状态栏中选中“已颁发的证书”单选按钮，查看所选证书的信息，与图 3.4 类似。

(2) 单击“查看 AA 公钥证书”按钮，弹出属性证书对应的公钥证书的详细信息，如图 3.7 所示。

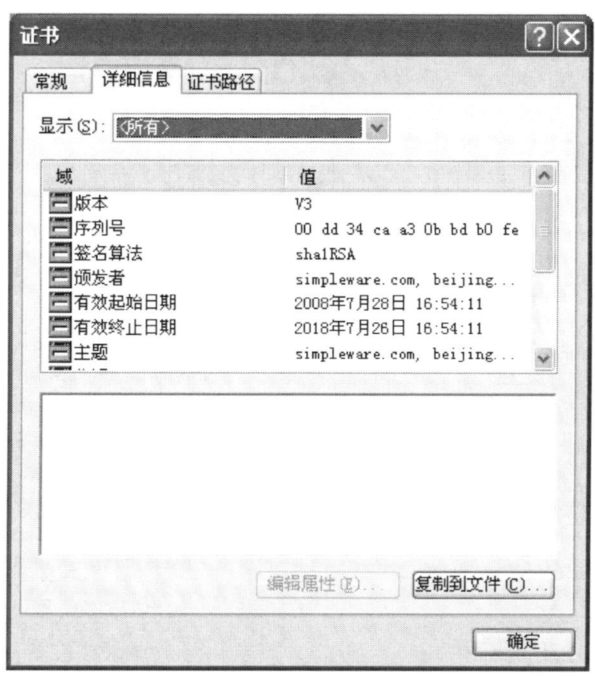

图 3.7　查看公钥证书详细信息

(3) 单击“导出证书”按钮将证书导出为文件格式，如图 3.8 所示。

参照案例分析原理分析具体某个属性证书中各个域的含义，针对权限属性对所有不符合最高权限的属性证书进行撤销，记录所有撤销属性证书的信息。

图 3.8　导出证书

3.4　属 性 管 理

属性证书的属性管理主要用于为 PMI 系统设置合适的属性，如角色、权限等，以供证书申请时使用。

OID ：1.2.156.1000
名称：后勤部
分类：角色分类
详细：后勤部门
添加属性

OID	名称	属性分类
1.2.156.100201	经理	角色分类
1.2.156.100202	研发部经理	角色分类
1.2.156.100203	销售专员	角色分类
1.2.156.100301	销售部	组分类
1.2.156.100302	HR行政部	组分类
1.2.156.100303	产品部	组分类
1.2.156.1000	后勤部	角色分类

完成并保存

图 3.9　自定义证书属性

基于角色的访问控制将访问权限与角色相关联，用户以什么样的角色对资源进行访问，决定了用户拥有的权限以及可执行何种操作，一个用户可以具有多个角色，一个角色也通常对应于多个用户。

查看属性列表，对属性证书的属性添加和管理操作步骤如下。

(1) 添加证书属性，证书默认分为三类，可以自定义这三类等级中的不同角色，输入该角色的 OID 即可，如图 3.9 所示。

(2) 再一次申请属性证书时则可以申请自定义证书属性的证书，与图 3.1 类似。

3.5 证书应用

RBAC 在满足企业信息系统安全需求方面显示了极大的优势，有效地克服了传统访问控制技术存在的不足，可以减小授权管理的复杂性，降低管理开销，为管理员提供一个比较好的安全策略实现环境。RBAC 解决了具有大量用户、数据客体和各种访问权限的系统中的授权管理问题。其中主要涉及用户、角色、访问权限、会话等概念。用户、角色、访问权限三者之间是多对多的关系。角色和会话的设置带来的好处是容易实施最小权限原则。在 RBAC 模型中，将若干特定的用户集合和某种授权连接在一起。这样的授权管理与个体授权相比较，具有强大的可操作性和可管理性，因为角色的变动远远少于个体的变动。通过引入 RBAC 模型，系统的最终用户并没有与数据对象有直接的联系，而是通过角色这个中间层来访问后台数据信息。在应用层次上角色的逻辑意义和划分更为明显和直接，因此 RBAC 通常使用于应用层的安全模型。

RBAC 的基本思想是根据组织视图中的不同职能岗位划分角色，访问许可映射在角色上，用户被分配给角色，并通过会话激活角色集，能够间接访问信息资源。用户与角色以及操作许可与角色是多对多的关系，因此一个用户可以分配多个角色，一个角色可以拥有多个用户。同理，一个操作许可可以分配多个角色，一个角色可以赋予多个操作许可。角色可以划分等级，即角色的结构化，反映企业组织的结构和人员责权的分配，并且角色通过继承形成偏序关系。

RBAC 的基本模型中有 User、Role、Permission 和 Session 四个组成部分，以下是模型中用到的基本定义。

(1) User(用户)，信息系统的使用者，主要指人，也可以是机器人、计算机或网络。

(2) Role(角色)，对应于企业组织结构中一定的职能岗位，代表特定的权限，即用户在特定语境中的状态和行为的抽象，反映用户的职责。

(3) Permission(许可)，PERMISSIONS=2(OPSX OBS)，表示操作许可的集合，即用户对信息系统中的对象(OBS)进行某种特定模式访问(OPS)的操作许可。操作许可的类别取决于其所在的应用系统，在文件系统中，许可包括读、写和运行，而在数据库管理系统中，许可包括插入、删除、添加和更新。

(4) Session(会话)，会话是一个动态概念，用户激活角色集时建立会话。会话是一个用户和多个角色的映射，一个用户可以同时打开多个会话。

3.5.1 基于角色的授权与访问控制

基于一个公司的管理策略，设计基于角色的属性证书和访问控制策略。假设公司有三种角色：公司经理、财务人员、工人。系统中有一个财务数据表。公司经理可以读财务数据表中所有的信息，可以修改员工的奖金、补助。财务人员可以读所有数据，可以修改薪金数据。工人只能读自己的数据。该公司有 6 名员工，其中经理 1 人，财务 2 人，工人 3 名。授予这些人各自的属性证书，并且分别凭借证书访问财务数据表，观察访问结果。如果财务甲离职，撤销其属性证书后，观察财务甲访问数据表的结果。如果工人乙的证书到期，观察其访问数据表的结果。

(1)准备 6 个人的密钥证书。

使用 PKI 案例分析系统预先准备 6 个人的公钥证书，并在 PKI 的证书管理案例分析下分别导出 6 个人包含私钥的证书和公钥证书，即 P12 证书和 PEM 证书。

(2)依据个人身份分别申请 6 个属性证书。

选择 6 个人的公钥证书，设定 6 个人的属性为不同的等级属性、角色属性和组属性，提交申请。具体步骤参照证书申请案例分析步骤，并将 6 个人的属性证书都颁发并导出为文件保存。

(3)查看属性证书属性值。

以用户 pmi001 为例，导入属性证书和对应的含私钥 P12 证书。系统会列出公钥证书信息和属性证书信息，其中属性证书会显示申请证书所设置的属性。

(4)各个用户依次访问财务数据表。

单击“系统权限管理”按钮，进入系统权限管理窗体，对证书用户权限进行设置，角色属性设置如图 3.10 所示，分组属性设置如图 3.11 所示。

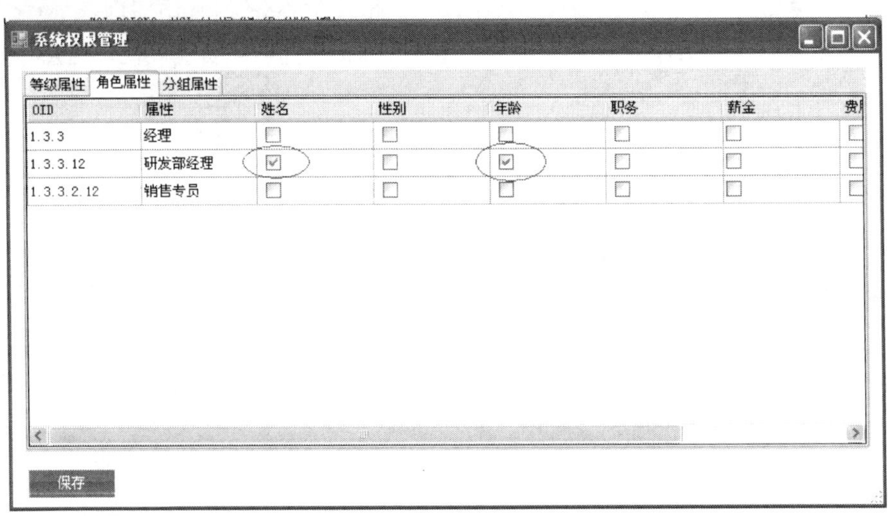

图 3.10　角色属性设置

系统权限管理

等级属性　角色属性　分组属性

D	属性	姓名	性别	年龄	职务	薪金	费用补
.2.2	销售部	☐	☐	☐	☐	☐	☐
.2.5	HR行政部	☑	☑	☑	☐	☐	☑
.2.11	产品部	☐	☐	☐	☐	☐	☐

图 3.11　分组属性设置

根据权限设置，系统显示该证书所具有查看权限的记录。

(5)撤销一个财务人员的属性证书。

修改系统时间，使一个属性证书已经过期。导入已过期的属性证书，观察是否能查看财务数据表。完成后再改回原来的系统时间。

返回证书管理案例分析界面，撤销一个属性证书，导入已撤销的属性证书，观察是否能查看财务数据表。

案例可以进一步分析如果一个员工有两个属性，应该如何颁发属性证书，访问数据表的结果。

3.5.2 基于安全级别的授权与强制访问控制

强制访问控制依据主体和客体的安全级别来决定主体是否有对客体的访问权。客体是那些存放信息的被动实体，如文件、数据库中的记录、记录中的字段等。主体则是那些访问信息的主动实体，一般来说，主体都是代表用户的进程。每个主体和客体都有相应的安全属性，在很多 MAC 模型中称为安全标签。如果主体希望执行客体上的某种操作，并且主体与客体的安全标签之间满足一定的条件，那么操作就被允许执行，否则就被禁止。通常情况下主体的安全标签由安全管理员来指定，客体的安全标签可以由安全管理员来指定，也可以根据创建该客体的主体标签和一定的规则来指定，主体不能随意更改客体的标签。

典型的例子是 Bell 和 LaPadula 提出的 BLP 模型，BLP 模型侧重于信息的保密性。在 BLP 模型中，所有主体和客体都有一个安全标签，它只能由安全管理员赋值，普通用户不能改变。这个安全标签就是安全级，客体的安全级体现了客体中所含信息的敏感度，而主体的安全级则反映了主体对敏感信息的可信程度。BLP 的基本规则为“向下读，向上写”。BLP 模型保证了客体的高安全性，使得系统中的信息流成为单项不可逆的，能有效防止木马攻击。

基于一个公司的多级管理策略，设计基于安全级别的属性证书和访问控制策略。假设公司有三种安全级别：机密、秘密、公开。系统中有一个财务数据表。其中的记录分别有机密、秘密、公开三种。公司经理的安全级别是机密，财务人员的安全级别是秘密，工人的是公开。假设该公司有 6 名员工，其中经理 1 人，财务 2 人，工人 3 名。授予这些人各自的属性证书，并且分别凭借证书访问财务数据表，观察访问结果。如果财务甲离职，撤销其属性证书后，观察财务甲访问数据表的结果。如果工人乙的证书到期，观察其访问数据表的结果。

(1)准备 6 个人的密钥证书。

使用 PKI 案例分析系统预先准备 6 个人的公钥证书，并在 PKI 的证书管理案例分析界面分别导出 6 个人包含私钥的证书和公钥证书，即 P12 证书和 PEM 证书。

(2)依据个人身份分别申请 6 个属性证书。

选择 6 个人的公钥证书，设定 6 个人的属性为不同的等级属性、角色属性和组属性，提交申请。具体步骤参照证书申请案例分析步骤，并将 6 个人的属性证书都颁发并导出为文件保存。

(3)设置各个分组记录的访问权限。

以用户 pmi001 为例导入属性证书和含私钥的 P12 证书，系统会列出公钥证书信息和属性证书信息，如图 3.12 所示，其中属性证书会显示申请证书所设置的属性。

(4)各个用户依次访问财务数据表。

单击“系统权限管理”按钮，进入系统权限管理界面，对证书用户权限进行设置。

在“等级属性”选项卡中，针对中等权限，“可查看记录类型”选择“公开”，如图 3.13 所示。

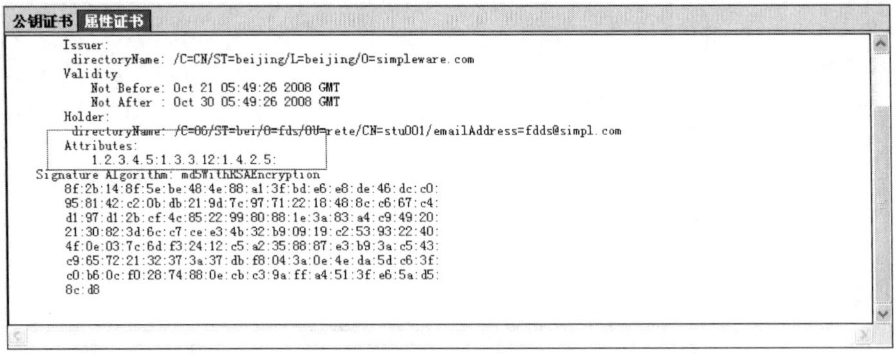

公钥证书　属性证书

```
Issuer:
  directoryName: /C=CN/ST=beijing/L=beijing/O=simpleware.com
Validity
    Not Before: Oct 21 05:49:26 2008 GMT
    Not After : Oct 30 05:49:26 2008 GMT
Holder:
  directoryName: /C=06/ST=bei/O=fds/OU=rete/CN=stu001/emailAddress=fdds@simpl.com
Attributes:
    1.2.3.4.5:1.3.3.12:1.4.2.5:
Signature Algorithm: md5WithRSAEncryption
    8f:2b:14:8f:5e:be:48:4e:88:a1:3f:bd:e6:e8:de:46:dc:c0:
    95:81:42:c2:0b:db:21:9d:7c:97:71:22:18:48:8c:c6:67:c4:
    d1:97:d1:2b:cf:4c:85:22:99:80:88:1e:3a:83:a4:c9:49:20:
    21:30:82:3d:6c:c7:ce:e3:4b:32:b9:09:19:c2:53:93:22:40:
    4f:0e:03:7c:6d:f3:24:12:c5:a2:35:88:87:e3:b9:3a:c5:43:
    c9:65:72:21:32:37:3a:37:db:f8:04:3a:0e:4e:da:5d:c6:3f:
    c0:b6:0c:f0:28:74:88:0e:cb:c3:9a:ff:a4:51:3f:e6:5a:d5:
    8c:d8
```

图 3.12　公私钥证书信息

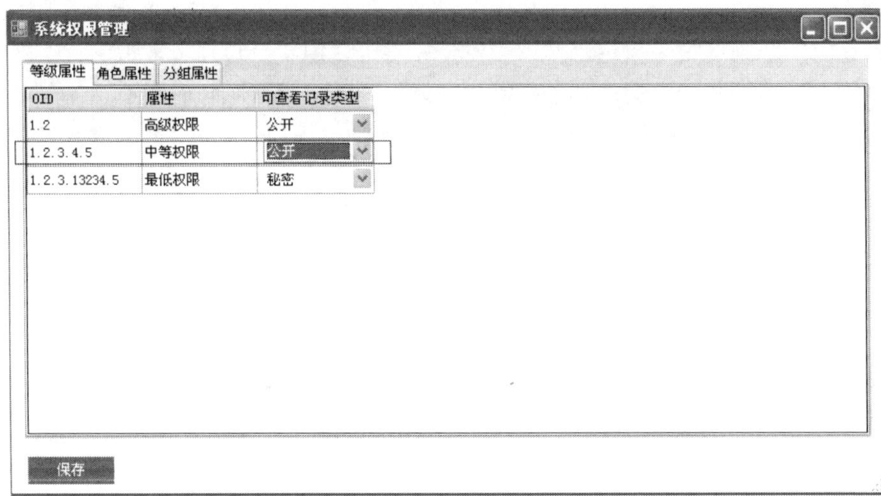

图 3.13　等级属性

在“分组属性”选项卡中选择可查看的项，如图 3.14 所示。

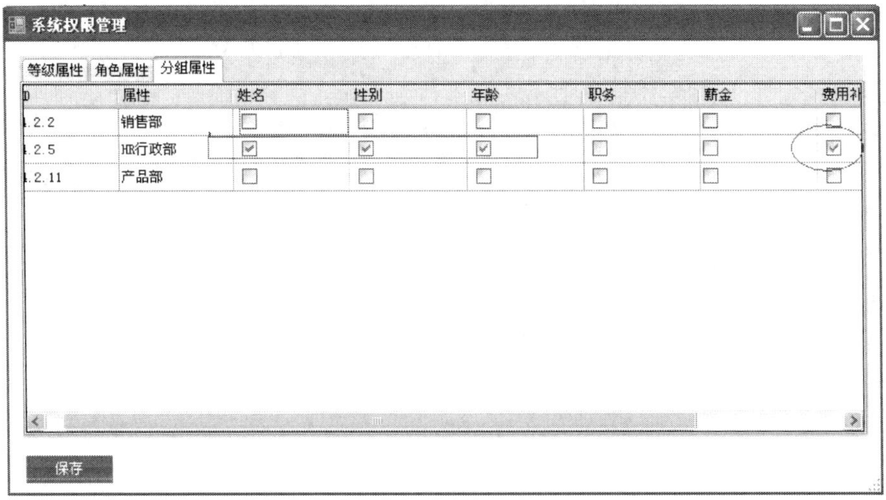

系统权限管理

等级属性　角色属性　分组属性

D	属性	姓名	性别	年龄	职务	薪金	费用补
.2.2	销售部	☐	☐	☐	☐	☐	☐
.2.5	HR行政部	☑	☑	☑	☐	☐	☑
.2.11	产品部	☐	☐	☐	☐	☐	☐

保存

图 3.14　分组属性

单击“保存”按钮返回案例分析界面，查看结果，如图 3.15 所示。

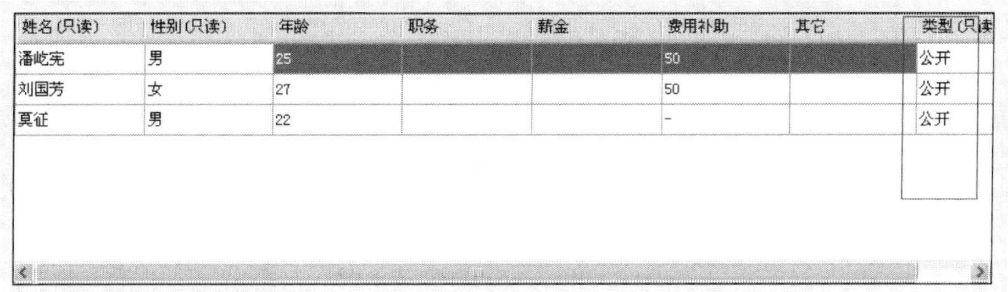

姓名(只读)	性别(只读)	年龄	职务	薪金	费用补助	其它	类型(只读
潘屹宪	男	25			50		公开
刘国芳	女	27			50		公开
真征	男	22			-		公开

图 3.15　查看结果

针对高等权限，“可查看记录类型”选择“秘密”，单击“保存”按钮返回案例分析界面，查看结果。

(5) 撤销一个财务人员的属性证书。

修改系统时间使一个属性证书已经过期；导入已过期的属性证书，观察是否能查看财务数据表，完成后再改回原来的系统时间。

返回证书管理案例分析，撤销一个属性证书，导入已撤销的属性证书，观察是否能查看财务数据表。

第4章　身 份 认 证

身份认证技术是信息安全的重要组成部分。通过身份认证技术能够识别对方的身份，防止欺骗和抵赖。身份认证的目的是确认用户身份，用户必须提供他是谁的证明。本章案例分析主要包括动态口令认证和生物特征识别两大部分，动态口令认证分为动态口令认证系统案例分析和动态口令认证编程案例分析，生物特征识别包括人脸识别案例分析和人脸检测编程案例分析。

4.1　动态口令认证

动态口令的主要设计思路是在登录过程中加入不确定性因素，使每次登录过程中通过信息摘要(MD)所得到的密码不相同，以提高登录过程的安全性。OTP 认证是一种摘要认证，它以单向散列函数作为数据模型，以变长的信息作为输入，把它压缩成一个定长的输出值，即使输入的信息有很小的变化，输出定长的摘要值将会发生很大的变化。对于摘要而言，通过给定一个输出寻找一个输入以产生相同的输出在计算上是不可行的，即单向的。根据不确定性因素选择方式的不同，OTP 有以下几种不同的实现机制：①挑战/应答机制；②S/key 机制；③时间同步机制；④事件同步机制。

本案例分析中设计的动态口令身份认证系统由硬件令牌、管理系统、认证系统、数据库系统等组成，其系统框架如图 4.1 所示，图中展示了一个完整的用户注册、认证的过程。

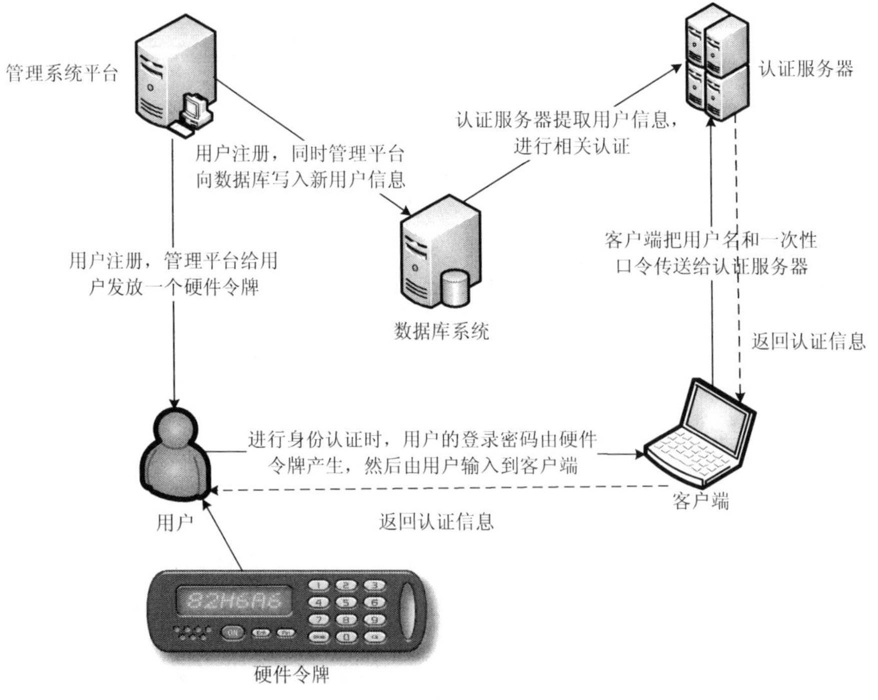

图 4.1　系统框架图

基于事件的一次性口令认证机制用户和服务器端很容易失同步，例如，用户不小心或者故意按了硬件令牌上的按钮，这样令牌的计数器就会加 1，但是服务器上的计数器还是原来的值，服务器和令牌就失去了同步。为了解决这个问题，服务器端设置了一个同步窗口值，当用户使用令牌产生的一次性口令登录服务器时，服务器会在这个窗口的范围内逐一匹配用户发送过来的口令，如果窗口内任何一个值匹配成功，服务器就会返回认证成功信息，并且改变服务器文件中的计数器值，使服务器和令牌再次同步。

但是如果用户硬件令牌的失同步严重，在同步窗口值内无法完成重同步，这时就需要用户持令牌到管理系统处进行重同步，用户提供失同步令牌的序列号 TokenSN 和两个连续的动态口令 OTP，由令牌管理系统进行重同步。

4.1.1　动态口令认证系统案例分析

本案例分析令牌初始化及添加用户、客户端登录认证、令牌重同步内容，分析步骤如下。

1. *令牌初始化及添加用户*

(1) 将令牌注入器通过 USB 接口与主机相连(如提示需安装驱动，请从案例分析工具箱取得令牌注入器驱动并安装)。

(2) 查看用户信息。如图 4.2 所示为令牌管理系统的主界面，单击“显示所有用户”按钮即可查看数据库中已存在的用户，单击用户名可以查看对应信息，并进行添加、修改、删除等操作。

图 4.2　查看用户信息

(3) 添加新用户及令牌初始化。单击图 4.2 界面中的“添加新用户”按钮，出现图 4.3 所示对话框。在 UserID 文本框填入新用户的用户名。在 TokenSN 文本框填入令牌出厂时分配的唯一硬件序列号(令牌唯一硬件序列号在令牌背面的标签上)，如 A080010546。单击 KEY 按钮得到 OTP 生成因子。

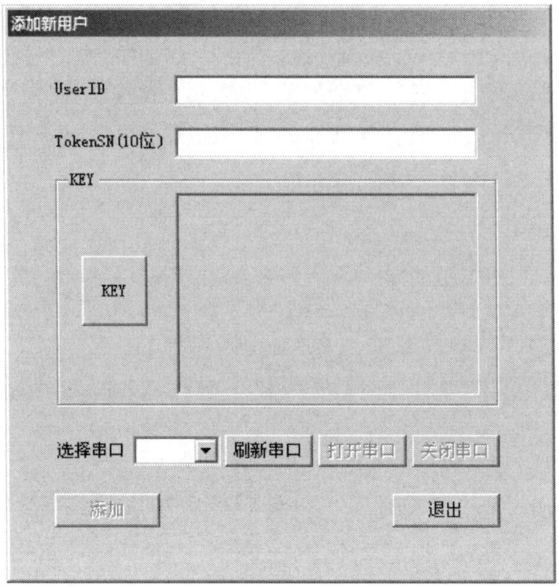

图 4.3　添加用户及令牌初始化

“选择串口”下拉列表框中所要选择的串口要通过设备管理器查看，如图 4.4 所示，查看“端口(COM 和 LPT)”→“USB-SERIAL CH341”一项，后面口号中所示端口号即所要设置的端口号，此处为 COM4。然后单击“刷新串口”按钮并在下拉列表框中选择 COM4 选项，单击“打开串口”按钮，会提示打开串口成功，单击“确定”按钮，设置完成。

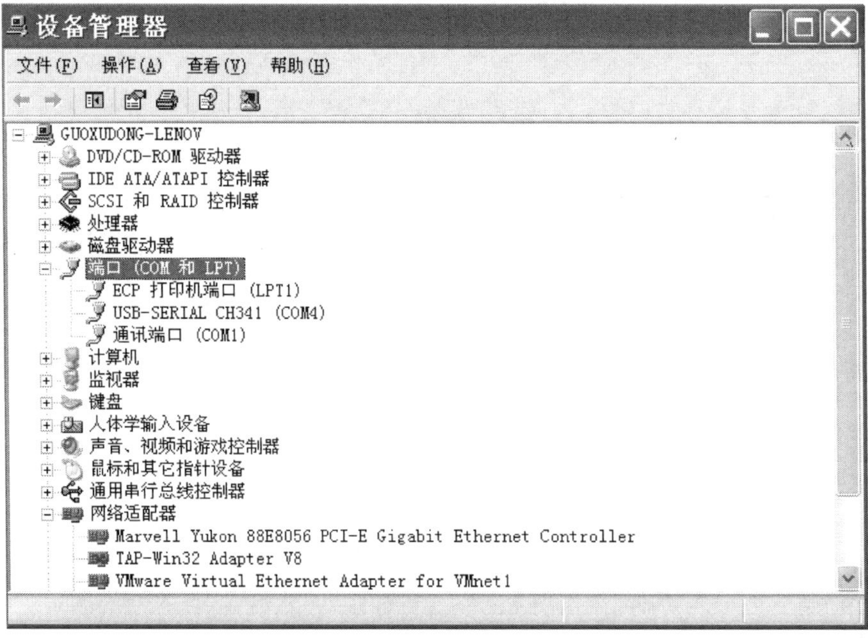

图 4.4　串口查看

(4)在令牌未开启状态下，将令牌注入器串口线的 7 针端与令牌上的 7 个小孔对应相连，并在保持连接的状态下按下令牌上的 ON 按钮开启令牌，如连续出现“写入令牌成功”和“写入数据库成功”提示，则此步完成。

2. 客户端登录认证

(1)按下令牌上的 ON 按钮开启硬件令牌，输入正确的硬件 PIN 码(默认为 123456)，按下令牌上的 Entr 按钮。令牌初始化后首次生成的口令 052269 为硬件测试口令，不能作验证使用。再次按下令牌上的 Entr 按钮，记下液晶屏幕上显示的动态口令。

(2)选择“客户端”选项卡，出现如图 4.5 所示的认证客户端。在 UserID 文本框填入添加新用户时指定的 UserID。在“动态口令”文本框填入从硬件令牌读取的六位口令。“重同步口令”文本框用来重同步，此步中不用填写。填写完成后，单击“口令认证”按钮。

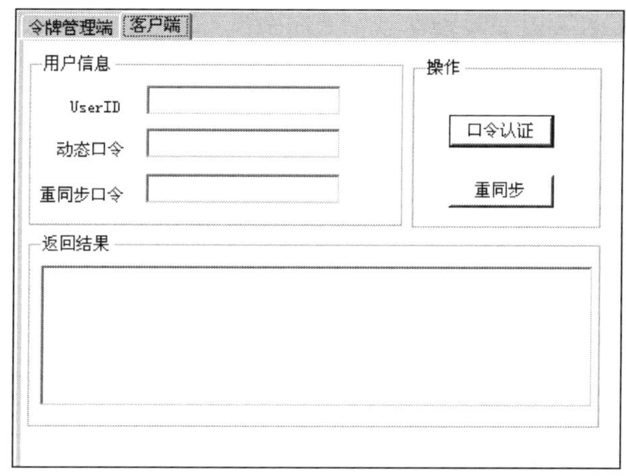

图 4.5　认证客户端

(3)观察“返回结果”列表框中的认证结果提示，如果提示“验证通过”，则本次认证通过。

(4)用已认证成功的动态口令再次以与第(2)步同样的方法重新进行认证，则提示“验证失败”，说明动态口令只能成功认证一次。

3. 令牌重同步

(1)开启硬件令牌，输入正确的硬件 PIN 码(默认为 123456)，为了达到硬件令牌与认证服务器失同步的效果，连续按下硬件令牌上的 Entr 按钮，当生成第 6 个新口令时读取动态口令，并用此口令进行前述认证过程，认证结果为失败，此时，硬件令牌已与认证服务器发生失同步，应当进行重同步(注：如果失同步过多，大于 8 次时，则只能从令牌管理端中为用户的硬件令牌重同步，请参考第(5)步)。

(2)继续按下硬件令牌上的 Entr 按钮，按顺序记录连续两次产生的动态口令。

(3)在“用户名”文本框填入添加新用户时指定的用户 ID；在“动态口令”文本框中填写第(2)步记录的两个动态口令中的前一个，在“重同步口令”文本框中填写后一个(两个动态口令必须按顺序输入，否则重同步失败)。完成后，单击“重同步”按钮。

(4) 观察“返回结果”列表框中的认证结果提示，如果提示“重同步成功”，则表示重同步成功。

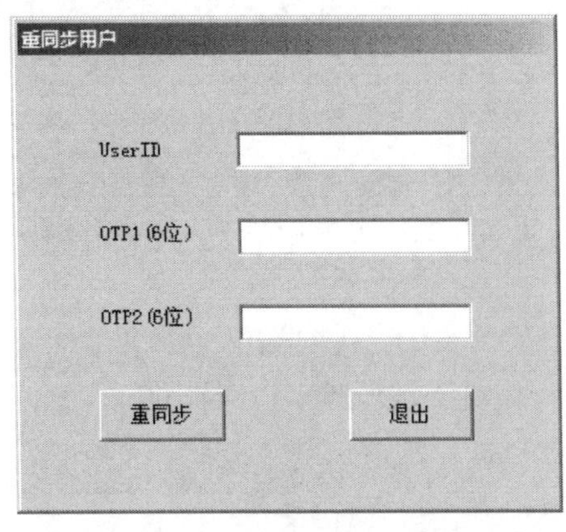

图 4.6　令牌管理系统端重同步

(5) 如果第 (1) 步中产生了大于 8 次的新口令造成的失同步时，则无法从客户端中进行重同步，此时必须通过令牌管理端进行重同步。切换到令牌管理端，单击“重同步用户”按钮，弹出如图 4.6 所示的对话框。

在 UserID 文本框中填入欲重同步的用户的用户名，单击硬件令牌上的 Entr 按钮，按顺序记录连续两次产生的动态口令。在 OTP1 文本框中填入第一次得到的动态口令，在 OTP2 文本框中填入第二次得到的动态口令，单击“重同步”按钮进行重同步。若提示“重同步成功”则说明完成重同步。

据该案例可以叙述 OTP 认证系统的基本原理和各组成部分的基本功能，分析硬件令牌和认证服务器之间的口令同步关系，思考 OTP 认证系统的应用领域和应用场景。

4.1.2　动态口令认证编程案例分析

本案例分析中使用的 Resyn.dll 是实现令牌重同步的动态链接库文件。Resyn.dll 文件中封装唯一函数 resyn()，具体说明如下。

函数功能：以用户的令牌序列号 TokenSN 和连续输入的两个动态口令为传入参数，经过重同步计算，返回重同步的结果并返回重同步后该用户的 counter 值。

函数名及参数如下：

```
Bool resyn(char *tokensn,
char *otp1,
char *otp2,
unsigned int *counter);
```

参数列表如表 4.1 所示。

表 4.1　参数列表

参数	描述	备注
[in]char *token_num	用户令牌的序列号	固定长度为 11
[in]char *otp1	用户输入的第一个动态口令	固定长度为 6
[in]char *otp2	用户输入的第二个动态口令	固定指定为 6
[out]unsigned int *counter	经过计算返回的 counter 值	数组长度为 2

通过 OTP 动态链接库的调用，编程实现动态口令重同步功能，分析步骤如下。

(1) 利用 Visual Studio 2005 新建 Win32 控制台应用程序，加载 Resyn.dll 文件。

(2) 参照案例分析原理中对 Resyn.dll 的说明写一段代码(可参考案例分析工具箱中动态口令编程案例分析源码)，实现对 Resyn.dll 动态链接库的调用，并返回重同步的 counter 值，其中 token_num 为令牌上的 11 位序列号值。

(3)打开动态口令令牌，得到两个连续 6 位的动态口令，在代码中分别赋予 otp1、otp2。

(4)编译并执行程序，观察返回的 counter 值，记为 counter1。

(5)再次打开令牌得到两个连续的 6 位动态口令，在代码中分别赋予 otp1、otp2，编译并执行程序，观察返回的 counter 值，记为 counter2，比较 counter1 和 counter2 的值，验证重同步是否成功。

4.2 生物特征识别

生物识别技术(Biometric Identification Technology)是指利用人体生物特征进行身份认证的一种技术。更具体地说，生物特征识别技术就是通过计算机与光学、声学、生物传感器和生物统计学原理等高科技手段密切结合，利用人体固有的生理特性和行为特征来进行个人身份的鉴定。

生物识别系统是对生物特征进行取样，提取其唯一的特征并且转化成数字代码，进一步将这些代码组合而成的特征模板。人们同识别系统交互进行身份认证时，识别系统获取其特征并与数据库中的特征模板进行比对，以确定是否匹配，从而决定接受或拒绝该人。

在目前的研究与应用领域中，生物特征识别主要关系到计算机视觉、图像处理与模式识别、计算机听觉、语音处理、多传感器技术、虚拟现实、计算机图形学、可视化技术、计算机辅助设计、智能机器人感知系统等其他相关的研究。已被用于生物识别的生物特征有手形、指纹、脸形、虹膜、视网膜、脉搏、耳廓等，行为特征有签字、声音、按键力度等。基于这些特征，生物特征识别技术在过去的几年中已取得了长足的进展。

在所有的技术中，现阶段更受瞩目的并迅速发展的是人脸识别，它目前主要有三种应用模式。

(1)人脸识别监控，即将需要重点关注的人员照片存放在系统中，当此类人员出现在监控设备覆盖的范围内时系统将报警提示。此模式主要应用在奥运通道安检、地铁等需要实时预警的地点。

(2)人脸识别比对检索，即利用特定对象的照片与已知人员照片库进行比对，进而确定其身份信息。能够解决传统人工方式工作量巨大、速度慢、效率低等问题，可应用在网络照片检索、身份识别等环境，适合于机场等人员流动大的公众场所，但需要大型数据库的支持。

(3)身份确认，即确认监控设备和照片中的人是否是同一人。可广泛应用于需要身份认证的场所，如自助通关、银行金库、门禁以及需要实行实名制管理的业务，如银行业务等。

4.2.1 人脸识别案例分析

1. PCA算法

主成分分析(PCA)算法是人脸识别中比较新的一种算法，该算法的优点是识别率高，识别速度快。

令 x 为环境的 m 维随机向量，假设 x 均值为零，即

$$E[x]=0$$

令 w 为 m 维单位向量，x 在其上投影，这个投影被定义为向量 x 和 w 的内积，满足条件

$$\begin{cases} y=\sum_{k=1}^{n} w_k \cdot x_k = w^{\mathrm{T}} x \\ \| w \| = (w^{\mathrm{T}} w)^{1/2} = 1 \end{cases}$$

而主成分分析的目的就是寻找一个权值向量 w，使得表达式 $E[y^2]$ 的值最大化

$$E[y^2]=E[(w^{\mathrm{T}}x)^2]=w^{\mathrm{T}}E[x\cdot x^{\mathrm{T}}]w=w^{\mathrm{T}}\mathrm{Cx}w$$

根据线性代数的理论可以知道，满足式子值最大化应该满足

$$\mathrm{Cx}\cdot w_j=\lambda_j w_j,\quad j=1,2,\cdots,m$$

即使得上式最大化的 w 是矩阵 Cx 的最大特征值所对应的特征向量。

在 PCA 中主要是要求使得方差最大的转化方向，其具体的求解步骤如下。

(1) 构建关联矩阵

$$\mathrm{Cx}=E[x\cdot x^{\mathrm{T}}],\quad \mathrm{Cx}\in Pn\cdot n$$

在实际应用中，由于原始数据的数学期望不容易求解，我们可以利用下式来近似构造关联矩阵

$$\mathrm{Cx}=[x_1x_1^{\mathrm{T}}+x_2x_2^{\mathrm{T}}+\cdots+x_Nx_N^{\mathrm{T}}]/N$$

其中 $x_1,x_2,\cdots,x_N$ 是各个原始灰度图像所有像素点对应的向量；N 是原始图像的个数。

(2) 先计算出 Cx 的各个特征值。

(3) 把特征值按大小排序：$\lambda_1\geqslant\lambda_2\geqslant\cdots\geqslant\lambda_N\geqslant 0$。

(4) 计算出前 m 个特征值对应正交的特征向量构成 w。

(5) 将原始数据在特征向量 w 上进行投影，即可获得原始图像的主特征数据。

通过上面的分析我们可以知道，对于主成分分析的问题最后转化为求解协方差矩阵的特征值和特征向量的问题，主成分的正交化分解算法或求 XXT 特征值问题的算法常用的有雅可比方法和 NIPALS 方法。

2. 特征脸算法

在利用 PCA 进行特征提取的算法中，特征脸(Eigenface)算法是其中的一个经典算法。特征脸算法是从主成分分析算法导出的一种人脸识别和描述技术。特征脸算法就是将包含人脸的图像区域看作一种随机向量，因此可以采用 K-L 变换获得其正交 K-L 基底。对应其中较大特征值的基底具有与人脸相似的形状，因此又称为特征脸。利用这些基底的线性组合可以描述、表达和逼近人脸图像，因此可以进行人脸识别与合成。识别过程就是将人脸图像映射到由特征脸构成的子空间上，比较其与已知人脸在特征空间中的位置，具体步骤如下。

(1) 初始化，获得人脸图像的训练集并计算特征脸，定义为人脸空间，存储在模板库中，以便系统进行识别。

(2) 输入新的人脸图像，将其映射到特征脸空间，得到一组关于该人脸的特征数据。

(3) 通过检查图像与人脸空间的距离判断它是否是人脸。

(4) 若为人脸，则根据权值模式判断它是否为数据库中的某个人，并做出具体的操作。

假设人脸图像 $I(x, y)$ 为二维 $N \cdot N$ 灰度图像，用 N 维向量 R 表示。人脸图像训练集为 $\{R_i \mid I=1, 2, \cdots, M\}$，其中 M 为训练集中的图像总数，这 M 幅图像的平均向量为

$$\phi = \frac{1}{M}\sum_{i=1}^{M} R_i$$

每个人脸 R_i 与平均人脸的差值向量是

$$\Phi_i = R_i - \phi, \quad i = 1, \cdots, M$$

训练图像的协方差矩阵可表示为

$$C = AA^{\mathrm{T}}, \quad A = [\Phi_1, \cdots, \Phi_M]$$

特征脸由协方差矩阵 C 的正交特征向量组成。

3. OpenCV 简介

OpenCV 的全称是 Open Source Computer Vision Library，是 Intel 公司支持的开源计算机视觉库。它轻量级而且高效：由一系列 C 函数和少量 C++类构成，实现了图像处理和计算机视觉方面的很多通用算法。OpenCV 中事先预置了特征脸算法的函数，我们可直接调用。

下面通过案例分析基本的人脸识别、扩展的人脸识别，案例分析步骤如下。

以 2～3 人为一组，分组进行人脸识别。

先安装摄像头，如果需要驱动则安装驱动(注意：案例分析过程中不可更换不同分辨率的摄像头，如需更换应将人脸识别软件目录下的 Config、Eigen、HMM、Pictures 文件夹中的所有数据文件清空)。

1) 基本人脸识别

(1) 单击“初始化”按钮，以清空人脸识别软件目录下 Config、Eigen、HMM、Pictures 文件夹中的所有文件。

(2) 单击“启动”按钮启动人脸识别程序，单击“录入”按钮，如图 4.7 所示。

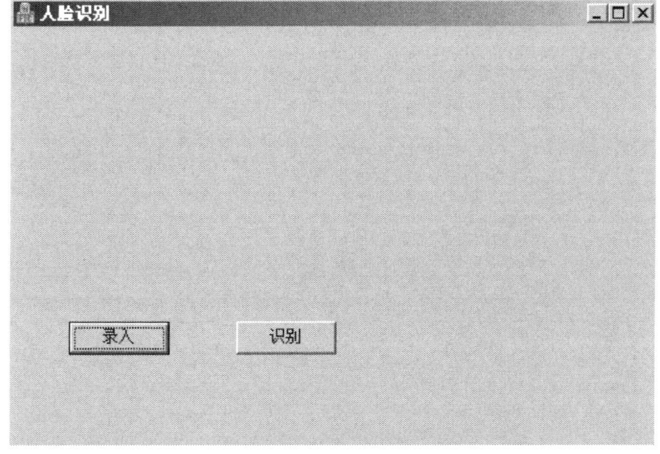

图 4.7 程序启动界面

(3) 在弹出的“录入”对话框中单击“预备”按钮完成初始化。

(4) 输入录入人的姓名，如图 4.8 所示。

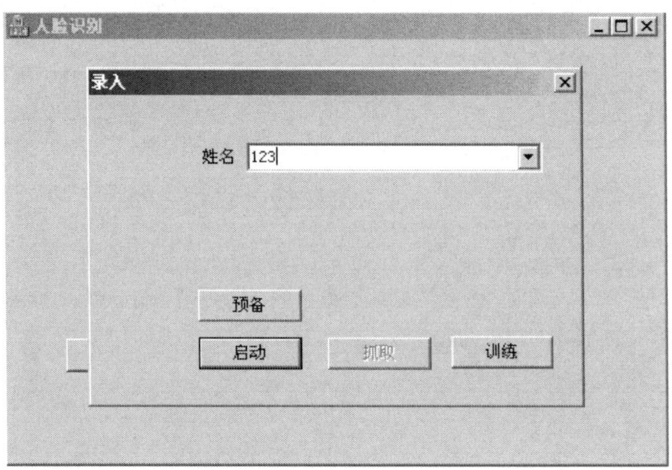

图 4.8　“录入”对话框

(5) 录入人保持正面朝向摄像头，单击“启动”按钮，打开有人脸部位标识的摄像头图像显示窗口(注意与摄像头距离不要过远)，如果要关闭该窗口，可按 Enter 键。

(6) 单击“抓取”按钮，为录入人抓取一幅脸部图像(窗口中的脸部标识部分)。

(7) 基本保持同样的位置和角度重复抓取 2～3 幅脸部图像(先单击“启动”按钮，再单击“抓取”按钮)。

(8) 抓图完成后，单击“训练”按钮以生成识别所需数据。

(9) 以同样方式按第(4)～(8)步抓取同组其他人的图像各 2～3 幅，抓图完成后，单击“训练”按钮生成识别所需数据。

(10) 关闭“录入”对话框，回到人脸识别窗口。

(11) 单击“识别”按钮打开“识别”对话框，如图 4.9 所示。

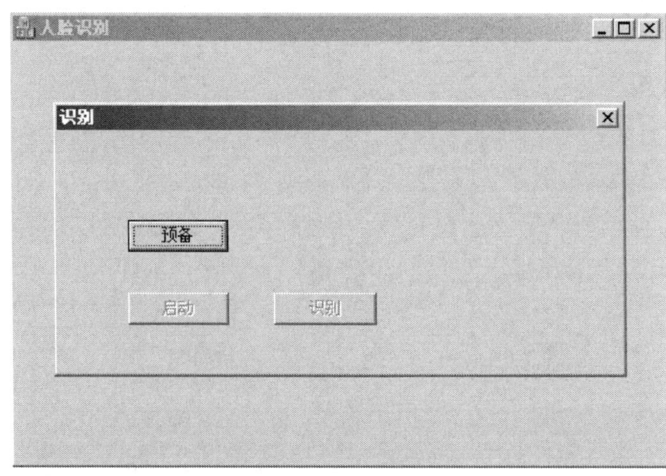

图 4.9　“识别”对话框

(12)在“识别”对话框中单击“预备”按钮完成初始化。

(13)先前的录入人中一人(任意顺序)保持正面朝向摄像头，单击“启动”按钮打开摄像头图像显示窗口(此程序对于光线、角度、距离比较敏感，最好采用录入时的姿势与距离)。

(14)单击“识别”按钮将会打开 result 窗口。

(15)所有录入人都进行一次人脸识别，验证是否有效。

(16)关闭“识别”对话框与 result 窗口。

2)扩展人脸识别

(1)打开“录入”对话框，单击“预备”按钮，在“姓名”组合框内选择录入人名。

(2)对应的录入人录入不同姿势的人脸数幅，并进行训练。

(3)其他录入人仿照先前录入人的姿势进行人脸识别，并查看结果。

(4)其他录入人也录入不同姿势的人脸数幅，并进行训练。

(5)再次以不同姿势进行人脸识别，并查看结果(注意：如果录入的图像过多，程序可能变慢)。

4.2.2 人脸检测编程案例分析

人脸检测是人脸研究的一个主要方向，其任务是对于一幅给定的图像，采用一定的策略对其进行搜索，以确定其中是否含有人脸、含有多少个人脸，以及所含人脸的位置、大小和姿态。人脸检测的算法很多，Adaboost 算法是其中的一种，Adaboost 算法虽然十分复杂，但应用 OpenCV 提供的函数和分类器进行人脸检测将十分容易。

人脸检测程序主要完成三项功能，即加载分类器、加载待检测图像以及检测并标示。在本案例分析中可使用 OpenCV 中提供的 haarcascade_frontalface_alt2.xml 文件存储的目标检测分类，用 cvLoad 函数载入后，进行强制类型转换。OpenCV 中提供的用于检测图像中目标的函数是 cvHaarDetectObjects，该函数使用指针对某目标物体(如人脸)训练的级联分类器在图像中找到包含目标物体的矩形区域，并将这些区域作为一个矩形框序列返回。分类器在使用后需要被显式释放，所用的函数为 cvReleaseHaarClassifierCascade。

相关函数介绍如下。

(1)加载分类器：

```
CvHaarClassifierCascade* cascade = (CvHaarClassifierCascade*)cvLoad
(cascade_name, 0, 0, 0);
```

CvHaarClassifierCascade：分类器对象结构，代表一个级联 Boosted Haar 分类器。

cvLoad 函数：从文件中打开对象。

```
Void* cvLoad(const char* filename, CvMemStorage* memstorage=NULL,const
char* name=NULL, const char** real_name=NULL);
```

filename：初始化文件名，可用的分类器在 OpenCV 安装目录\data\haarcascades 下，在名称中有 frontalface 的几个文件。

Memstorage：动态结构的内存，如 CvSeq 或 CvGraph，不能作用于矩阵或图像。

Name：可选对象名，如果为 NULL，则内存中的第一个高层对象被打开。

Real_name：可选输出参数，它包括已打开的对象的名称(name=NULL 时有效)。

(2)打开摄像头:

```
CvCapture* capture = cvCaptureFromCAM(!input_name ? 0 : input_name[0] -
'0');
```

CvCapture：视频获取结构，没有公共接口，它只能用作视频获取函数的一个参数。

cvCaptureFromCAM：初始化从摄像头中获取的视频，此函数即

```
CvCapture* cvCreateCameraCapture(int index);
```

index：要使用的摄像头索引。

函数 cvCreateCameraCapture 给从摄像头获得的视频流分配和初始化 CvCapture 结构。

注意：完成获取视频后，需要用函数 void　cvReleaseCapture(CvCapture** capture)释放 CvCapture。

(3)从摄像头或者视频文件中抓取帧:

```
int cvGrabFrame(CvCapture* capture);
```

capture：视频获取结构指针。

函数 cvGrabFrame 从摄像头或者文件中抓取帧。被抓取的帧在内部被存储。这个函数的目的是快速抓取帧，这一点对同时从几个摄像头读取数据的同步是很重要的。被抓取的帧可能是压缩格式(由摄像头/驱动定义)，所以没有被公开。如果要取回获取的帧，请使用 cvRetrieveFrame，函数返回 0 表示未成功。

(4)取回由函数 cvGrabFrame 抓取的图像:

```
IplImage* cvRetrieveFrame(CvCapture* capture);
```

capture：视频获取结构。

函数 cvRetrieveFrame 返回由函数 cvGrabFrame 抓取的图像的指针。返回的图像不可以被用户释放或者修改，所以需要将其复制到自定义的数据中。

(5)创建图像头并分配数据:

```
IplImage* cvCreateImage(CvSize size, int depth, int channels);
```

size：图像的宽、高。

depth：图像元素的位深度，可以是下面值的其中之一。

① IPL_DEPTH_8U - 无符号 8 位整型。

② IPL_DEPTH_8S - 有符号 8 位整型。

③ IPL_DEPTH_16U - 无符号 16 位整型。

④ IPL_DEPTH_16S - 有符号 16 位整型。

⑤ IPL_DEPTH_32S - 有符号 32 位整型。

⑥ IPL_DEPTH_32F - 单精度浮点数。

⑦ IPL_DEPTH_64F - 双精度浮点数。

channels：每个元素(像素)的颜色通道数量，可以是 1、2、3 或 4。

根据 IplImage 结构中的 origin 决定直接复制或翻转(参考 IplImage 结构定义)。

(6)复制函数:

```
void cvCopy(const CvArr* src, CvArr* dst, const CvArr* mask=NULL);
```

src：输入数组。

dst：输出数组。

mask：操作掩码是 8 比特单通道的数组，它指定了输出数组中被改变的元素。

(7) 翻转函数：

```
void cvFlip(const CvArr* src, CvArr* dst=NULL, int flip_mode=0);
```

src：原数组。

dst：目标数组。如果 dst = NULL，则翻转是在内部替换。

flip_mode：指定怎样翻转数组。flip_mode = 0 表示沿 *X* 轴翻转，flip_mode > 0 (如 1) 表示沿 *Y* 轴翻转，flip_mode < 0 (如–1) 表示沿 *X* 轴和 *Y* 轴翻转。

(8) 转为灰度图像：

```
void cvCvtColor(const CvArr* src, CvArr* dst, int code);
```

src：输入的 8bit、16bit 或 32bit 单倍精度浮点数影像。

dst：输出的 8bit、16bit 或 32bit 单倍精度浮点数影像。

code：色彩空间转换方式 (采用 CV_BGR2GRAY)。

(9) 灰度图像直方图均衡化：

```
void cvEqualizeHist(const CvArr* src, CvArr* dst);
```

src：输入的 8bit 单信道图像。

dst：输出的图像与输入图像大小与数据类型相同。

(10) 检测函数并得到所有检测出的脸部位置的序列：

```
CvSeq* cvHaarDetectObjects(const CvArr* image, CvHaarClassifierCascade*
cascade,CvMemStorage* storage,double scale_factor=1.1,int min_neighbors=3,
int flags=0,CvSize min_size=cvSize(0,0));
```

image：被检测图像。

cascade harr：分类器级联的内部标识形式。

storage：用来存储检测到的一序列候选目标矩形框的内存区域。

scale_factor：在前后两次相继的扫描中，搜索窗口的比例系数。例如，1.1 指将搜索窗口依次扩大 10%。

min_neighbors：构成检测目标的相邻矩形的最小个数(默认为 1)。如果组成检测目标的小矩形的个数和小于 min_neighbors–1，那么都会被排除。如果 min_neighbors 为 0，则函数不做任何操作就返回所有的被检候选矩形框，这种设定值一般用在用户自定义对检测结果的组合程序上。

flags：操作方式。当前唯一可以定义的操作方式是 CV_HAAR_DO_CANNY_PRUNING。如果被设定，则函数利用边缘检测器来排除一些边缘很少或者很多的图像区域，因为这样的区域一般不含被检目标。人脸检测中通过设定阈值使用了这种方法，并因此提高了检测速度。

min_size：检测窗口的最小尺寸。

(11) 创建内存块：

```
CvMemStorage* cvCreateMemStorage(int block_size=0);
```

block_size：存储块的大小，以字节表示。如果大小是 0B，则将该块设置成默认值，当前默认大小为 64KB。

函数 cvCreateMemStorage 用于创建一内存块并返回指向块首的指针。起初，存储块是空的。头部除了 block_size 外(header)的所有域值都为 0。在使用内存块时先清空内存存储块。

(12)清空内存存储块：

```
void cvClearMemStorage(CvMemStorage* storage);
```

storage：存储块。

函数 cvClearMemStorage 将存储块的 top 置到存储块的头部(注：清空存储块中的存储内容)。该函数并不释放内存，仅清空内存。假设该内存块有一个父内存块(存在一个内存块与其有父子关系)，则函数将所有的块返回给其 parent。

(13)获取脸部位置序列中的某个在图片中的位置：

```
CvRect* r = (CvRect*)cvGetSeqElem(CvSeq* faces, i);
```

faces：检测获取的序列。

i：索引，可从 0～faces-> total 循环获取所有的脸部位置。

(14)画图函数(矩形)：

```
void cvRectangle(CvArr* img, CvPoint pt1, CvPoint pt2, CvScalar color,int
thickness=1, int line_type=8, int shift=0);
```

img：图像。

pt1：矩形的一个顶点。

pt2：矩形对角线上的另一个顶点。

color：线条颜色 (RGB)或亮度(灰度图像)。

thickness：组成矩形的线条的粗细程度。取负值时(如 CV_FILLED)，函数绘制填充了色彩的矩形。

line_type：线条的类型。

shift：坐标点的小数点位数。

(15)画图函数(圆)：

```
void cvCircle(CvArr* img, CvPoint center, int radius, CvScalar color,int
thickness=1, int line_type=8, int shift=0);
```

img：图像。

center：圆心坐标。

radius：圆形的半径。

color：线条的颜色。

thickness：如果是正数，则表示组成圆的线条的粗细程度，否则表示圆是否被填充。

line_type：线条的类型。

shift：圆心坐标点和半径值的小数点位数。

(16)创建窗口：

```
int cvNamedWindow(const char* name, int flags=CV_WINDOW_AUTOSIZE);
```

name：窗口的名字，它被用来区分不同的窗口，并被显示为窗口标题。

flags：窗口属性标志。目前唯一支持的标志是 CV_WINDOW_AUTOSIZE。当这个标志被设置后，用户不能手动改变窗口大小，窗口大小会自动调整以适合被显示图像。

(17)在指定窗口中显示图像：

```
void cvShowImage(const char* name, const CvArr* image);
```

name：窗口的名字。

image：被显示的图像。

函数 cvShowImage 在指定窗口中显示图像。如果窗口创建的时候被设定标志 CV_WINDOW_AUTOSIZE，那么图像将以原始尺寸显示，否则图像将被伸缩以适合窗口大小。

(18)销毁窗口：

```
void cvDestroyWindow(const char* name);
```

name：要被销毁的窗口的名字。

函数 cvDestroyWindow 用于销毁指定名字的窗口。

(19)等待按键事件：

```
int cvWaitKey(int delay=0);
```

delay：延迟的毫秒数。

函数 cvWaitKey 用于无限制地等待按键事件(delay ≤ 0 时)，或者延迟 delay 毫秒。返回值为被按键的值，如果超过指定时间则返回–1。

(20)释放头和图像数据：

```
void cvReleaseImage(IplImage** image);
```

image：双指针指向图像内存分配单元，可使用&(IplImage* img)。

本案例安装 OpenCV 开发环境，编程实现人脸检测，案例分析步骤如下。

1. 安装所需要的软件

(1)安装 VC++ 2008 Express。

Visual C++ Express 是微软推出的一款免费集成开发环境，如果你没有足够的资金购买 Visual C++，可以使用 Visual C++ Express。

Visual C++ 2008 Express 可以从微软网站下载安装。

(2)安装 OpenCV。

从案例分析工具箱或http://www.opencv.org.cn/index.php/Download下载 OpenCV 2.0 并安装(本案例分析假定安装目录为 D:\Program Files\OpenCV2.0)。

(3)安装 CMake。

从案例分析工具箱或http://www.cmake.org/cmake/resources/software.html下载 Windows (Win32 Installer) 安装。

2. 编译 OpenCV

(1)用 CMake 导出 VC++项目文件。

找到 CMake 的安装目录，运行 cmake-gui.exe，设置路径为 OpenCV 安装路径(本案例分析假定安装位置为 D:\Program Files\OpenCV2.0)，并创建子目录 D:\Program Files\OpenCV2.0\vc2008，用于存放编译结果，如图 4.10 所示。

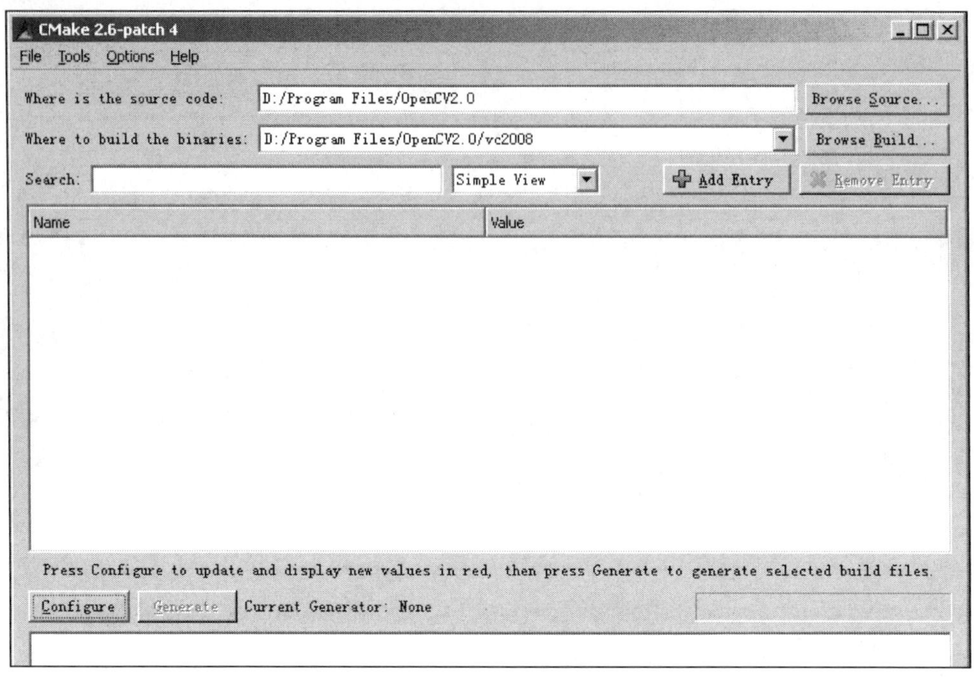

图 4.10　设置路径

然后单击 Configure 按钮，在弹出的对话框内选择 Visual Studio 9 2008 选项，如图 4.11 所示。

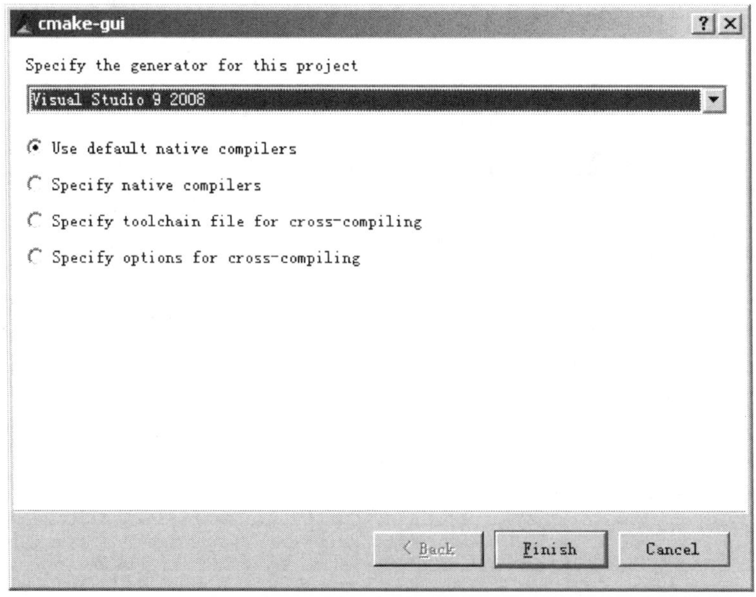

图 4.11　选择编译器

VC++ 2008 的 Express 版本不支持 OpenMP，所以需要取消选中 ENABLE_OPENMP 选项，取消后再次选择 Configure 选项，完成后选择 Generate 选项。VC++ 2008 非 Express 版本支持 OpenMP，如果使用 VC++ 2008，可以不取消选择这个选项。

(2) 编译 OpenCV Debug 和 Release 版本库。

完成上一步骤后，将在 D:\Program Files\OpenCV2.0\vc2008 目录下生成 OpenCV.sln 的 VC Solution File，如图 4.12 所示。

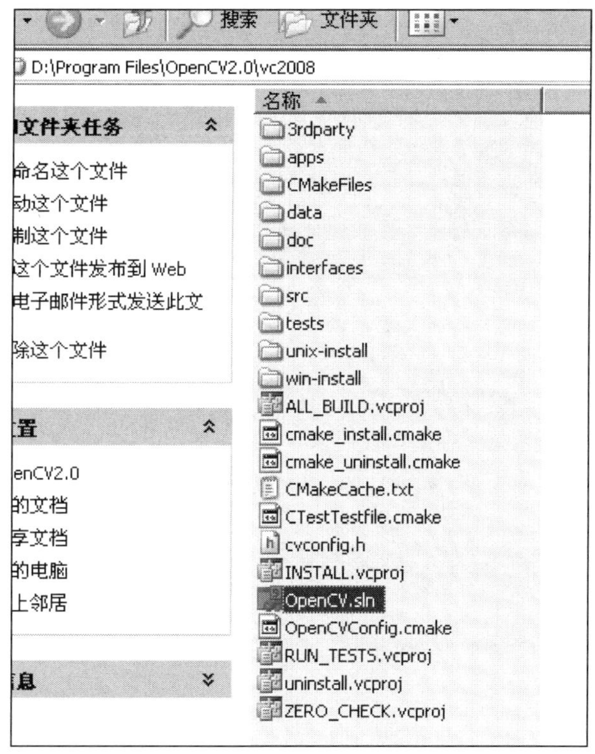

图 4.12　工程文件

用 VC++ 2008 Express 打开 OpenCV.sln，然后执行如下操作。

在 Debug 模式下，选择 Solution Explorer 下的“Solution ‘OpenCV’ (27 projects)”命令并右击，运行 Rebuild Solution，如图 4.13 所示；如编译无错误，则在 Solution Explorer 下选择 INSTALL 选项并右击选择运行 Rebuild 命令，如图 4.14 所示。

在 Release 模式下，选择 Solution Explorer→“Solution ‘OpenCV’ (27 projects)”选项并右击，运行 Rebuild Solution，如图 4.15 所示；如编译无错误，则在 Solution Explorer 下选择 INSTALL 选项并右击选择运行 Rebuild，如图 4.16 所示。

此时，OpenCV 的*d.dll 文件(for debug)和*.dll 文件(for release)将出现在 D:\Program Files\OpenCV2.0\vc2008\bin 目录中；OpenCV 的*d.lib 文件(for debug)和*.lib 文件(for release)将出现在 D:\Program Files\OpenCV2.0\vc2008\lib 目录中；头文件*.h 出现在 D:\Program Files\OpenCV2.0\vc2008\include\opencv 中。

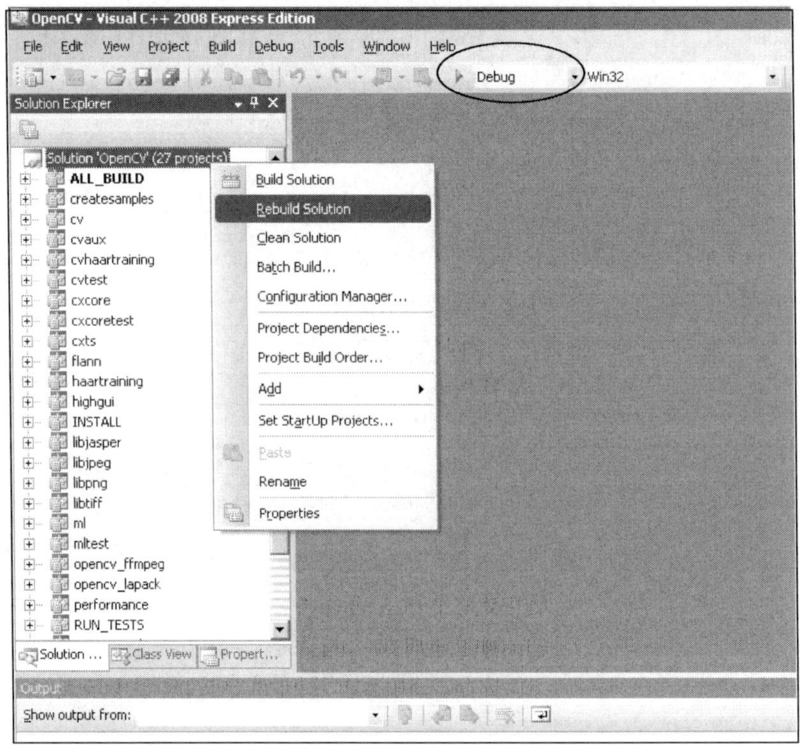

图 4.13　生成调试版解决方案

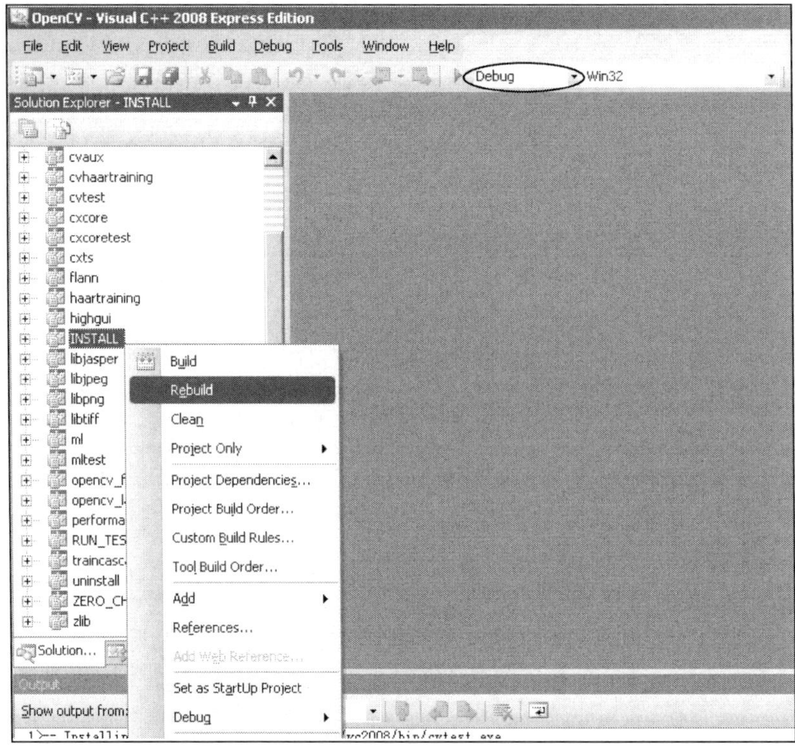

图 4.14　生成调试版安装项目

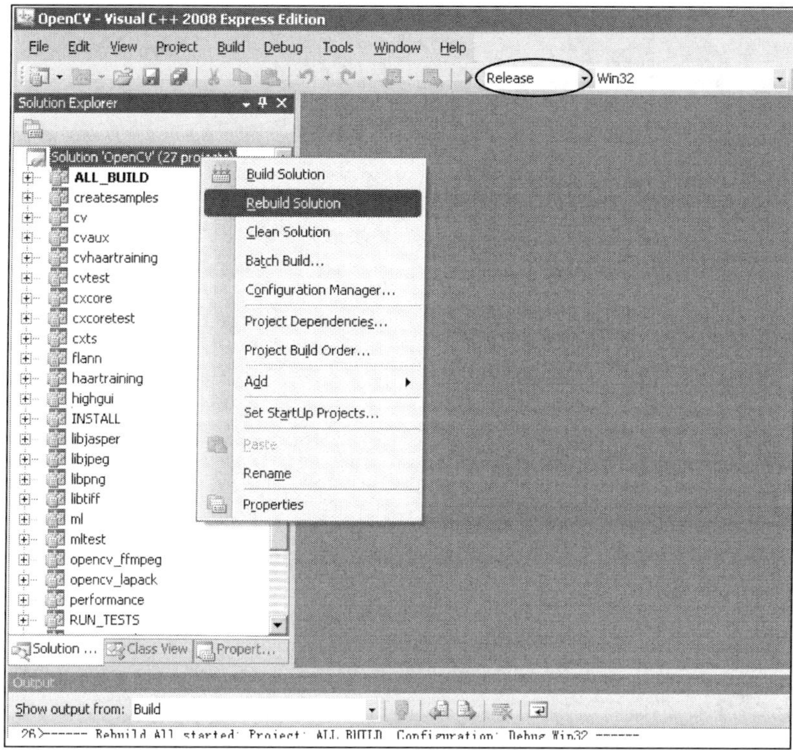

图 4.15　生成释放版工程

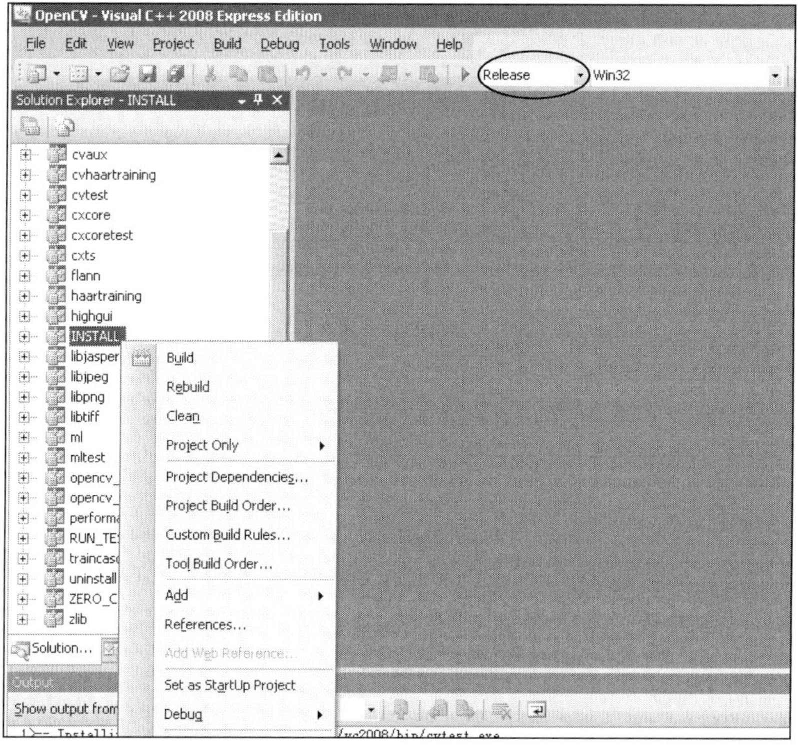

图 4.16　生成释放版项目

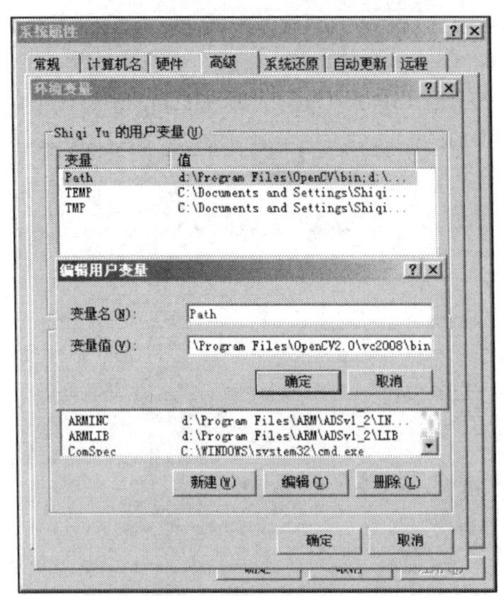

图 4.17　添加环境变量

可以被 VC++ 2008 Express 调用的 OpenCV 动态库生成完毕。

3. 配置 Windows 环境变量 Path

将 D:\Program Files\OpenCV2.0\vc2008\bin 加入 Windows 系统环境变量 Path 中，如图 4.17 所示。加入后可能需要注销当前 Windows 用户(或重启)后重新登录才生效。

4. 为 VC++ 2008 Express 配置 OpenCV 环境

(1) 打开 VC++ 2008 Express，执行 Tools→Options→Projects and Solutions→VC++ Directories 菜单命令。

(2) 在 Show directories for 下拉列表框中选择 Include files 选项，然后加入目录 D:\Program Files\OpenCV2.0\vc2008\include\opencv，如图 4.18 所示。

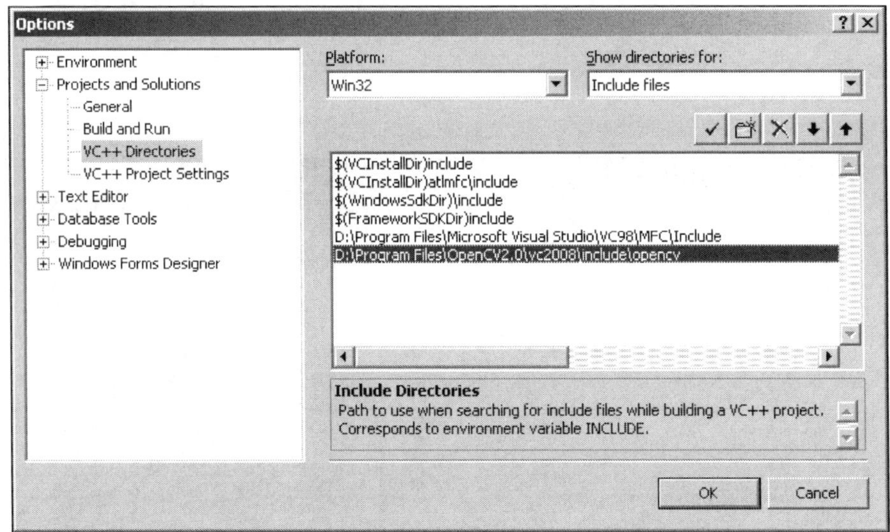

图 4.18　添加文件

(3) 在 Show directories for 下拉列表框中选择 Library files 选项，加入目录 D:\Program Files\OpenCV2.0\vc2008\ lib，如图 4.19 所示。

(4) 关闭 VC++ 2008 Express。

5. 使用 OpenCV 2.0 编程实现人脸检测

(1) 打开 VC++ 2008 Express，创建一个 Win32 控制台程序 facedetect。

(2) 选择 Solution Explorer 里的 Facedetect 项目并右击，选择 Properties 命令，在“链接器(LINKER)”选择“输入(INPUT)”选项。

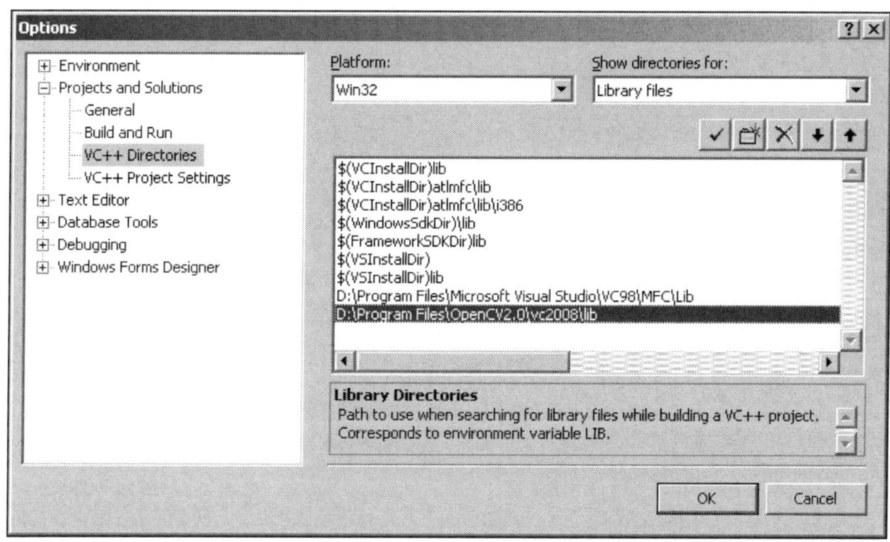

图 4.19 添加库文件

(3) 为项目的 Debug 配置增加依赖的库 cxcore200d.lib cv200d.lib highgui200d.lib。

(4) 为项目的 Release 配置增加依赖的库 cxcore200.lib cv200.lib highgui200.lib。

(5) 项目的配置属性-字符集修改为使用多字节字符集(由于 VC++ 2008 默认是以 Unicode 字符集编译的)。

(6) 完成程序代码编写，并生成和运行验证(可参考工具箱中人脸检测编程案例分析的源码，或者 OpenCV 提供的示例：OpenCV 安装目录\samples\c 下的 facedetect 程序及其代码)。

(7) 程序功能：循环地从摄像头抓取图像，检测图像中的人脸部分并标示人脸位置，然后在窗口中显示标示人脸的图片，按下任意键可退出程序。

第5章　无线安全

采用无线链路实现数据通信的网络称为无线网络。现在，无线网络的应用越来越普遍和广泛。相对于有线网络，无线网络为用户提供便利性的同时，也为基于无线链路和智能移动终端的各种恶意行为提供了方便，如蓄意破坏、篡改、窃听、假冒、泄露和非法访问信息资源等。同时无线局域网有线等价保密(Wired Equivalent Privacy，WEP)具有以下安全漏洞：WEP 默认配置漏洞、WEP 加密漏洞、WEP 密钥管理漏洞和服务设置标志漏洞等。当前无线局域网的主要安全威胁有：无线局域网探测、无线局域网监听、无线局域网欺诈、无线 AP 欺诈和无线局域网劫持等。针对无线网络的安全问题，国际上提出了无线保护接入安全机制，主要包括 WPA 过渡标准和 IEEE 802.11i 标准等。

本章案例分析通过无线组网、WEP 密码破解、WEP 安全设置、WPA 配置、无线内网攻击和无线基本安全规划等案例分析，内容循序渐进，涵盖了无线安全的核心知识和安全防护技术。

5.1　无线组网案例分析

无线局域网(Wireless Local Area Network，WLAN)是计算机网络和无线通信技术相结合的产物。具体地说就是在组建局域网时不再使用传统的电缆线而通过无线的方式以红外线、无线电波等作为传输介质来进行连接，提供有线局域网的所有功能。无线局域网的基础还是传统的有线局域网，是有线局域网的扩展和替换，它是在有线局域网的基础上通过无线集线器、无线访问节点、无线网桥、无线网卡等设备来实现无线通信的。目前无线局域网使用的频段主要是 S 频段(2.4～2.4835GHz)。

1. 无线局域网组网模式

无线局域网的组网模式大致可以分为两种，一种是 Ad Hoc 模式，即点对点无线网络；另一种是 Infrastructure 模式，即集中控制式网络。

1) Ad Hoc 模式

Ad Hoc 网络是一种点对点的对等式移动网络，没有有线基础设施的支持，网络中的节点均由移动主机构成。网络中不存在无线 AP，通过多张无线网卡自由地组网实现通信。其基本结构如图 5.1 所示。

要建立对等式网络需要完成以下几个步骤。

(1) 为计算机安装好无线网卡，并且为无线网卡配置好 IP 地址等网络参数。注意，要实现互连的主机的 IP 必须在同一网段，因为对等网络不存在网关，所以网关可以不用填写。

(2) 设定无线网卡的工作模式为 Ad Hoc 模式，并给需要互连的网卡配置相同的 SSID、频段、加密方式、密钥和连接速率。

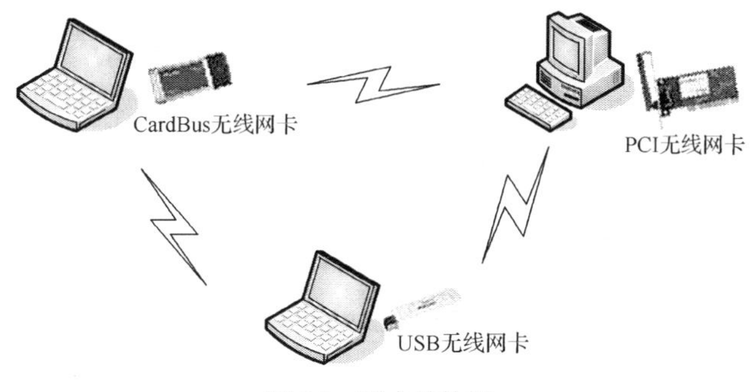

图 5.1 基本结构图

2) Infrastructure 模式

集中控制式网络是一种整合有线与无线局域网架构的应用模式。在这种模式中，无线网卡与无线 AP 进行无线连接，再通过无线 AP 与有线网络建立连接。实际上 Infrastructure 模式的网络还可以分为两种模式，一种是“无线路由器+无线网卡”建立连接的模式；另一种是“无线 AP+无线网卡”建立连接的模式。

(1)“无线路由器+无线网卡”模式。

“无线路由器+无线网卡”模式是目前很多家庭都使用的模式，这种模式下无线路由器相当于一个无线 AP 集合了路由功能，用来实现有线网络与无线网络的连接。

(2)“无线 AP+无线网卡”模式。

在这种模式下，无线 AP 应该如何设置，应该如何与无线网卡或者是有线网卡建立连接，主要取决于所要实现的具体功能以及预定要用到的设备。因为无线 AP 有多种工作模式，不同的工作模式所能连接的设备不一定相同，连接的方式也不一定相同。

2. 无线 AP TL-WA701N 的工作模式及其设置

701N 支持 5 种基本的工作模式，分别是 AP 模式、AP 客户端模式、Repeater 模式、Bridge (Point to Point) 模式和 Bridge (Point to Multi-Point) 模式。

1) AP 模式

AP (Access Point，接入点) 模式，这是无线 AP 的基本工作模式，用于构建以无线 AP 为中心的集中控制式网络，所有通信都通过 AP 来转发，类似于有线网络中交换机的功能。这种模式的连接方式大致如图 5.2 所示。

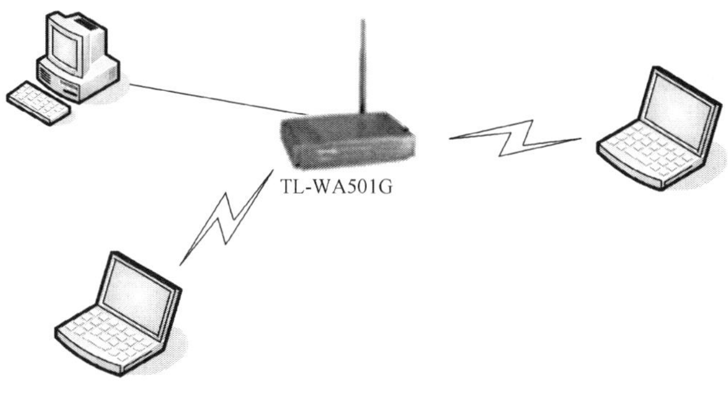

图 5.2 接入点模式

在这种模式下，无线 AP 既可以和无线网卡建立无线连接，也可以和有线网卡通过网线建立有线连接。701N 只有一个 LAN 口，一般不用它来直接连接计算机，而是用来与有线网络建立连接，直接连接前端的路由器或者是交换机。这种模式下，对 701N 的设置具体如图 5.3 所示。

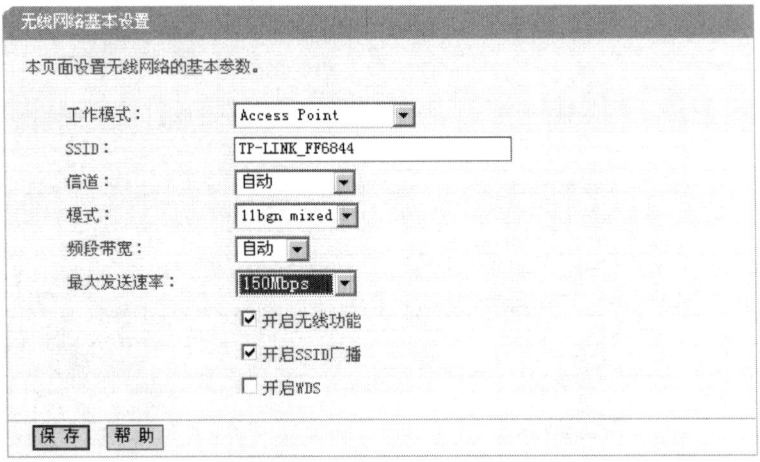

无线网络基本设置

本页面设置无线网络的基本参数。

工作模式：Access Point

SSID：TP-LINK_FF6844

信道：自动

模式：11bgn mixed

频段带宽：自动

最大发送速率：150Mbps

☑ 开启无线功能

☑ 开启SSID广播

☐ 开启WDS

保 存　帮 助

图 5.3　网络基本设置

首先选择 701N 的工作模式，工作模式选择 Access Point，701N 支持 11Mbit/s 带宽的 IEEE 802.11b、150Mbit/s 带宽的 IEEE 802.11bgn 模式(兼容 IEEE 802.11b、IEEE 802.11n、IEEE 802.11g 模式)。然后信道和频段带宽选择自动。同时注意开启无线功能，就是选中“开启无线功能”复选框即可。选中 Access Point 选项，设置好 SSID 即可。注意，通过无线方式与无线 AP 建立连接的无线网卡上设置的 SSID 必须与无线 AP 上设置的 SSID 相同，否则无法接入网络。

2) AP 客户端模式

在 AP 客户端模式下既可以有线接入网络也可以无线接入网络，但此时接在无线 AP 下的计算机只能通过有线的方式进行连接，不能以无线方式与 AP 进行连接。工作在 AP 客户端模式下的无线 AP 建立连接的方式如图 5.4 所示。

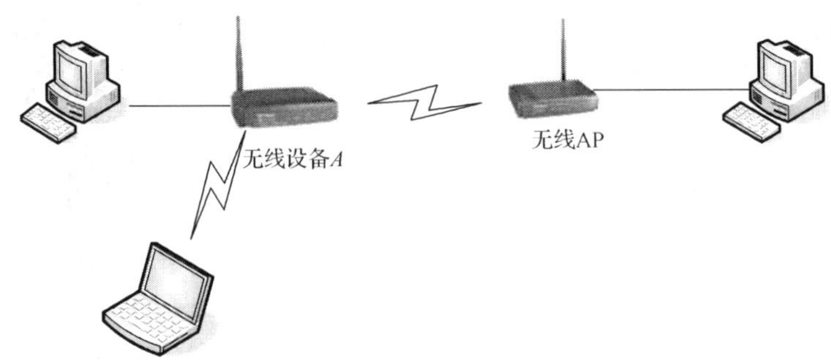

图 5.4　连接建立方式

图 5.4 中的无线设备 *A* 既可以是无线路由器，也可以是无线 AP。注意：在进行连接时，无线 AP 所使用的频段最好设置成与前端的这个无线设备 *A* 所使用的频段相同。

当需要用 701N 与无线路由器建立无线连接时，在无线 AP 上的设置如图 5.5 所示。

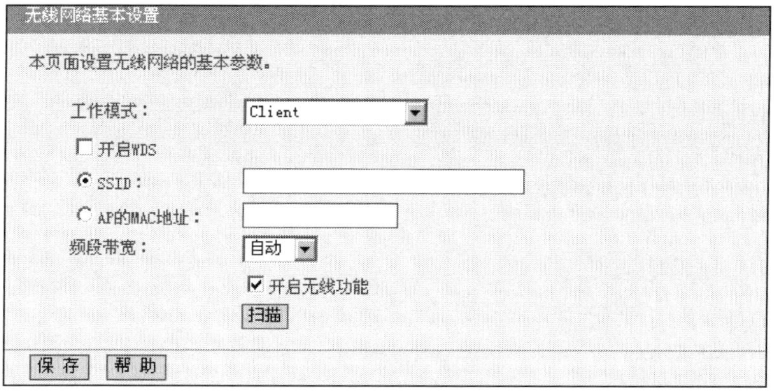

无线网络基本设置

本页面设置无线网络的基本参数。

工作模式：Client

□ 开启WDS

◉ SSID：

○ AP的MAC地址：

频段带宽：自动

☑ 开启无线功能

扫描

保 存　帮 助

图 5.5　无线网络设置

首先当然是频段、模式等基本设置，注意开启无线功能。然后选择 AP 的工作模式，使 701N 工作在 AP 客户端模式下，并注意关闭 WDS 功能，否则无法与无线路由器建立无线连接。在客户端模式下可以有两种方式使无线 AP 接入前端的无线路由器：一种是通过设置和无线路由器相同的 SSID，从而连接无线路由器；另一种就是通过在“AP 的 MAC 地址”框中填写无线路由器的 LAN 口的 MAC 地址来建立连接。

注意：在这种工作模式下，无线 AP 下面只能通过有线的方式连接一台计算机。因为 701N 工作在 AP 客户端模式下，并且关闭 WDS 功能时，它只学习一个 MAC 地址。如果需要下面连接多台计算机，可以在 701N 下面连接一个路由器，701N 的 LAN 口与路由器的 WAN 口连接，路由器 LAN 口下面可以接多台计算机。

3) Bridge (Point to Point) 模式

无线网桥模式下，无线 AP 不能通过无线的方式与无线网卡进行连接，只能使用无线 AP 的 LAN 口有线地连接计算机。在这种模式下使用时，一般是两个 AP 都设置为桥接模式来进行连接，其效果就相当于一根网线。具体的连接方法如图 5.6 所示。

图 5.6　桥接模式

设置成桥接模式的无线 AP 没有 SSID 可以设置，因此只能通过指定要接入的 AP 的 MAC 地址来进行连接，AP 界面设置如图 5.7 所示。

在要通过桥接模式来进行连接的两个无线 AP 上设置好对端 AP 的 MAC 地址来与对端的 AP 进行连接。设置中需要注意的是，两个无线 AP 必须设置相同的工作频段，否则可能无法进行连接。

4) Bridge (Point to Multi-Point) 模式

在无线多路桥接模式下，无线 AP 与设置成桥接模式的 AP 配合使用，组建点对多点的无线网络。其基本模式如图 5.8 所示。

无线网络基本设置

本页面设置无线网络的基本参数。

工作模式：	Bridge with AP
SSID：	TP-LINK_FF6844
信道：	自动
模式：	11bgn mixed
频段带宽：	自动
最大发送速率：	150Mbps
	☑ 开启无线功能
	☑ 开启SSID广播
AP1的MAC地址：	
AP2的MAC地址：	
AP3的MAC地址：	
AP4的MAC地址：	
	扫描

保 存　帮 助

图 5.7　桥接方式无线网络设置

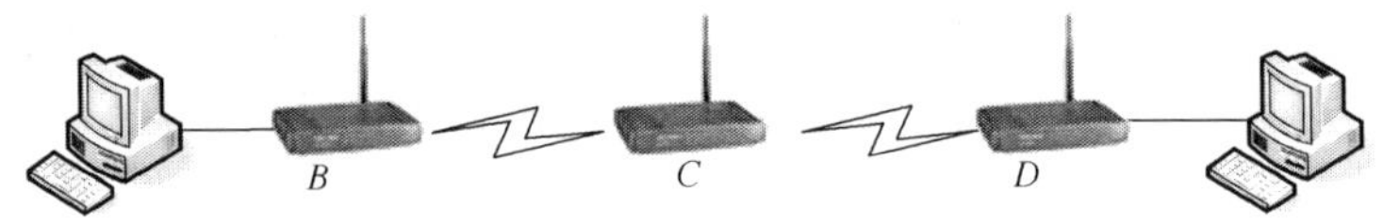

图 5.8　无线多路桥接模式

图 5.8 中有三个无线 AP，分别为 *B*、*C*、*D*。其中 *B* 和 *D* 都设置成桥接模式，*C* 设置为多路桥接模式，在 *B* 和 *D* 上都要设置成指向 *C*，即填入 *C* 的 MAC 地址，在 *C* 上同时要添加 *B* 和 *D* 的 MAC 地址，从而建立连接。设置成多路桥接模式的无线 AP 中，有多个填写 MAC 地址的栏目，如果填写的条目少于两条，那么在保存时将会报错。也就是说，当无线 AP 设置成多路桥接模式时，至少要与另外两个无线 AP 进行连接。701N 的多路桥接模式下，最多可以同时与四个无线 AP 进行连接。具体设置如图 5.9 所示。

无线网络基本设置

本页面设置无线网络的基本参数。

工作模式：	Bridge with AP
SSID：	TP-LINK_FF6844
信道：	自动
模式：	11bgn mixed
频段带宽：	自动
最大发送速率：	150Mbps
	☑ 开启无线功能
	☑ 开启SSID广播
AP1的MAC地址：	
AP2的MAC地址：	
AP3的MAC地址：	
AP4的MAC地址：	
	扫描

保 存　帮 助

图 5.9　无线多路桥接工作模式设置

5) Repeater 模式

无线中继模式下的无线 AP 起到的作用是对信号进行放大和重新发送，因此，它可以与设置成 AP 模式的无线 AP 进行连接并对它的信号进行中继。Repeater 模式的无线 AP 还可以与同样设置成 Repeater 模式的无线 AP 进行连接，如图 5.10 所示。

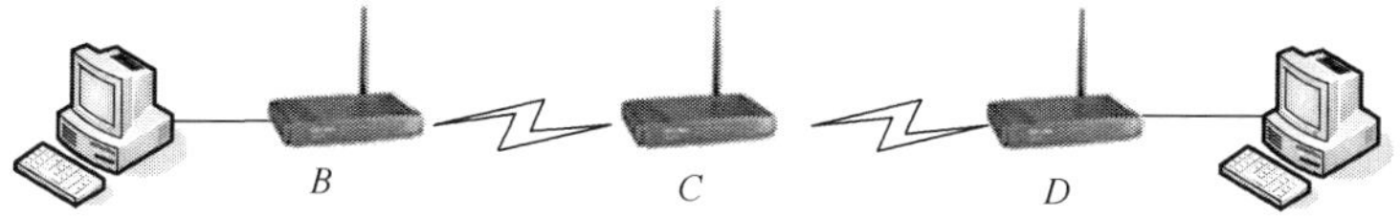

图 5.10　中继模式

Repeater 模式的无线 AP 主要用来扩大无线网络的覆盖范围。在图 5.10 中假设 *B* 和 *D* 下面的计算机要相互通信，可是 *B* 的信号无法到达 *D*，因此我们可以在中间加一个无线 AP 对 *B* 的信号进行中继，从而实现 *B* 和 *D* 的通信。我们可以把 *B* 设置为 AP 模式，把 *C* 设置为对 *B* 的中继，再把 *D* 设置为对 *C* 的中继，从而使 *B* 和 *D* 实现通信。要把 *C* 设置成对 *B* 的中继，只要把 *B* 的 MAC 地址填入 *C* 的“AP 的 MAC 地址”栏内即可，具体设置如图 5.11 所示。

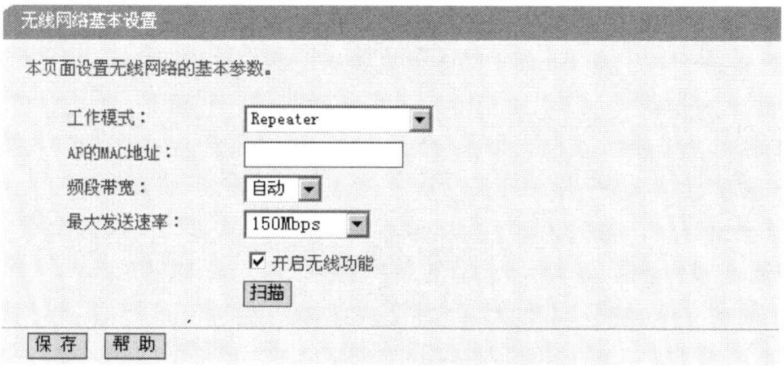

无线网络基本设置

本页面设置无线网络的基本参数。

工作模式：Repeater

AP的MAC地址：

频段带宽：自动

最大发送速率：150Mbps

☑ 开启无线功能

扫描

保 存　帮 助

图 5.11　无线中继模式网络参数设置

该模式的网络拓扑图如图 5.12 所示(本案例分析所需工具请从工具箱中下载)。

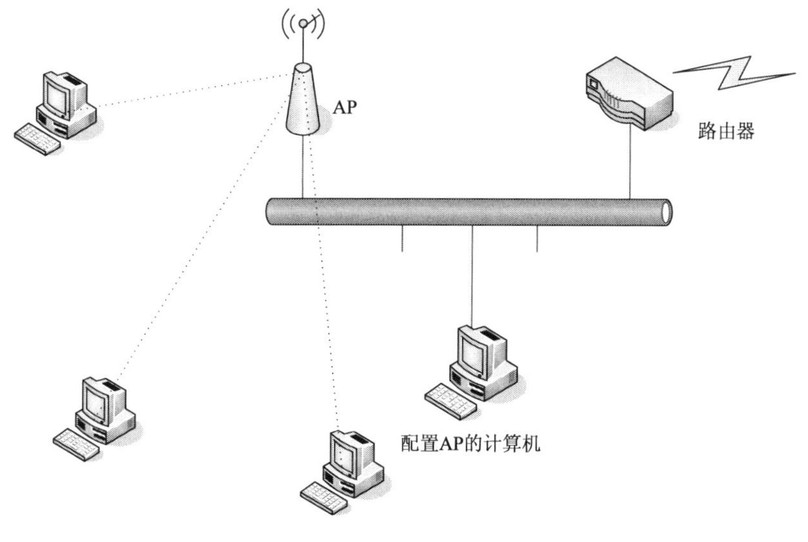

图 5.12　网络拓扑图

3. 连接无线 AP

(1) 接通无线 AP 电源，用网线将 AP 与配置 AP 的计算机连接起来。

(2) 将配置 AP 的计算机 IP 设为与 AP 同网段(AP 默认 IP 为 192.168.1.254)。

4. 配置 AP

(1) 在配置 AP 的计算机中打开 IE 浏览器(或在案例分析面板中输入 AP 的 IP，单击“连接”按钮即可)，输入 AP 的 IP 地址打开 Web 配置页面，按提示输入用户名和密码(初始用户名和密码都是 admin)，如图 5.13 所示。

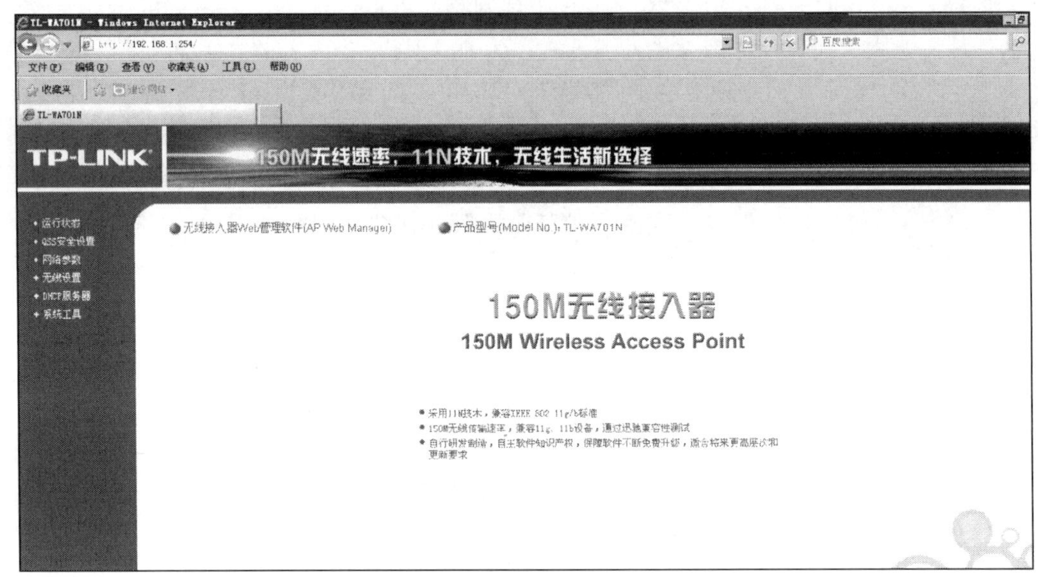

图 5.13　配置界面

(2) 单击页面的“网络参数”项设置 AP 的 IP、掩码和网关等参数(注意：不要使用重复的 IP)，之后单击“保存”按钮重启 AP。

(3) 重启后将 AP 直接接入局域网中(连接到路由器或集线器)，再次打开 Web 配置页面。单击“无线参数”项，再单击“基本设置”项设置 AP 的 SSID、频段、模式和工作方式(选择 Access Point 选项)。注意：每次设置都必须保存。

(4) 单击“安全设置”项设置安全密码。

(5) 单击“DHCP 服务器”项，单击“DHCP 服务”按钮启动 DHCP 服务并设置该 AP 可分配的 IP 地址段以及网关和 DNS 服务器。

(6) 执行“系统工具”→“重启系统”命令，重启 AP。

5. 无线网卡配置

(1) 将 USB 网卡插入，安装好驱动程序。右击无线网卡，选择“查看可用的无线网络”命令，打开无线网络连接窗体。

(2) 单击“为家庭或小型办公室设置无线网络”项(或者用网卡自带的应用程序)进行设置。

(3) 设置完成后无线网卡会连接 AP 获得 IP 地址，连接成功后显示。

(4) 单击“断开”按钮断开该连接，启动 Wireshark。执行 Capture→Options 命令，取消选中 Capture packts in promiscuous mode 选项，然后选择无线网卡开始抓包，如图 5.14 所示。

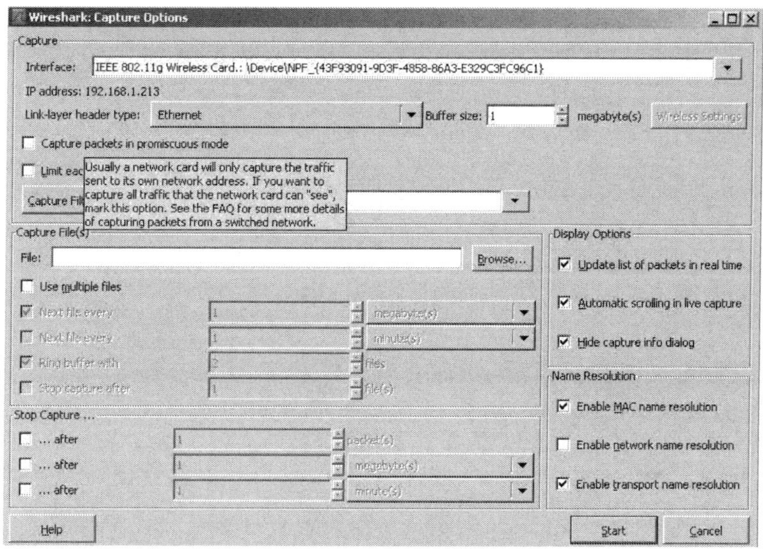

图 5.14 选择无线网卡

(5) 单击“连接到 AP”按钮，查看抓获的数据包，如图 5.15 所示。

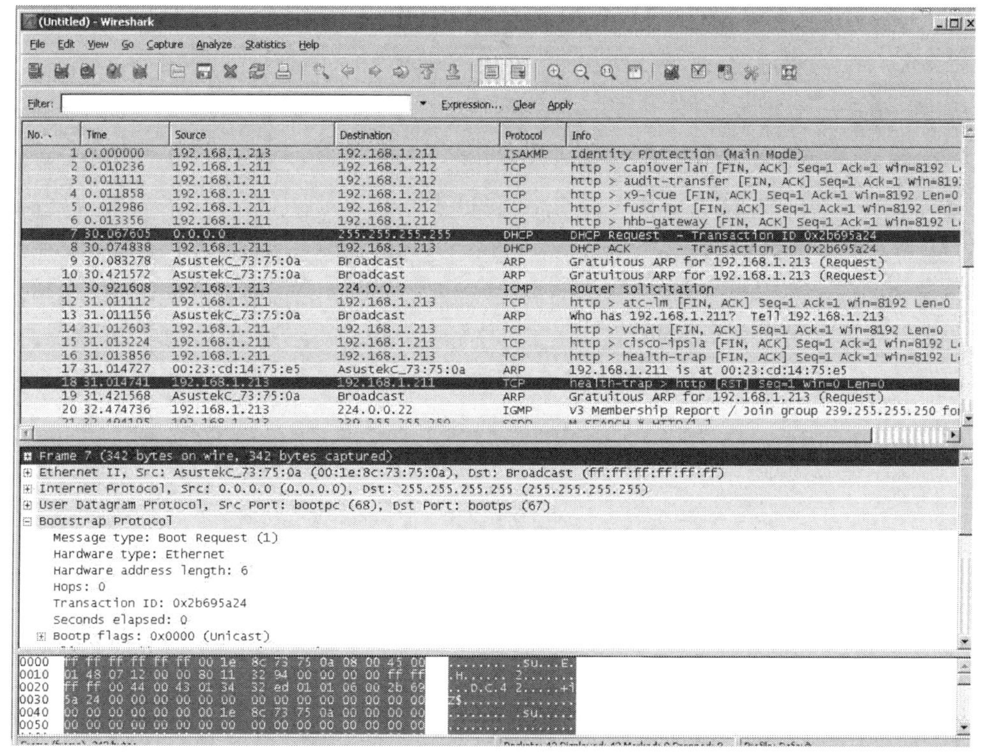

图 5.15 抓包信息

6. 练习桥接方式

(1)将两个 AP 通过网线分别接入一台计算机，通过 Web 设置所有 AP 和计算机为统一的网段。

(2)将 AP 设为桥接工作方式，在“AP 的 MAC 地址”框填入对方 AP 的 MAC 地址。

(3)通过 ping 验证其连通性。

5.2　WEP 密码破解案例分析

BackTrack 是黑客攻击专用 Linux 平台，是非常有名的无线攻击光盘(LiveCD)。BackTrack 内置了大量的黑客级审计工具，涵盖了信息窃取、端口扫描、缓冲区溢出、中间人攻击、密码破解、无线攻击、VoIP 攻击等方面。Aircrack-ng 是一款用于破解无线 WEP 及 WPA-PSK 加密的工具，它包含了多款无线攻击审计工具，具体如表 5.1 所示。

表 5.1　无线攻击攻击

组件名称	描述
Aircrack-ng	用于密码破解，只要 Airodump-ng 收集到足够数量的数据包就可以自动检测数据报并判断是否可以破解
Airmon-ng	用于改变无线网卡的工作模式
Airodump-ng	用于捕获无线报文，以便于 Aircrack-ng 破解
Aireplay-ng	可以根据需要创建特殊的无线数据报文及流量
Airserv-ng	可以将无线网卡连接到某一特定端口
Airolib-ng	进行 WPA RainbowTable 攻击时，用于建立特定数据库文件
Airdecap-ng	用于解开处于加密状态的数据包
Tools	其他辅助工具

本案例分析利用 BackTrack 系统中的 Aircrack-ng 工具破解 WEP。为了快速捕获足够的数据包，采用有合法客户端活动情况下的破解方式(对无客户端的破解方式感兴趣的读者可以自己上网查找相关资料)，合法客户端在案例分析过程中需保持网络活动(如网络下载)。

案例分析的网络拓扑图如图 5.16 所示(本案例分析所需工具请从工具箱中下载)。

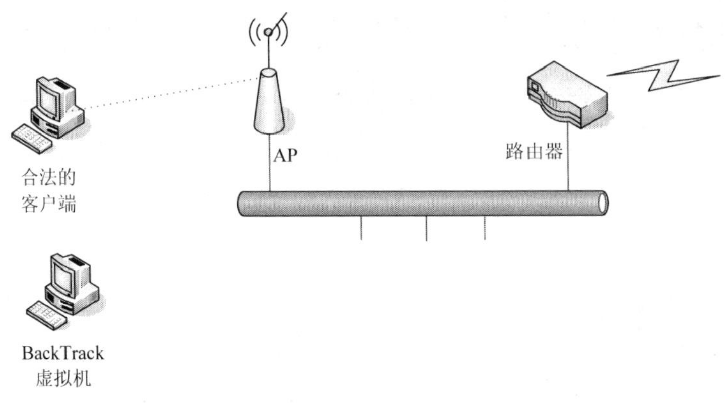

图 5.16　网络拓扑

1. 确定AP对象

首先按AP分成小组，小组中一部分作为合法用户，一部分为攻击方，合法用户需要保持网络活动(如ping AP或其他同组合法用户)，以便于抓包。参考无线组网案例分析，首先在Windows系统下利用无线网卡搜索AP，可以获得AP的SSID和安全设置(采用WPA会有标示)。选择采用WEP的无线AP来破解，如图5.17所示。

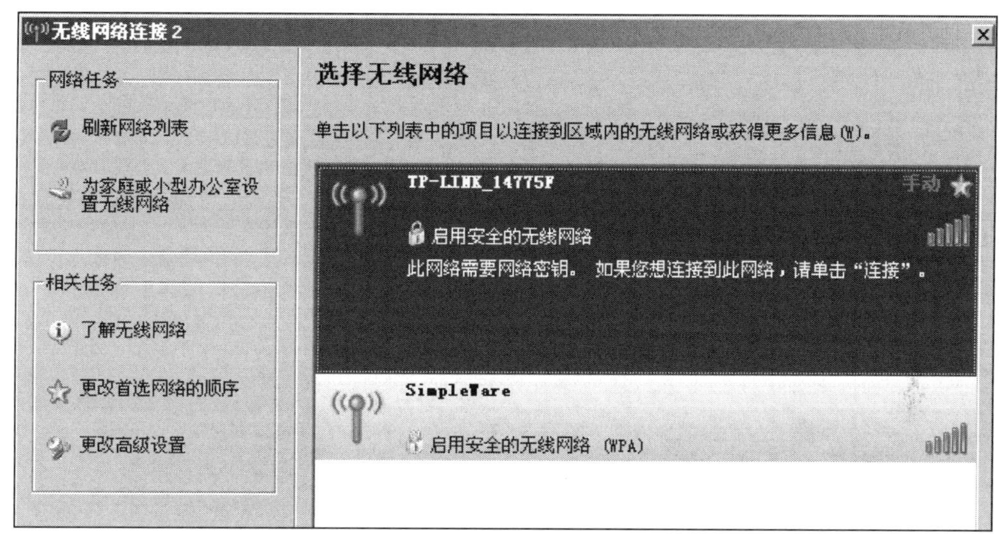

图5.17 查找可用访问点

2. 启动BT3，载入网卡

(1)新建虚拟机文件，导入BackTrack3系统(通过工具箱下载BT3系统启动ISO)。

启动VirtualBox，单击“新建”按钮，输入虚拟机名称，选择Linux系统。设置内存大小、硬盘参数等。

(2)选择新建的虚拟机并单击“设置”按钮，选择“介质”选项，然后选择“IDE控制器”→“虚拟光驱”项，单击虚拟光驱右边的按钮打开虚拟介质管理器，在管理器中单击“注册”按钮，选择下载的ISO并打开，选择注册的虚拟光驱并确定，如图5.18所示。

(3)选择虚拟机后单击“开始”按钮即可启动BT3系统，注意选择启动方式为VESA KDE。

(4)执行“虚拟机”→“可移动设备”→“USB设备”菜单命令，选择你的无线网卡(可能提示安装驱动，直接按提示安装后重启)。

(5)单击BackTrack3系统左下方的第二个图标(终端图标)启动Shell，输入ifconfig –a命令查询所有的网卡。

(6)输入ifconfig –a "网卡名 up"命令载入网卡驱动。载入后可以输入ifconfig命令查看启动的网卡，如图5.19所示。

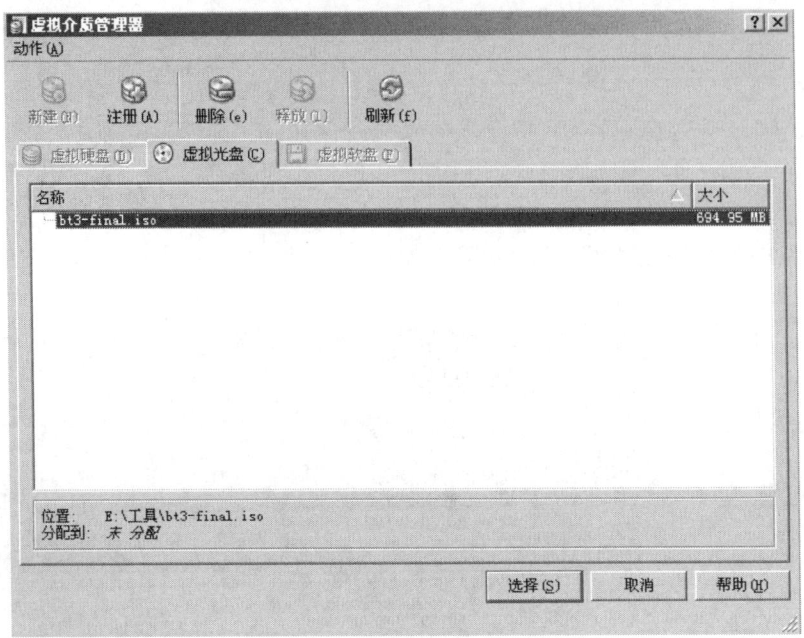

图 5.18　选择虚拟光驱

```
Shell - Konsole
          RX packets:0 errors:0 dropped:0 overruns:0 frame:0
          TX packets:683 errors:0 dropped:0 overruns:0 carrier:0
          collisions:0 txqueuelen:1000
          RX bytes:0 (0.0 b)  TX bytes:44952 (43.8 KiB)

bt ~ # ifconfig -a rausb0up
rausb0up: error fetching interface information: Device not found
bt ~ # ifconfig -a rausb0 up
bt ~ # ifconfig
lo        Link encap:Local Loopback
          inet addr:127.0.0.1  Mask:255.0.0.0
          UP LOOPBACK RUNNING  MTU:16436  Metric:1
          RX packets:0 errors:0 dropped:0 overruns:0 frame:0
          TX packets:0 errors:0 dropped:0 overruns:0 carrier:0
          collisions:0 txqueuelen:0
          RX bytes:0 (0.0 b)  TX bytes:0 (0.0 b)

rausb0    Link encap:Ethernet  HWaddr 00:1E:8C:73:75:0A
          UP BROADCAST RUNNING MULTICAST  MTU:1500  Metric:1
          RX packets:0 errors:0 dropped:0 overruns:0 frame:0
          TX packets:852 errors:0 dropped:0 overruns:0 carrier:0
          collisions:0 txqueuelen:1000
          RX bytes:0 (0.0 b)  TX bytes:56106 (54.7 KiB)

bt ~ #
```

图 5.19　查看启动的网卡

3. 捕获数据包

(1) 输入“airmon-ng start 网卡名频道”命令将网卡激活为 monitor 模式，频道通过 BackTrack 搜索，单击左下角第一个图标，依次选择 Internet→Wireless Assistant 选项，打开如图 5.20 所示页面。

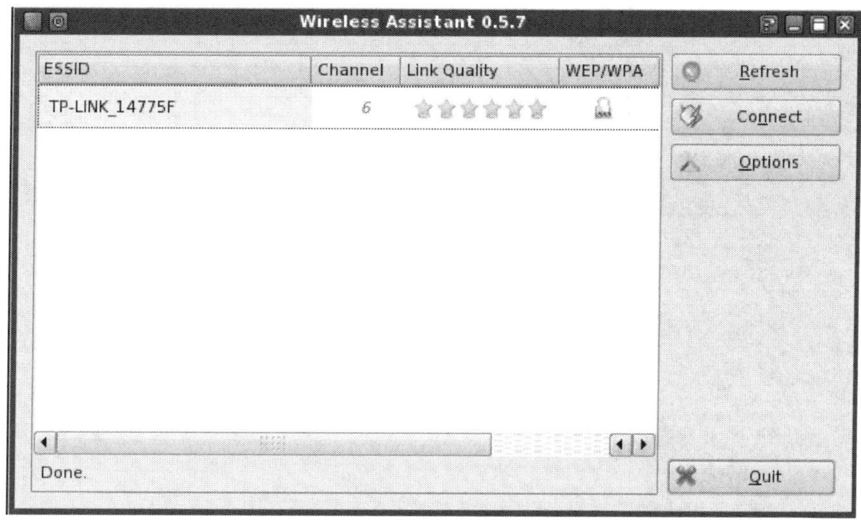

图 5.20 显示界面

(2) 输入“airodump-ng -w ciw -channel 6 网卡名”命令，其中 ciw 为文件名，具体的文件名可单击界面上的 Home 项查看。输入指令后开始抓包，抓包信息包含许多网络信息，data 值表示抓包数量，如图 5.21 所示。

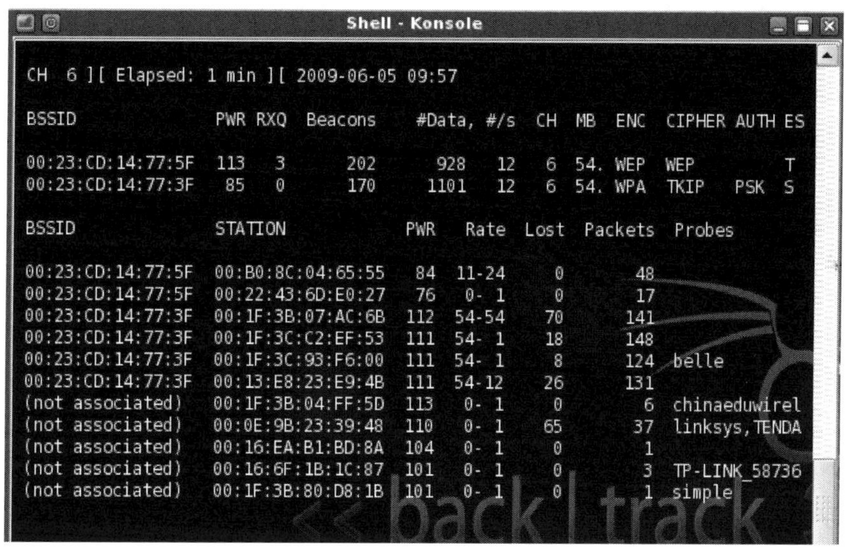

图 5.21 查看抓包情况

4. *破解 WEP 密码*

(1) 等到抓包数量足够(一般 data 数量为四五万以上)后，在新的 Shell 中输入“aircrack-ng -x -f 2 抓包文件名”命令，抓包的实际文件名可打开“Home”页查看。

(2) 等待一段时间后，密码破解成功，如图 5.22 所示。如果提示破解失败，可再等待一段时间抓获更多数据包再破解。

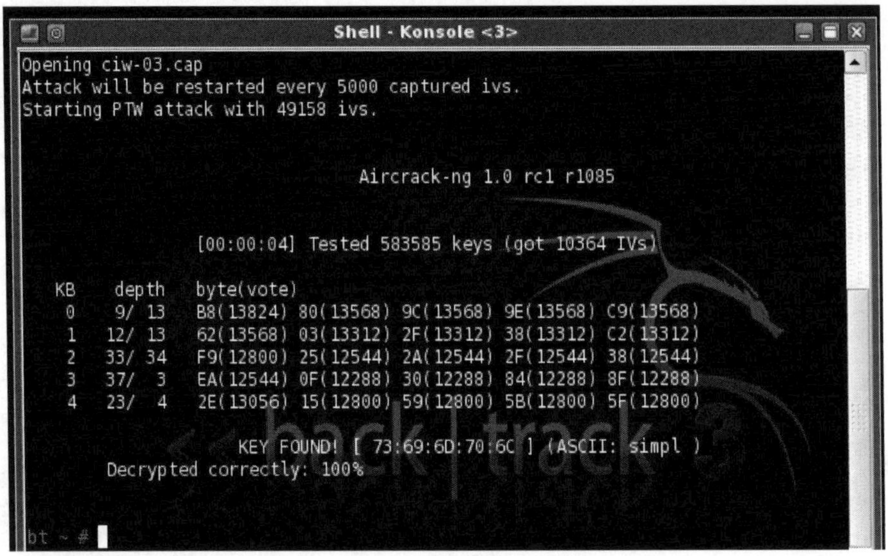

```
Shell - Konsole <3>
Opening ciw-03.cap
Attack will be restarted every 5000 captured ivs.
Starting PTW attack with 49158 ivs.

                         Aircrack-ng 1.0 rc1 r1085

              [00:00:04] Tested 583585 keys (got 10364 IVs)

   KB    depth   byte(vote)
    0    9/ 13   B8(13824) 80(13568) 9C(13568) 9E(13568) C9(13568)
    1   12/ 13   62(13568) 03(13312) 2F(13312) 38(13312) C2(13312)
    2   33/ 34   F9(12800) 25(12544) 2A(12544) 2F(12544) 38(12544)
    3   37/  3   EA(12544) 0F(12288) 30(12288) 84(12288) 8F(12288)
    4   23/  4   2E(13056) 15(12800) 59(12800) 5B(12800) 5F(12800)

                    KEY FOUND! [ 73:69:6D:70:6C ] (ASCII: simpl )
         Decrypted correctly: 100%

bt ~ #
```

图 5.22　密码破解成功信息

5.3　提高 WEP 安全设置案例分析

通过前面的 WEP 破解案例分析可以发现，只要能够捕获足够的数据包就可以轻松破解 WEP 密码从而入侵内部网络。为了提高无线网络的安全性，必须采用除了 WEP 加密之外的其他安全措施。

SSID(Service Set Identifier)也可以写为 ESSID，用来区分不同的网络，最多可以有 32 个字符，无线网卡设置了不同的 SSID 就可以进入不同网络，SSID 通常由 AP 广播出来，通过 Windows 自带的扫描功能可以查看当前区域内的 SSID。简单来说，SSID 就是一个局域网的名称，只有设置为相同 SSID 值的计算机才能互相通信。我们可以通过隐藏 SSID 信息来提升无线通信的安全性。

每一个网络设备，不论是有线还是无线，都有一个唯一的标识称为 MAC 地址(媒体访问控制地址)。这些地址一般表示在网络设备上，网卡的 MAC 地址可以用这个方法获得：打开命令行窗口，输入 ipconfig/all，然后出现很多信息，其中物理地址(Physical Address)就是 MAC 地址。无线 MAC 地址过滤功能通过 MAC 地址允许或拒绝无线网络中的计算机访问广域网，有效控制无线网络内用户的上网权限。

无线路由器或 AP 在分配 IP 地址时，通常是默认使用 DHCP(动态 IP 地址分配)，这对无线网络来说是有安全隐患的，只要找到了无线网络，很容易就可以通过 DHCP 得到一个合法的 IP 地址，由此进入局域网络。因此，可以关闭 DHCP 服务，为每台计算机分配固定的 IP 地址，再把这个 IP 地址与该计算机无线网卡的 MAC 地址进行绑定，这样就能大大提升网络的安全性。非法用户就不易得到合法的 IP 地址，即使得到了，还需要验证绑定的 MAC 地址，相当于两重关卡。

案例分析的网络拓扑图如图 5.23 所示(本案例分析所需工具请从工具箱中下载)。

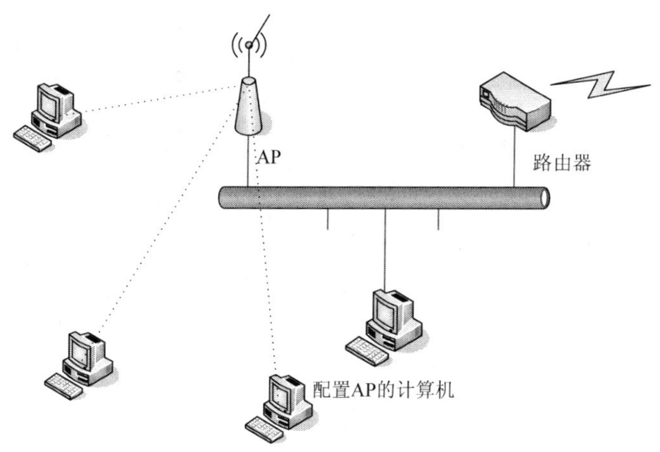

图 5.23 网络拓扑图

1. 关闭 SSID 广播

(1)连接好无线网络，打开 Web 配置页面(在案例分析面板中输入 AP 的 IP，之后单击“连接”按钮即可)。

(2)执行“无线参数”→“基本设置”命令，取消选中“开启 SSID 广播”复选框，保存后重启 AP，如图 5.24 所示。

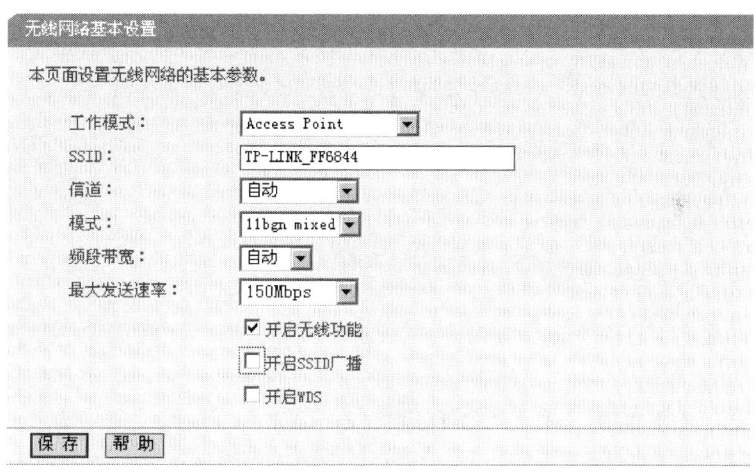

图 5.24 参数设置

(3)在无线网卡端刷新无线网络列表，发现该 WLAN 无法找到，这种方法可以隐藏无线网络。

2. 设置 MAC 过滤

(1)执行“无线参数”→“MAC 地址过滤”命令，单击“启动过滤”按钮，查看无线网卡的 MAC 地址(命令：ipconfig/all)，如图 5.25 所示。

```
C:\WINDOWS\system32\cmd.exe
        IP Address. . . . . . . . . . . . : 192.168.50.32
        Subnet Mask . . . . . . . . . . . : 255.255.255.0
        IP Address. . . . . . . . . . . . : 192.168.1.32
        Subnet Mask . . . . . . . . . . . : 255.255.255.0
        Default Gateway . . . . . . . . . : 192.168.1.1
        DNS Servers . . . . . . . . . . . : 202.106.196.115
                                            202.106.0.20

Ethernet adapter 无线网络连接:

        Connection-specific DNS Suffix  . : domain
        Description . . . . . . . . . . . : ASUS USB Wireless Network Adapter
        Physical Address. . . . . . . . . : 00-1E-8C-73-75-0A
        Dhcp Enabled. . . . . . . . . . . : Yes
        Autoconfiguration Enabled . . . . : Yes
        IP Address. . . . . . . . . . . . : 192.168.1.212
        Subnet Mask . . . . . . . . . . . : 255.255.255.0
        Default Gateway . . . . . . . . . : 192.168.1.1
        DHCP Server . . . . . . . . . . . : 192.168.1.211
        DNS Servers . . . . . . . . . . . : 202.106.196.115
                                            192.168.1.211
        Lease Obtained. . . . . . . . . . : 2009年5月26日 10:19:38
        Lease Expires . . . . . . . . . . : 2009年5月26日 12:19:38

C:\Documents and Settings\ssxg>
```

图 5.25　查看网卡地址

(2)将过滤规则设为禁止，并设置允许的 MAC 地址。

(3)在无线网卡端可以查看自己的连接情况。

3. *启动地址绑定*

(1)执行“DHCP 服务器”→“DHCP 服务”命令，选择不启动 DHCP 服务并保存。

(2)单击“静态地址分配”项为各无线网卡分配 IP 地址，保存后重启 AP。

(3)在无线网卡端可以发现无法自动获得 IP 地址，必须手动添加正确的 IP 地址才能连接上。

5.4　WPA 配置案例分析

WPA 即 WiFi 网络安全存取，作为一种大大提高无线网络的数据保护和接入控制的增强安全性级别能解决 WEP 所不能解决的安全问题。WPA 通过一种名为 TKIP(临时密钥完整性协议)的新协议来解决 WEP 不能解决的问题。使用的密钥与网络上每台设备的 MAC 地址以及一个更大的初始化向量合并来确信每一个节点均适用不同的密钥流对其数据进行加密，随后 TKIP 会使用 RC4 加密算法对数据加密，与 WEP 不同的是，TKIP 修改了常用的密钥，建立了动态密钥加密和相互验证的机制。

WPA 有两个版本：针对家庭及个人的 WPA-PSK、针对商业/企业的 WPA-Enterprise。PSK 即预共享密钥，而拥有 802.1X RADIUS 服务器的企业网络通过 RADIUS 服务器利用 802.1X 技术验证用户的身份，为无线网络提供行业级安全。WPA2 是第二代 WPA，主要目的是向后兼容 WPA 产品。Windows XP SP2 在默认情况下仅支持到 WPA，不过通过补丁可以支持连接到 WPA2 加密的 AP。在本案例分析中，我们学习如何配置普通的 WPA-PSK。

案例分析的网络拓扑图如图 5.26 所示(本案例分析所需工具请从工具箱中下载)。

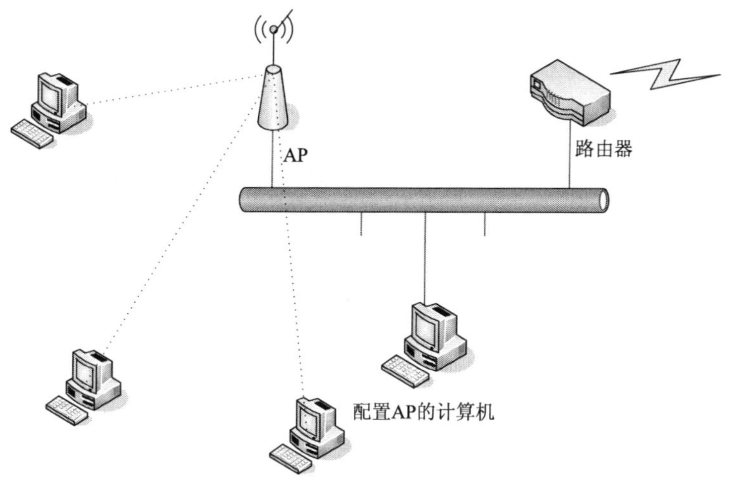

图 5.26　网络拓扑图

1. 配置 AP

(1)打开 Web 配置页面(在案例分析面板中输入 AP 的 IP，之后单击“连接”按钮即可)，参考无线组网案例分析设置 AP 的 IP、工作模式以及 SSID 等。

(2)在“无线安全设置”页面中选择 WPA-PSK/WPA2-PSK，选择 WPA 版本、TKIP 加密方法以及设定密码。

(3)设置 DHCP 服务器并重启 AP。

2. 无线网卡设置

(1)打开无线网络安装向导，输入 SSID 并选择 WPA 加密，如图 5.27 所示。

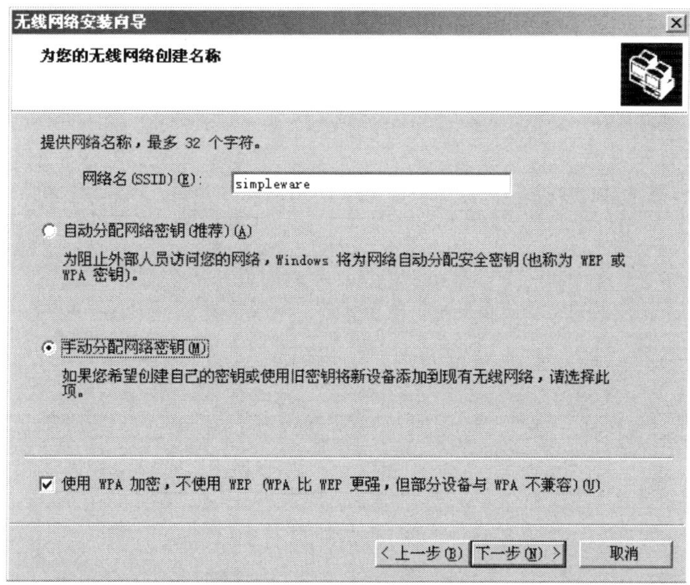

图 5.27　创建网络名

(2)按提示输入 WPA 密钥，如图 5.28 所示。

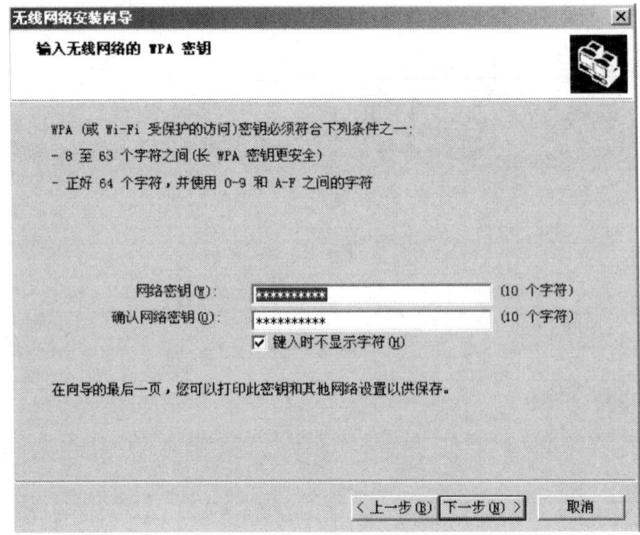

图 5.28　输入网络密钥

3. 分析 WPA 连接过程

利用 Wireshark 抓包工具分析 WAP 连接的数据包交互(参考无线组网案例分析，先断开连接再抓取连接时的数据包)并分析，如图 5.29 所示。

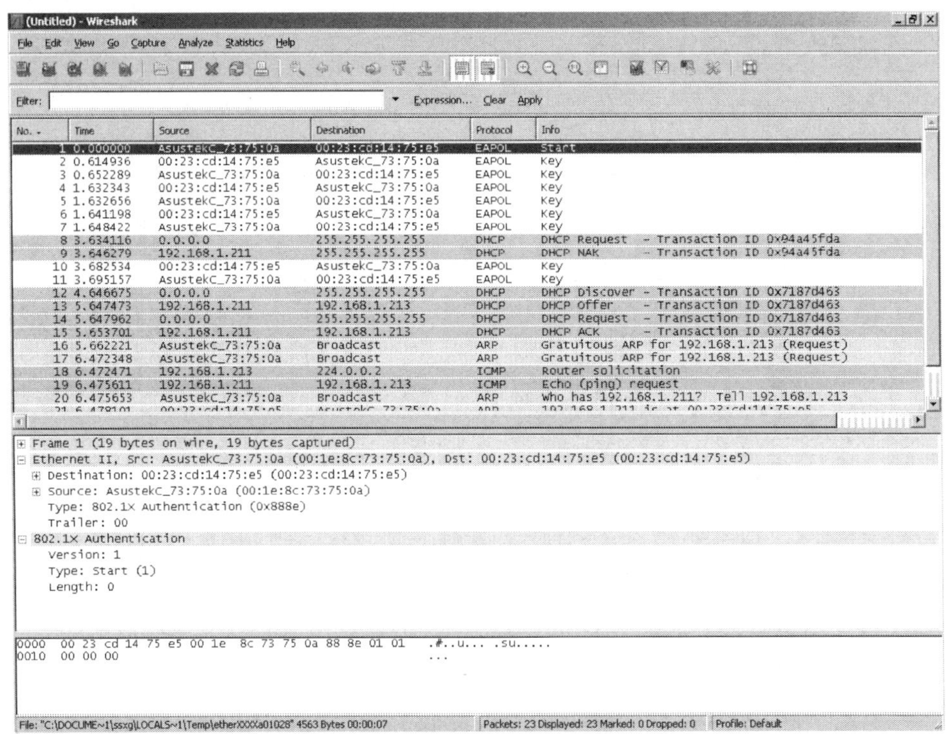

图 5.29　抓包信息

5.5 无线内网攻击案例分析

一旦黑客获得了 WEP 或 WPA 的加密密码，就可以配置自己的网卡来连接目标无线接入点，也就是渗入到目标内网，从而可以进行多种多样的深入攻击，无线网络就几乎和有线网络一样面临内部人员攻击的安全风险。本案例分析采用的攻击方式与有线环境下的攻击方式大体相似，在案例分析中可以进行比较。

必须注意，为了保证无线攻击效果，学生主机和案例分析台都必须使用无线连接而不能使用以太网。

案例分析的网络拓扑如图 5.30 所示(本案例分析所需工具请从工具箱中下载)。

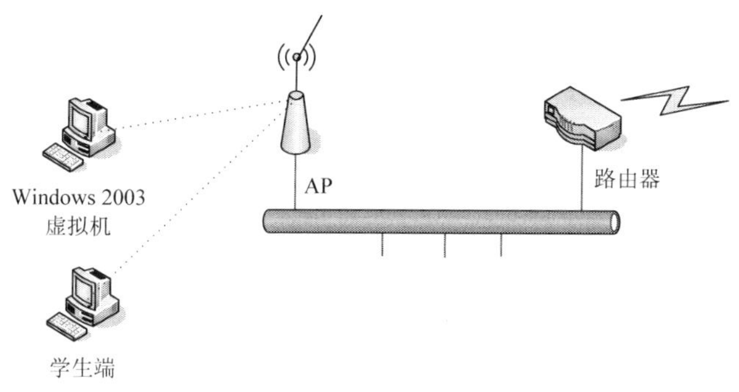

图 5.30 网络拓扑图

1. 网络连接

启动 Windows 案例分析台，载入无线网卡，按照 WPA 方式与同组学生机连接到同一个 AP。

2. 端口扫描

学生端启动 WinNmap 扫描工具对案例分析台进行扫描，如图 5.31 所示，可以发现扫描效果与有线连接的局域网扫描并无差别。

3. 数据嗅探

(1) 学生端启动 Wireshark 抓包工具，在 Capture 菜单项中设置抓包的相关参数，注意取消选中 Promiscuous mode 选项，单击 Start 按钮保存设置。

(2) 单击 Stop 按钮，选择 Interfaces 选项，对话框显示可操作的网络适配器，如图 5.32 所示，选择无线网卡(也可在前一步设置网卡直接抓包)。

(3) 运行 LeapFTP 或其他 FTP 工具，与 FTP 服务器建立连接，完成登录后退出。

(4) 分析所抓获的数据包并找出用户名和登录密码。

在这里我们发现，Wireshark 抓获的数据包的格式也已经被转化为以太网的格式，且一般无法工作在混杂模式(Promiscuous Mode)下。要想实现真正的无线抓包分析，必须使用专门的无线抓包工具(如 CommView for WiFi)和相应网卡驱动的支持。

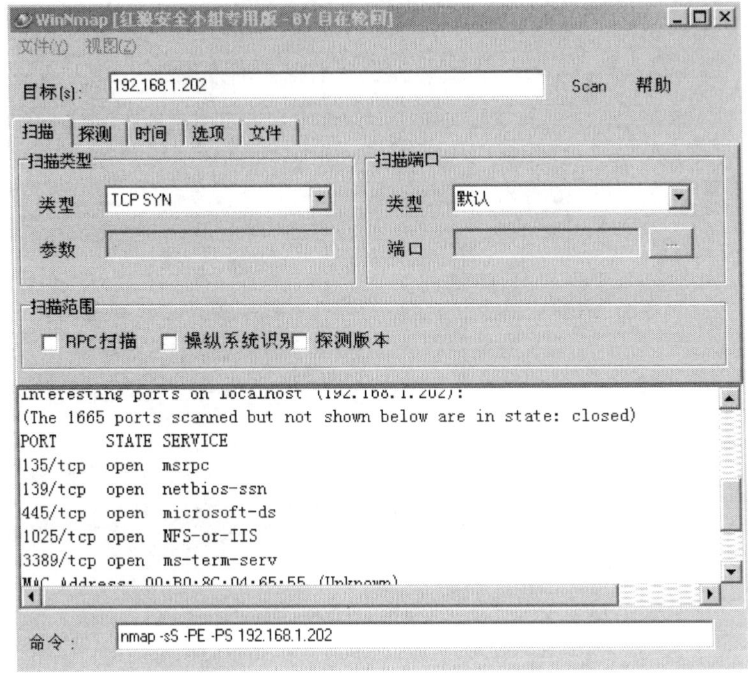

图 5.31　端口扫描

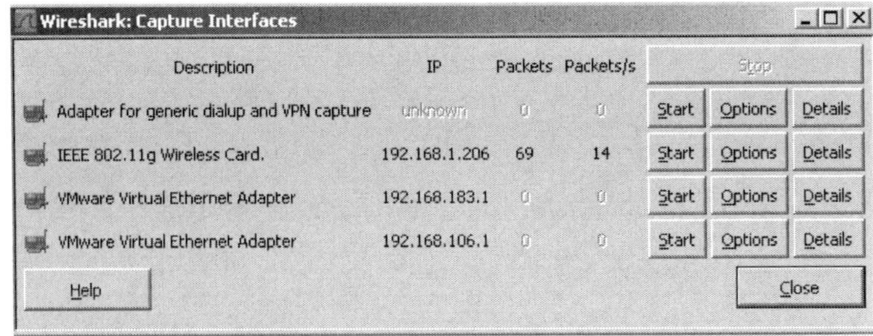

图 5.32　选择网卡

4. IPC$管道案例分析

(1) 首先要保证被攻击机的 IPC$默认共享已经打开。在 Windows 2003 操作系统中 admin$、IPC$、C$默认打开，可通过 net share 命令查看，如图 5.33 所示；如果没有打开，可以在主机上运行如图 5.34 所示的命令。

(2) 利用以下命令与远程主机建立 IPC 连接：

```
C:\net use \\远程主机 ip 密码 /user: 用户名 //与远程主机建立 IPC$连接通道
C:\net use z: \\远程主机 ip\c$              //将远程主机的 C 盘映射为本地 Z 盘
C:\copy e:\a.txt \\远程主机 ip\c$           //复制本地文件到远程主机
C:\ net use \\远程主机 ip/del               //删除与远程主机的 IPC$连接
```

(3) 将对方的 C 盘映射为本地 Z 盘，则可以像操作本地硬盘一样对远程主机 C 盘进行操作。

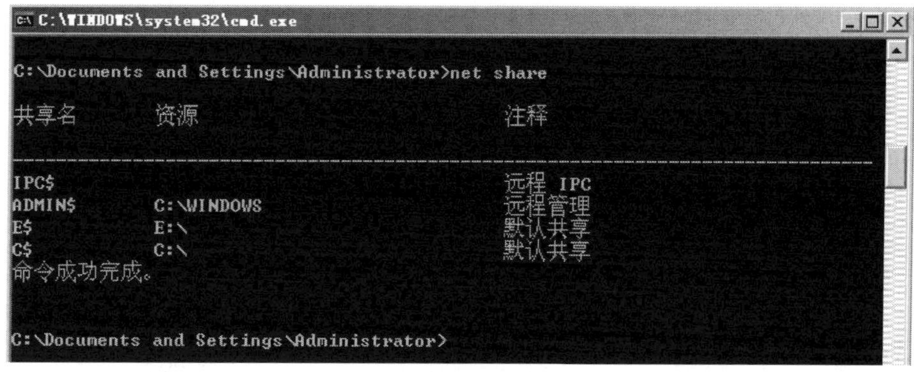

图 5.33 查看共享情况

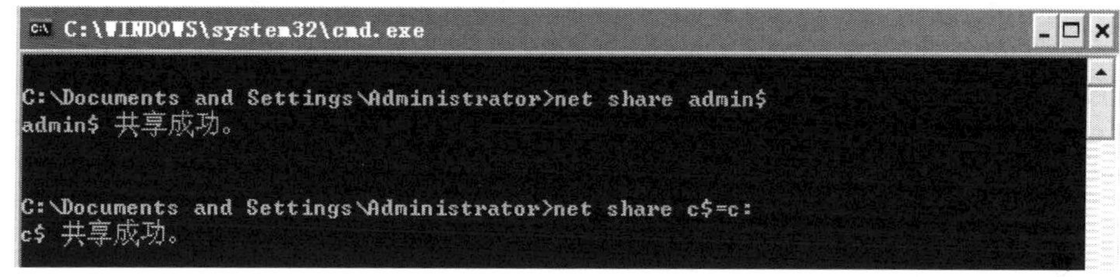

图 5.34 共享成功界面

5.6 无线基本安全规划

在开始规划无线网络架构时，应当尽量将 AP 放置在一个无法轻易接触的位置，并注意到无线设备厂商的网站查看最新的漏洞及相关补丁公告，及时为设备安装安全更新或升级程序。

当两个或两个以上的无线设备相遇时就可能产生信道冲突，例如，需要几个无线路由和 AP 的咖啡店、酒店等公共场所，这时要为每台设备选择各自不同的信道，即信道的值。只有信道 1、信道 6、信道 11 或信道 13 是不冲突的，所以为了安全使用，建议选择信道时从信道 1、信道 6、信道 11 或信道 13 中选取。

SSID 相当于每个无线局域网的名称，用来区分不同的无线网络，最多可以有 32 个字符，无线网卡设置了不同的 SSID 就可以进入由无线路由器建立的不同网络。禁止 SSID 广播之后，用户自己的无线网络就不会出现在其他人所搜索到的可用网络列表中。通过修改默认 SSID 并禁止 SSID 广播设置后，无线网络的效率会受到一定的影响，但可以以此换取安全性的提高。

要想访问搭建的无线网络就需要使用无线网卡，无线网卡和有线网卡一样，都由一个名为 MAC 地址的信息进行标识，它也是网卡的唯一 ID。所以说如果不希望其他计算机连接到无线网络，完全可以将自己的无线网卡这个唯一的 MAC 地址添加到无线 AP 容许访问的范围内。通过 MAC 地址过滤可以限制网络资源的使用者。

WPA 作为 IEEE 802.11 通用的加密机制 WEP 的升级版，在安全防护上比 WEP 更为周密，主要体现在身份鉴别、加密机制和数据包检查等方面，它还提升了无线网络的管理能力。因此，在可以使用 WPA 的情况下尽量采用 WPA 替代 WEP。另外，采用较长的、复杂的密码也有利于提高 WPA 的安全性。

无论有线还是无线网络，都有必要安装防火墙，这绝对是正确的。然而，如果没有将无线系统接入点放置在防火墙之外，则所有防火墙的配置都毫无作用。应当确保不会出现这样的情况，否则不仅不能为网络创建一道必要的屏障，相反还从已有的防火墙上打开了一条便利的通道。

Ad Hoc 模式将允许 WiFi 用户直接连接到另一台相邻的计算机，作为 IEEE 802.11 标准的一部分，Ad Hoc 模式允许计算机网络接口卡运行在独立基础服务集(Independent Basic Service Set，IBSS)模式。这就意味着它可以通过 RF 与另一台计算机进行 P2P 的连接。相邻的计算机之间毫无秘密可言。一名入侵者可以将联网的计算机作为入侵整个网络的大门。如果将机器置于 Ad Hoc 模式并且有人暗中入侵，那么所暴露在危险之中的就不仅仅是某一台计算机，而是整个网络。必须避免这样危险的做法，除非特殊情况，尽量不要尝试打开 Ad Hoc 模式。

对于企业环境，可以通过将加密方式改为 WPA2-PSK、采用 802.1X 体系、组建无线 VPN 等方式提高无线网络的安全性。另外，部署无线 IDS 协助检测无线入侵行为也是一个很好的提高无线网络安全性的举措。

最后，寻找主机自身的安全隐患并加以应对也是很重要的一环。在本案例分析中，我们针对普通用户从组网和主机安全两方面进行基本的安全设置，以提高无线网络安全。

案例分析的基本网络拓扑如图 5.35 所示(本案例分析所需工具请从工具箱中下载)。

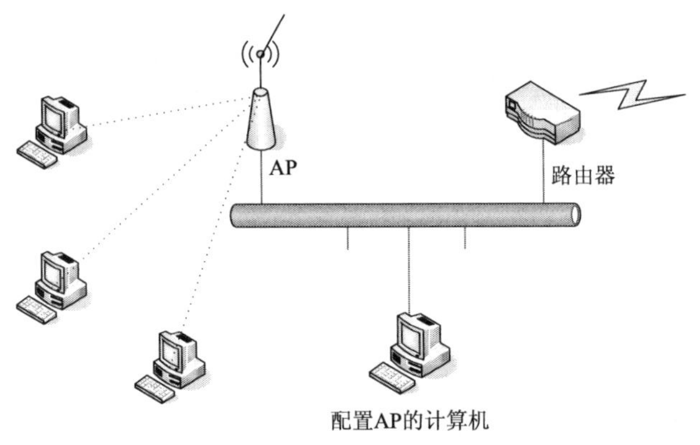

图 5.35　网络拓扑图

1. 无线组网安全设置

(1)打开 Web 配置页面(在案例分析面板中输入 AP 的 IP，之后单击“连接”按钮即可)，参考前面的案例分析组建 WPA 加密的无线网络，设置较复杂的密码。

(2)通过设置禁止 SSID 广播、MAC 地址过滤来提高无线网络安全。

2. 主机安全扫描与防御

(1)启动 X-Scan(如未安装 WinPCap，先安装 WinPCap 3.1 beta4 以上版本)，填写需要扫描的主机 IP，如图 5.36 所示；然后选择需要扫描的模块，如图 5.37 所示。

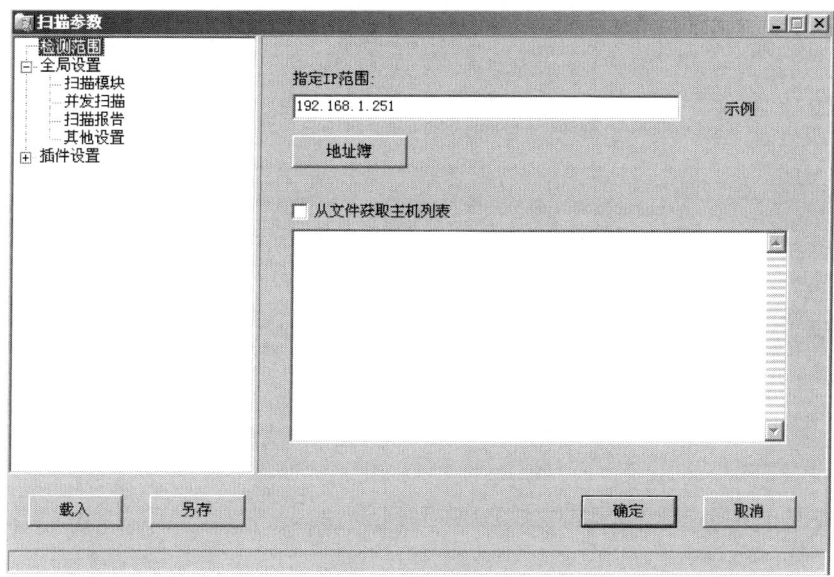

图 5.36　扫描参数设置

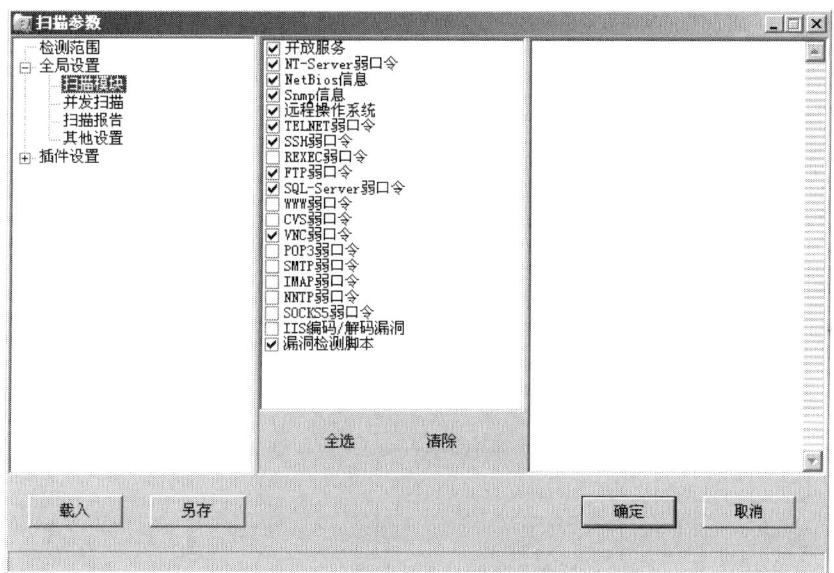

图 5.37　选择扫描模块

(2)扫描完毕后，X-Scan 会自动生成扫描报告(可以设置文件类型)，扫描报告会列举所有端口/服务以及对应的安全漏洞和解决方案，每一种安全漏洞都有具体描述、风险等级，并给出了解决方案，如图 5.38 所示。常见的安全漏洞有各种开放的服务/端口安全设置不妥带来的安全漏洞等(如 FTP 弱口令)。

(3)对于每种安全漏洞，扫描报告一般都给出了解决方案。常见的有安装系统补丁、利用防火墙过滤某些端口(或开放端口但过滤不信任的主机)、设置安全权限、更改口令等。针对漏洞按自己的需要进行防御。

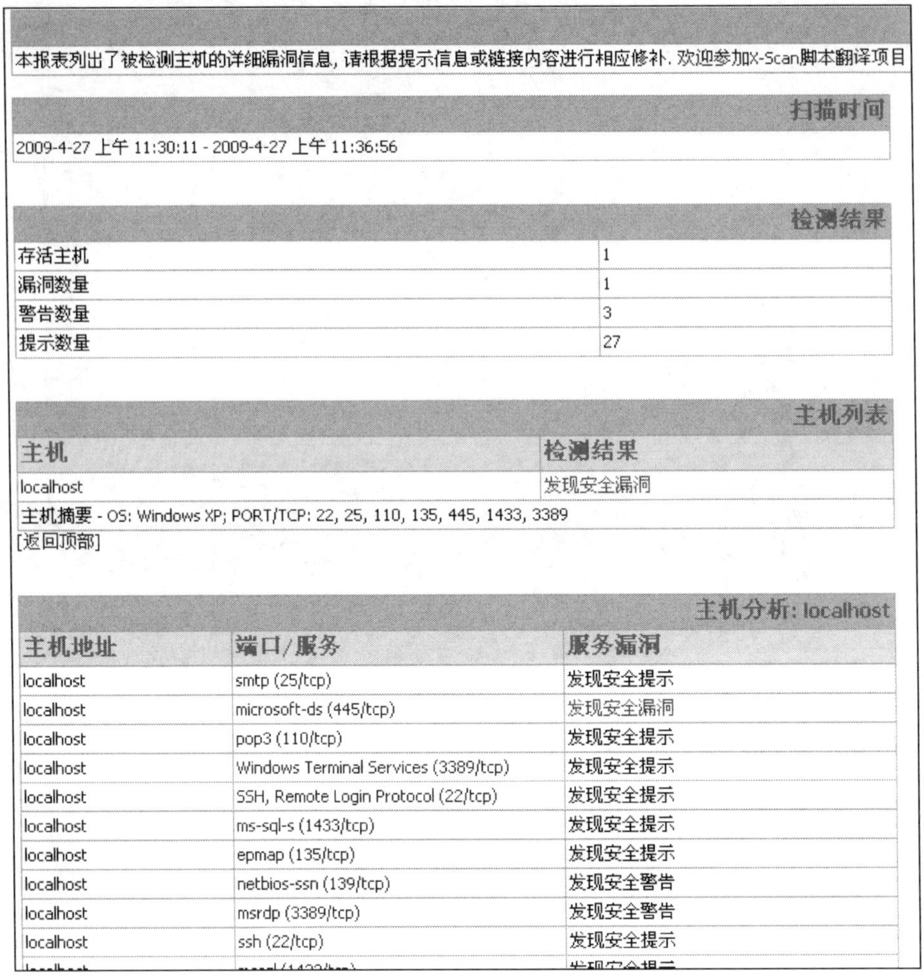

本报表列出了被检测主机的详细漏洞信息，请根据提示信息或链接内容进行相应修补. 欢迎参加X-Scan脚本翻译项目

扫描时间
2009-4-27 上午 11:30:11 - 2009-4-27 上午 11:36:56

检测结果	
存活主机	1
漏洞数量	1
警告数量	3
提示数量	27

主机列表

主机	检测结果
localhost	发现安全漏洞
主机摘要 - OS: Windows XP; PORT/TCP: 22, 25, 110, 135, 445, 1433, 3389	

[返回顶部]

主机分析: localhost

主机地址	端口/服务	服务漏洞
localhost	smtp (25/tcp)	发现安全提示
localhost	microsoft-ds (445/tcp)	发现安全漏洞
localhost	pop3 (110/tcp)	发现安全提示
localhost	Windows Terminal Services (3389/tcp)	发现安全提示
localhost	SSH, Remote Login Protocol (22/tcp)	发现安全提示
localhost	ms-sql-s (1433/tcp)	发现安全提示
localhost	epmap (135/tcp)	发现安全提示
localhost	netbios-ssn (139/tcp)	发现安全警告
localhost	msrdp (3389/tcp)	发现安全警告
localhost	ssh (22/tcp)	发现安全提示

图 5.38　风险等级

5.7　无线传感器网络密钥分配及鉴别案例分析

本案例分析采用基于KDC(密钥分发中心)的对称密钥管理方案。其基本思想是：每个传感器节点与KDC共享一个密钥(预共享密钥)，在这里基站 S 可以作为KDC。KDC保存和所有节点的共享密钥，如一个节点要和另一个节点通信，它需要向KDC发出请求，然后KDC产生会话密钥，并将其传给相应的节点。节点 A、B 和KDC均可以由传感器节点来实现，用于采集数据，KDC拥有无线协调以及分发密钥的功能。

密钥分发可分以下四步进行。

(1) A 向基站 S 请求与 B 通话。

(2) 基站 S 给 A 回复包含密钥 K_{AB} 的信息。

(3) 基站 S 给 B 发送包含密钥 K_{AB} 的信息。

(4) A 和 B 利用基站分发的密钥 K_{AB} 进行通信。

A(或 B)与基站 S 间通信要用它们的预共享密钥对数据进行加解密操作，其中加密与解密互为逆过程。A、B 间的通信则需用基站分发的密钥 K_{AB} 对数据进行加解密操作，基站与 PC 连接后可进行交互性的查询。

5.7.1　单向鉴别协议

当节点 A 请求与节点 B(基站 S 也可看成一个节点)通信时，需要进行单向鉴别(节点 B 对节点 A 的身份进行鉴别)来保证通信的安全。单向鉴别的算法描述如下。

(1)节点 A 产生一个随机数 R_A，并利用会话密钥 K(若 B 为基站，则为预共享密钥)对 R_A 进行加密得 $E(R_A,K)$。

(2)A 向 B 请求鉴别并发送 R_A 和 $E(R_A,K)$。

(3)B 收到 A 发送的 R_A 和 $E(R_A,K)$ 后，用密钥 K 对 $E(R_A,K)$ 进行解密得到 R_A'。

(4)B 验证 R_A' 与 R_A 是否相等，若相等则 A 通过了 B 的鉴别，A 与 B 之间可通信，反之则 B 拒绝对 A 的鉴别。

它的流程图如图 5.39 所示。

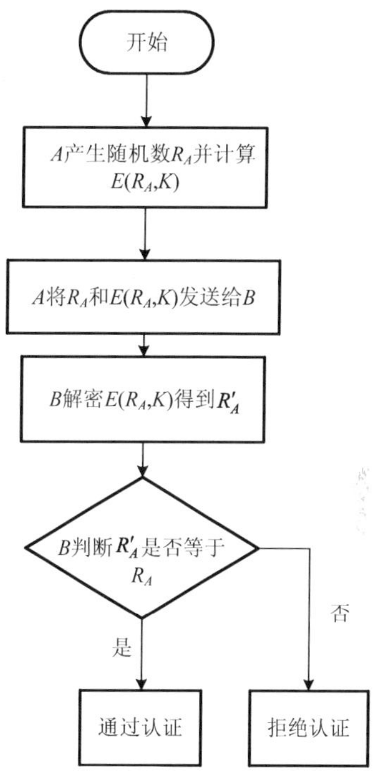

图 5.39　单向鉴别流程图

5.7.2　双向鉴别协议

双向鉴别协议其实就是两个单向鉴别的过程，它的前提是 KDC 已对相互通信的两个节点 A 与 B 分配了会话密钥，它实现节点 A 与节点 B 的相互鉴别。双向鉴别的算法可描述如下。

(1)节点 B 发送一随机数 R_B 给节点 A。

(2)A 根据接收到的 R_B 以及自己产生的 R_A 计算出 $M_A = \text{MAC}(R_A \| R_B, K)$，并发送 M_A、R_A 给 B。

(3)B 根据接收到的 R_A 计算 $M_B = \text{MAC}(R_A \| R_B, K)$，同时验证 M_B 是否与 M_A 相等，若相等则 B 成功鉴别了节点 A，然后把 M_B 发送给 A。

(4)节点 A 根据接收到的 M_B，验证 M_B 是否等于 M_A，若相等则 A 成功鉴别了节点 B。至此，双向鉴别成功。

其中，R_B 与 R_A 分别代表节点 B 与节点 A 自己产生的随机数，$\|$代表连接符(串接符)，K 代表 A、B 间的会话密钥。MAC(·)是一种使用密钥的单向加密函数，MAC(Message Authentication Code)即消息鉴别码。

双向鉴别流程图如图 5.40 所示，案例分析的流程图如图 5.41 所示。

假设节点 A 请求与节点 B 通信，则 A 将 B 的相关信息及自身信息发送至基站，请求基站分发密钥。基站在接收到请求信息时首先对该请求节点 A 进行一次鉴别(单向鉴别)，鉴别通过后基站随机选取一个随机数作为密钥(A 与 B 的会话密钥)，并用其与节点 A 的预共享密钥加密发送给请求的节点 A，A 在接收到基站的回复信息后，用其与基站的预共享密钥进行解密，便得到与节点 B 的会话密钥。

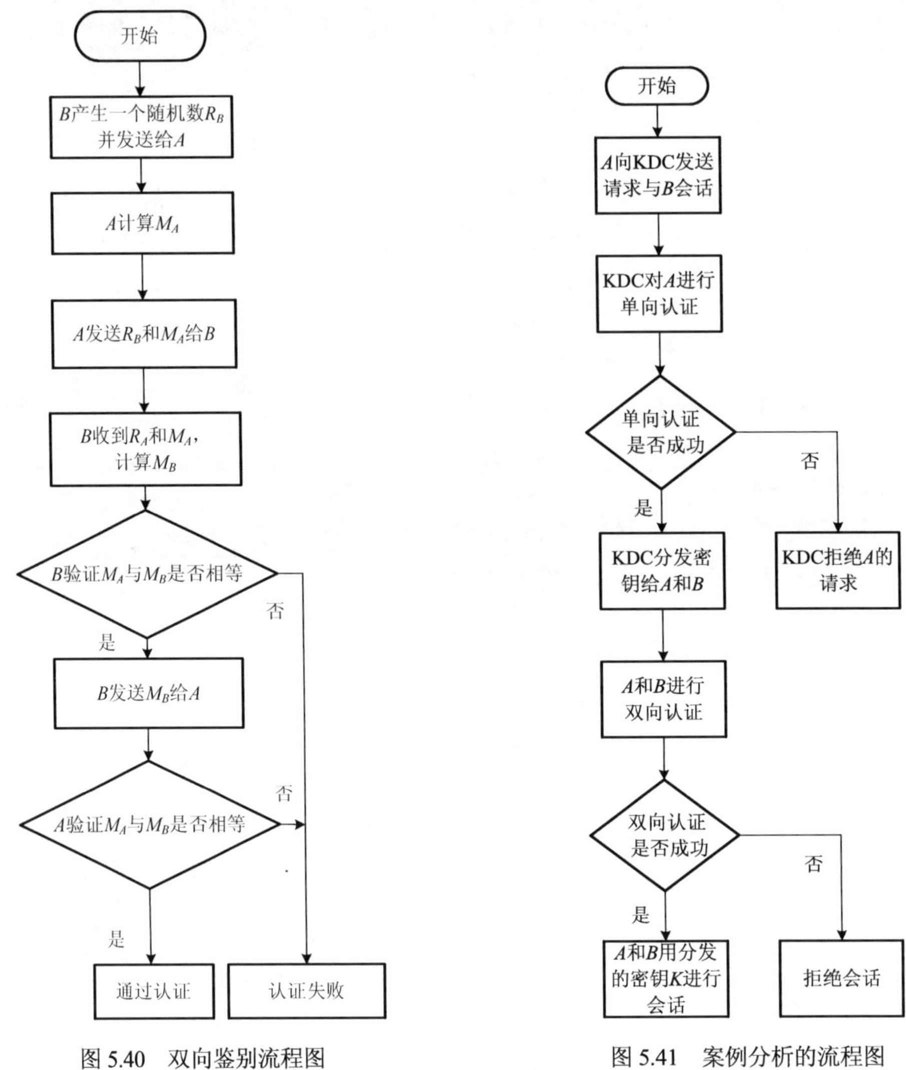

图 5.40　双向鉴别流程图　　　　图 5.41　案例分析的流程图

基站将密钥信息发送给请求节点 A 后，立即向节点 B 用密文发送 A 的相关请求信息及会话密钥，节点 B 用与基站的预共享密钥解密该信息，即可得到与 A 的会话密钥。至此，A 与 B 的会话密钥分配完成，之后 A 与 B 进行双向鉴别，鉴别成功后 A 与 B 即可用基站分发的会话密钥进行安全通信。

本案例使用 ESPOT 实现无线传感器网络中的密钥分配和鉴别功能。案例分析分两部分进行：①无线传感器网络的软件仿真；②利用 ESPOT 节点实际部署。进行案例分析前请参考光盘中的“无线传感器网络软件支持”，安装好相关软件。

ESPOT 节点实际部署需要 NetBeans 开发平台，用到了一个 ESPOT 基站，还有若干(大于 2 个)普通节点，基站用于给普通节点分发密钥，节点间可以实现鉴别操作。基站可以与 PC 连接，通过 PC 来控制基站，同时观察本次案例分析的实现过程，查询节点的信息等。

1. 安装JDK

从案例分析工具箱下载本案例分析所需工具。双击运行 jdk-6u7-windows-i586-p.exe，采用默认值安装。

2. 复制 apache-ant

将 apache-ant-1.8.0 文件复制到硬盘中，如 D:\IS\Ises\espot-cd\apache-ant-1.8.0。

3. 设置环境变量(注意分别设置系统变量与用户变量)

(1) 新建用户变量设置为 ANT_HOME，变量值设置为 D:\IS\Ises\espot-cd\apache-ant-1.8.0。

(2) 新建系统变量设置为 JAVA_HOME，变量值设置为 C:\Program Files\Java\jdk1.6.0_07。

(3) 为系统 Path 变量新增变量值 D:\IS\Ises\espot-cd\apache-ant-1.8.0\bin;C:\Program Files\Java\jdk1.6.0_07\bin;C:\Program Files\Java\jdk1.6.0_07\jre\bin。

注意：变量值需根据安装路径不同进行修改。

(4) 添加新系统变量 classpath，变量值设置为.;%JAVA_HOME%\lib\dt.jar;%JAVA_HOME%\lib\tools.jar;%JAVA_HOME%\lib;%JAVA_HOME%\lib\dt.jar。

4. 安装 NetBeans

(1) 双击 netbeans-6.9.1-ml-windows.exe 选项默认安装。运行 NetBeans，执行“工具”→“插件”菜单命令导入插件，选取下载工具中的 com-sun-sunspot-updatecenter.nbm，如图 5.42 所示。

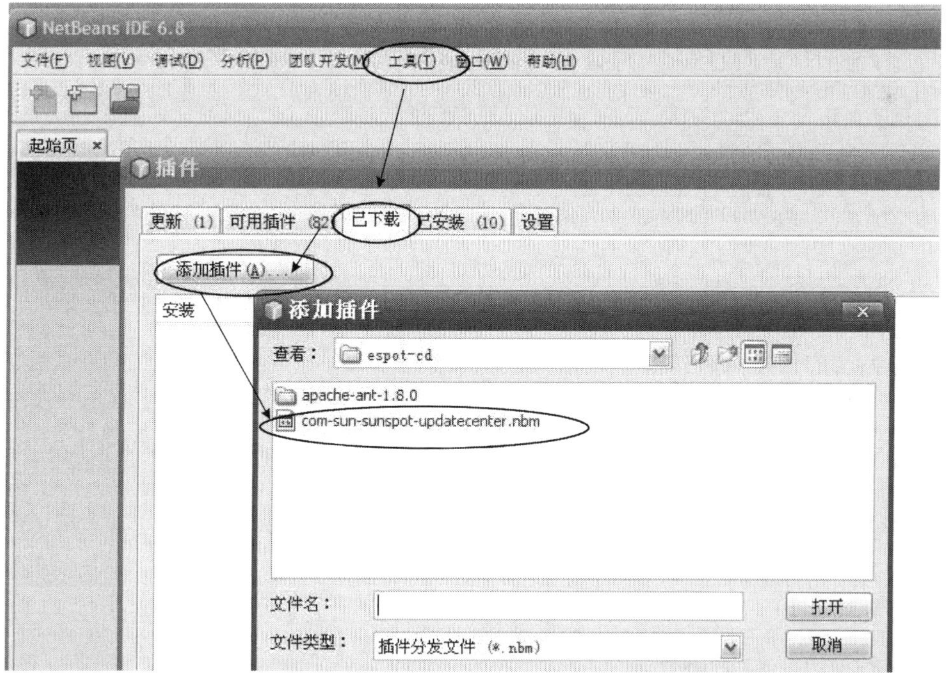

图 5.42 安装插件

(2) 更新已安装插件，并安装 SunSPOTS 相关插件，如图 5.43 所示。

图 5.43　重新载入

5. 安装 SPOT Manager

双击运行 SPOTManager.jnlp。安装过程中需要联网下载 ESPOT 需要的 SDK 环境。

在安装完 Sun SPOT 软件后，将 ESPOT 节点通过 USB 连接到计算机，如果是第一次连接到该计算机，系统会提示安装节点驱动程序，默认安装即可。

6. 节点鉴别、密钥分发及通信的仿真

(1) 双击“无线传感器网络案例分析仿真.jar”，在弹出的界面单击“开始案例分析”按钮，基站 10000 的初始界面如图 5.44 所示，用户 20000 的初始界面如图 5.45 所示。

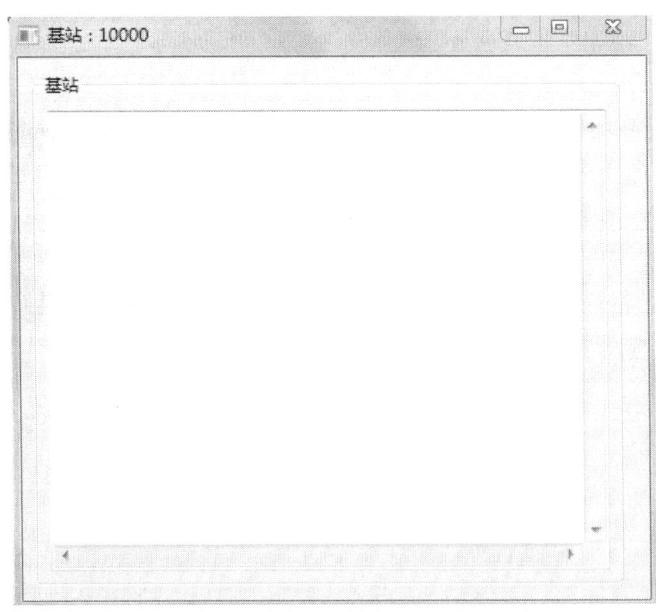

图 5.44　基站界面

图 5.45　用户节点界面

(2)本案例分析以节点 20000(记为节点 *A*)向基站 10000(记为 *S*)请求与节点 30000(记为节点 *B*)通信为例。在“通信方 ID 号”文本框中输入 30000，单击“向基站认证”按钮，弹出图 5.46 所示窗口。

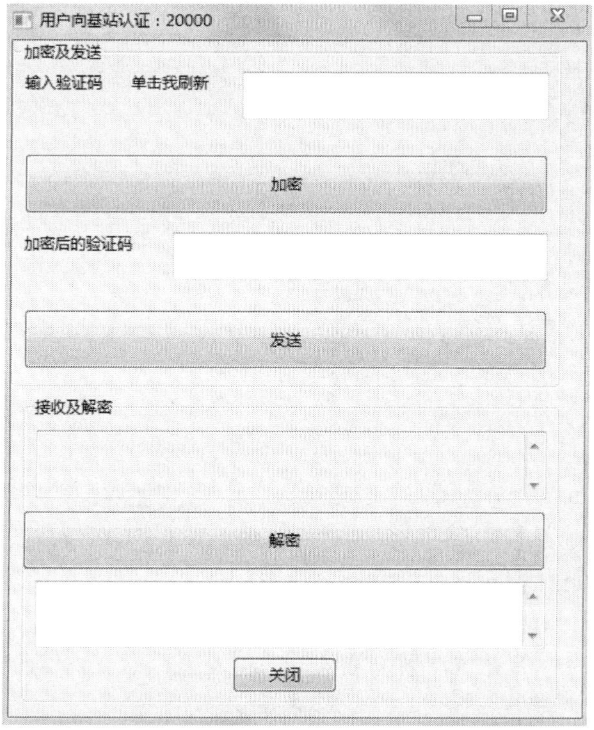

图 5.46　用户节点向基站请求鉴别

(3) 为充分体现安全性，节点向基站请求鉴别，以及请求分发与另一节点的会话密钥时，其每一次信息传输过程都要发送、传回验证码(校验码、校验字)。此时基站 *S* 要先对请求节点 *A* 进行单向鉴别。节点 *A* 要产生一个随机数作为验证码，并连同自己的身份信息一起，用预共享密钥加密后发送给 *S*。单击“单击我刷新”按钮得到 *A* 产生的验证码，输入该验证码后单击“加密”、“发送”按钮，并在弹出的提示窗口中单击 OK 按钮后，在得到的界面中再单击“解密”按钮可以看到图 5.47 所示窗口。

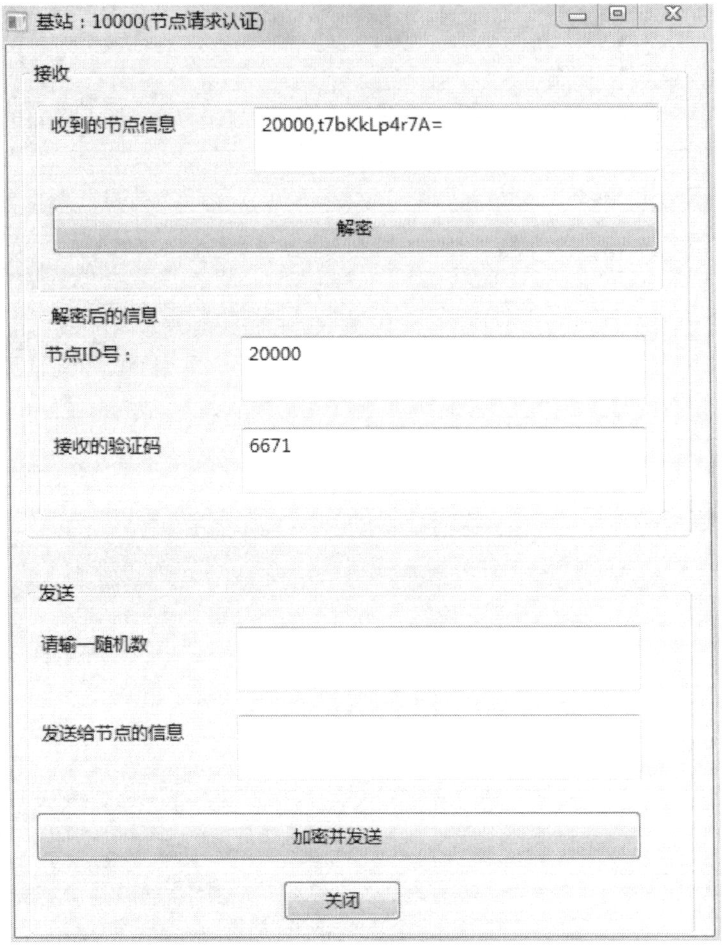

图 5.47　解密信息

(4) 在“请输一随机数”文本框内随意输入一个随机数，单击“加密并发送”按钮，则基站 *S* 将刚才输入的随机数以及接收到的 *A* 发送的验证码一起加密发送给 *A*。在弹出的窗口中单击 OK 按钮可打开如图 5.48 所示界面。

(5) 单击“解密”按钮则出现提示信息“消息发送完毕！”、“接收与发送验证码一致！”。分别单击以上的“关闭”按钮关闭多余窗口(除主程序窗口外仅保留 3 个初始界面)。此时表明节点 20000 已完成向基站的鉴别，接下来要求基站分配密钥。回到节点 20000 的主界面，单击“请求基站分配密钥”按钮可得如图 5.49 所示界面。

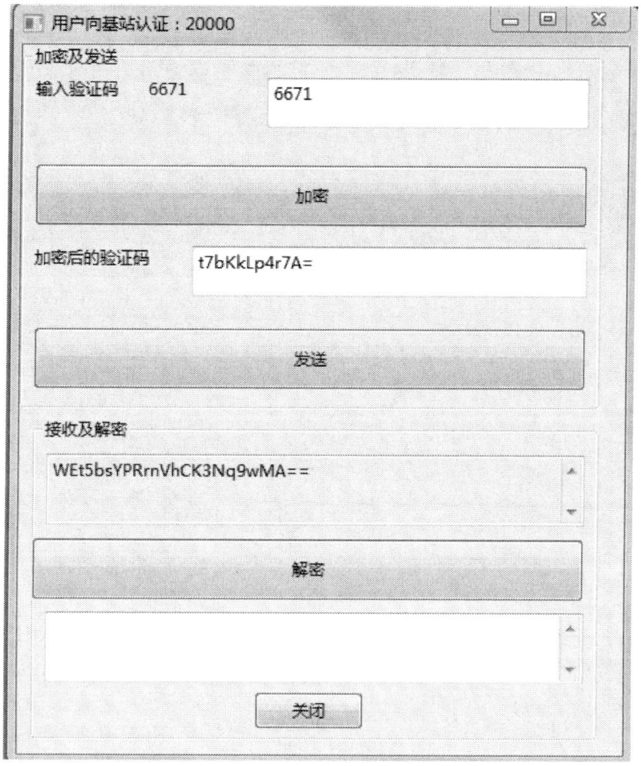

图 5.48 输入随机数

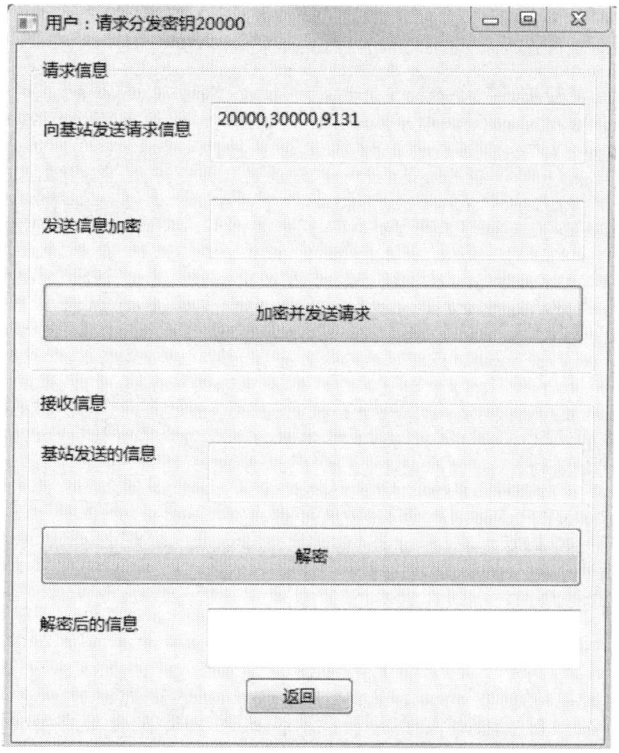

图 5.49 基站分配密钥

(6) 在“向基站发送请求信息”文本框里包含的三种信息，分别是请求节点 A 的身份、目标节点 B 的身份和 A 产生的一个随机数(作为校验码)。单击“加密并发送请求”按钮，在得到的“接收到节点 20000 的密钥请求信息！”的提示框中单击 OK 按钮可见如图 5.50 所示界面。

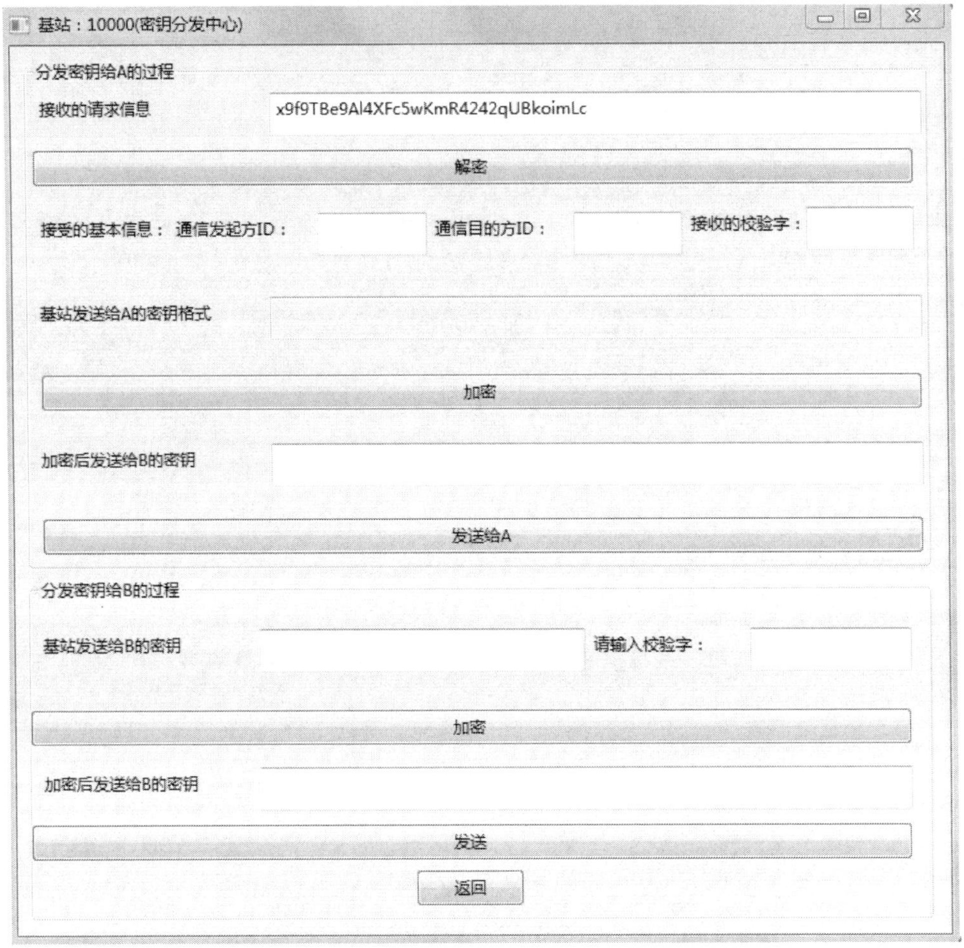

图 5.50　基站发送信息

(7) 单击“解密”按钮，基站 S 获得 A 和 B 的身份信息以及 A 产生的校验码。随后 S 产生一个随机数作为 A 与 B 间的会话密钥，连同刚才接收到的校验码一起加密，再单击“发送给 A”、OK 按钮，打开的界面如图 5.51 所示。

(8) 单击“解密”按钮，得到如图 5.52 所示界面。

(9) 至此，节点 A(节点 20000) 分配到会话密钥，关闭节点 A 的请求密钥界面。接着基站 S 给节点 B(30000) 分配密钥，在“请输入校验字”文本框中输入数字，再单击“加密”按钮可得如图 5.53 所示界面。

(10) 基站 S 将会话密钥以及新产生的校验字加密发送给 B。单击“发送”按钮，弹出“接收基站密钥分配信息！”提示框，再单击 OK 按钮可打开如图 5.54 所示窗口。

图 5.51　加密与发送

图 5.52　解密信息

图 5.53　加密

图 5.54　基站密钥分配信息

(11)单击“解密”按钮，节点B解密获得相关信息。最后，节点B发送校验字以确认收到会话密钥。单击“发送给校验字”按钮后得到密钥分配成功结束的提示。至此，基站对通信双方A与B的密钥分配结束。

(12)单击以上界面的“关闭”按钮关闭多余窗口(除主程序窗口外仅保留 3 个初始界面)。接下来是节点间鉴别，在节点A中选择“单向鉴别”并单击“节点间鉴别”按钮后，在弹出的窗口中随机填入一个正整数，再单击“加密”按钮，如图 5.55 所示。

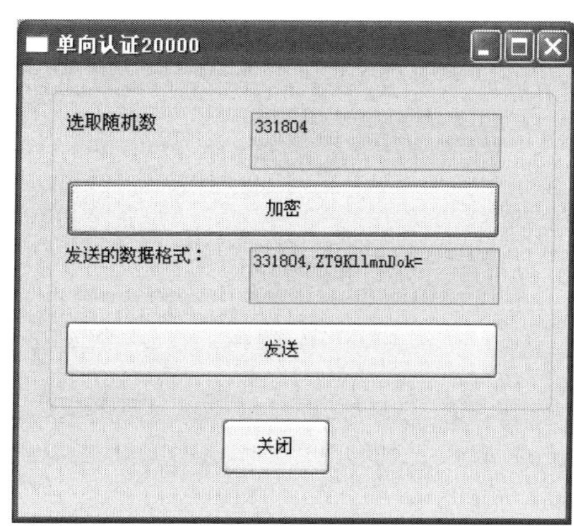

图 5.55 加密

(13)其中“ZT9KllmnDok=”是对随机数 331804 加密后的信息。单击“发送”按钮，在用户 30000(节点B)处的弹出窗口“接收到单向鉴别信息!”中单击 OK 按钮，再在弹出窗口中单击“解密”、“判断”按钮，弹出“相等，单向鉴别成功!”提示框，单击“关闭”按钮关闭多余窗口，则单向鉴别结束。之后，节点A、B之间可以进行双向通信。

(14)关闭所有界面再重新执行第(1)～(11)步(完成基站S对节点A的鉴别以及S对节点A、B的密钥分配)，在节点A选取“双向鉴别”，单击“节点间鉴别”按钮，在弹出的窗口中依次单击“获取随机数”、“发送”、OK 按钮。再在弹出的窗口中单击“Random(B)收件箱”按钮，弹出如图 5.56 所示界面。

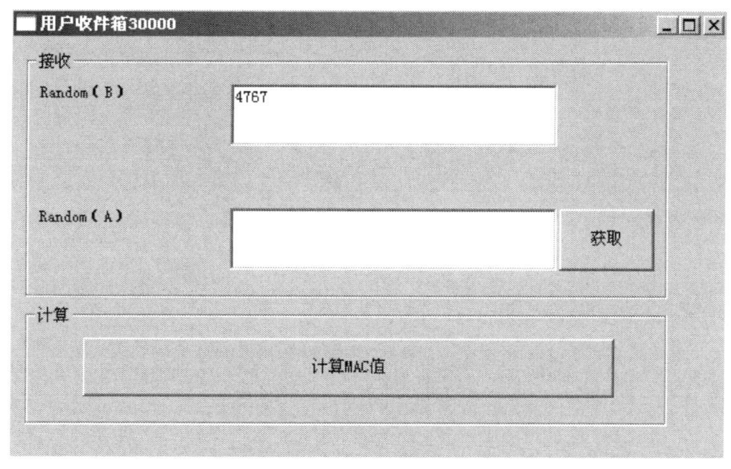

图 5.56 用户收件箱

(15)继续单击“获取”、“计算 MAC 值”、“发送”按钮，在弹出的“接收到 MAC 值，请打开收件箱!”界面中单击 OK 按钮并单击节点A窗口的“收件箱”，在弹出的窗口单击“计算 MAC(B)并验证”按钮。再依次单击 OK、发送、OK、OK、“MAC(B)收件箱”按钮。

(16)单击“验证 MAC(A)与 MAC(B)是否相等”按钮，当出现“恭喜您，鉴别成功!”

提示框后，单击 OK 按钮，此时，双向鉴别成功。节点 A、B 之间可以进行双向通信。

(17) 重新回到节点 A 界面，在“通信方 ID 号”文本框中输入 30000，在发送或接收数据栏输入“完整实验，只需一键搞定！”，然后单击“完整案例分析”按钮，即可看到如图 5.57 所示界面。

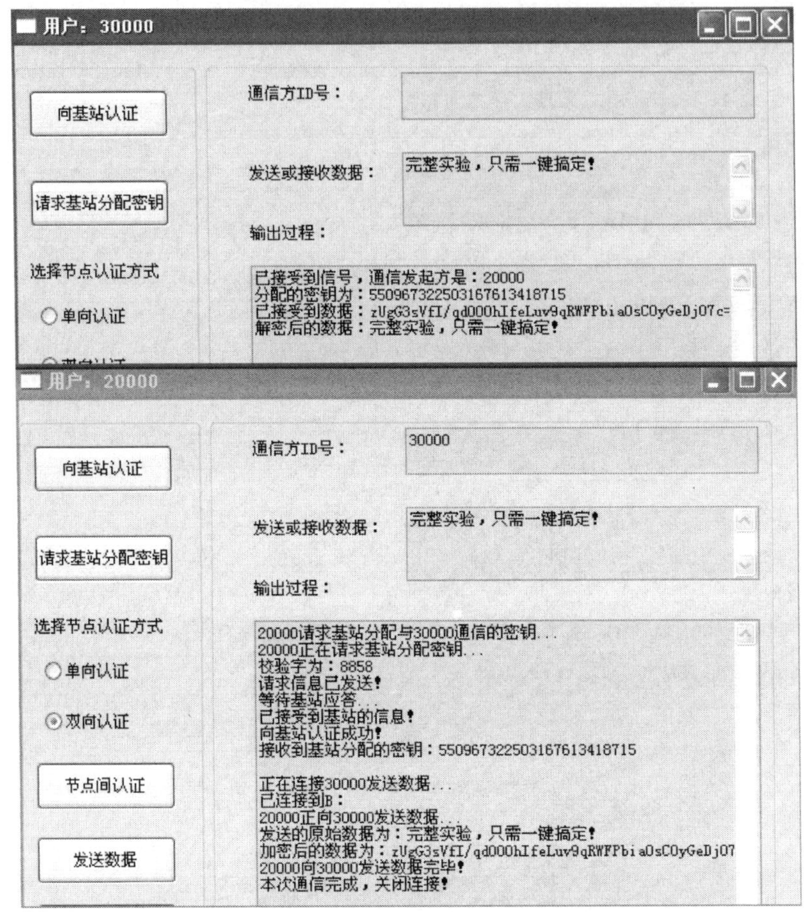

图 5.57　案例分析

7. 将案例分析在 ESPOT 节点上部署运行

该实际部署需要通过在 PC 上直接连接 ESPOT 的基站和节点，应用 NetBeans+ Sun SPOT 的开发平台来实现。

(1) 连接 ESPOT 节点时按提示安装驱动，提示未通过测试时继续安装。

(2) 打开 NetBeans 开发环境，打开名为 KDC3 和 User 的两个项目，其中项目 KDC3 是下载到基站运行的，而 User 是下载到普通节点运行的。

(3) 依次把 User 程序下载到几个普通节点上：先把一个节点通过 USB 连接到 PC 上，选中 User，右击选择 Build Project→Deploy to Sun SPOT 命令，提示“成功生成”即可。其他节点进行同样的操作。

(4) 运行 KDC3 项目：把基站通过 USB 接到 PC 上，选中 KDC3 并右击，选择“运行”

命令，提示成功即可。这样本案例分析的信息界面就出来了，输入实验组号和本组节点数，其中，实验组号可以是任意字符(但不能出现相同的组号)，本组节点数指该组中最大的节点数，如图 5.58 所示。

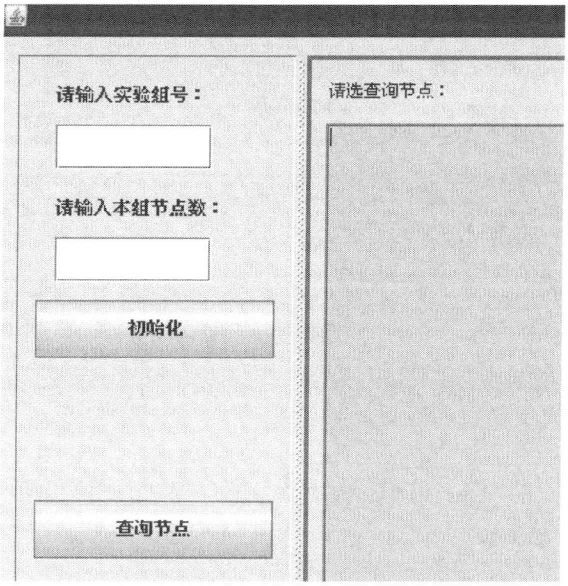

图 5.58　基站主界面

(5) 单击基站界面上的初始化按钮，基站开始广播 hello 数据包进行初始化。同时将已下载程序的节点重启运行初始化程序。图 5.59 所示为网络初始化时基站的记录情况，图中基站记录了三个节点的地址及其相关的预共享密钥。基站可以记录其通信范围内的所有节点，同时节点亦可记录基站及相邻节点的信息。

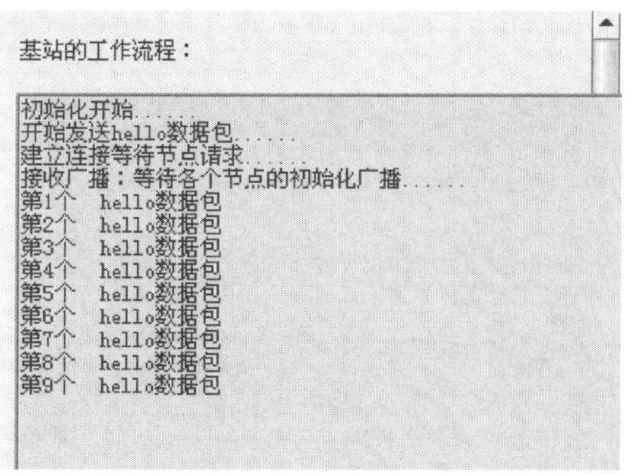

图 5.59　初始化记录

(6) 在网络初始化完成后，节点 *A* 便从其邻节点中随机选取一个节点假设为节点 *B*，请求与 *B* 通信，该过程涉及单向鉴别、密钥分发、双向鉴别，它就是按照总流程图进行的。在本案例分析中节点 *A* 发送给节点 *B* 的信息为“welcome to SunSPOT”。图 5.60 为整个密钥分发及鉴别的过程中基站界面上的一些信息。

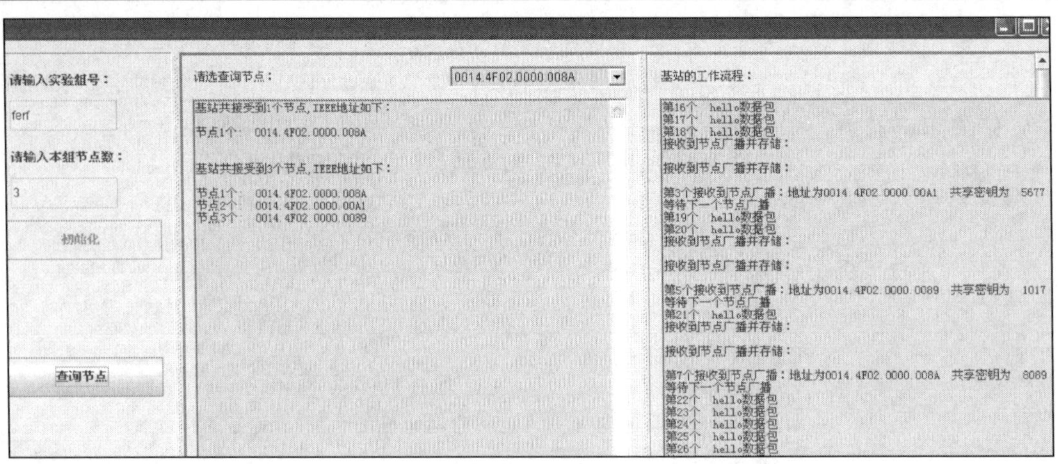

图 5.60　密钥分发及鉴别信息

(7) 单击界面左边的“查询节点”按钮可以查看基站已经查询到的节点的 IEEE 扩展 MAC 地址信息。

(8) 通过如图 5.61 所示的下拉列表可以选择要查询的节点与基站共享的密钥，可查询密钥信息。

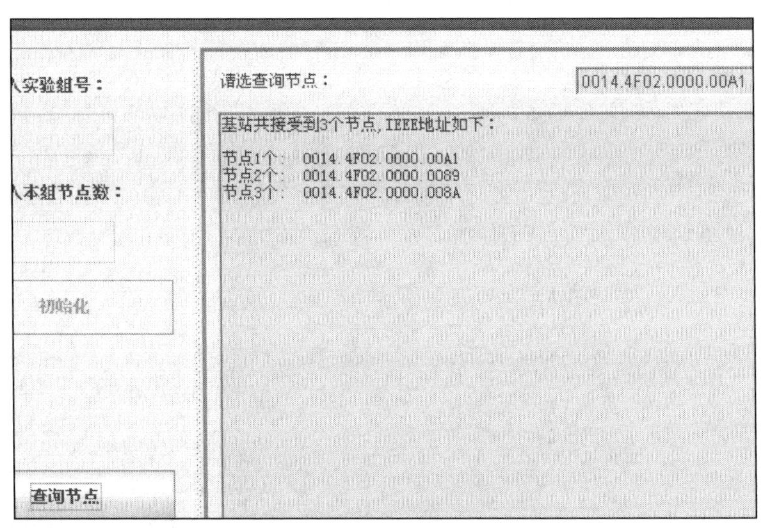

图 5.61　查询结果

(9) 清除键是用来将信息栏中的信息清除掉的，如果用户想观察节点在案例分析过程中的信息，需要把节点与 PC 连接，可以通过 NetBeans 的输出窗口来查看。

5.8　手机短信加密案例分析

本案例分析主要通过对手机短信进行 RC4 加密，实现手机短信通信的安全保密。

RC4 加密中，明文长度任意，密钥长度限制在 256 字节内，如果密钥长度超过 256 字节，则取前256字节为实际密钥。密钥可以通过一系列置换产生与明文长度相等的字符数组。密文的产生是通过对每个明文字符和产生的密钥字符之间的异或运算得到的。

1. 准备阶段

从案例分析工具箱下载本案例分析所需工具。

2. 开始安装

(1) 安装 JDK，然后参考无线传感器网络密钥分配及鉴别案例分析添加环境变量：新建系统变量设置为 JAVA_HOME，变量值设置为 C:\Program Files\Java\jdk1.6.0_07；为系统 Path 变量新增变量值设置为 D:\IS\Ises\espot-cd\apache-ant-1.8.0\bin;C:\Program Files\Java\jdk1.6.0_07\bin;C:\Program Files\Java\jdk1.6.0_07\jre\bin；添加新系统变量 classpath；变量值设置为.;%JAVA_HOME%\lib\dt.jar;%JAVA_HOME%\lib\tools.jar;%JAVA_HOME%\lib;%JAVA_HOME%\lib\dt.jar。

(2) 将下载的 eclipse-SDK-3.5.1-win32.zip 解压到指定处。双击 eclipse.exe 即可运行 Eclipse。

(3) 向 Eclipse 添加插件 eclipseme：将下载的 eclipseme.feature_1.7.9_site.zip 解压，得到两个文件夹 featrues 和 plugins。将 features 文件夹里的所有内容复制到 Eclipse 的安装目录下的 features 文件夹中，将 plugins 文件夹的内容复制到 Eclipse 的安装目录下的 plugins 文件夹中。

(4) 重启 Eclipse。进入后依次执行 Window→Preferences 命令，如果在弹出的窗口中出现了 J2ME 选项，则说明添加 eclipseme 插件成功。

(5) 安装 WTK2.5.2。双击下载得到的 sun_java_wireless_toolkit-2.5.2_01-win.exe 文件，开始安装。选择安装路径，其他默认安装即可。

(6) 将手机模拟器导入 Eclipse 的设备管理器中。双击 eclipse.exe，运行 Eclipse。进入后执行 Window→Preferences→J2ME→Device Management 命令，单击右侧的 Import 按钮出现图 5.62 所示对话框。

单击 Browse 按钮，选择到 WTK 的安装目录。单击 Refresh 按钮，出现图 5.63 所示对话框。

最后单击“完成”按钮。至此，案例分析平台搭建全部完成。

3. 导入 J2ME 手机程序

(1) 分别将不同端口号的两个手机短信加密程序源代码复制到 Eclipse 工作目录中。该 Eclipse 工作目录为用户第一次启动 Eclipse 时要求用户选择的目录。

(2) 双击运行 Eclipse。执行“文件”→“新建”→“项目”→J2ME→J2ME Midlet Suite 命令，单击“下一步”按钮，在打开的界面中输入项目名，此项目名为导入工作目录中的程序源代码的文件夹名。输入正确后，单击“完成”按钮。同理导入另一个手机程序。左边包资源管理器中出现图 5.64 所示选项。

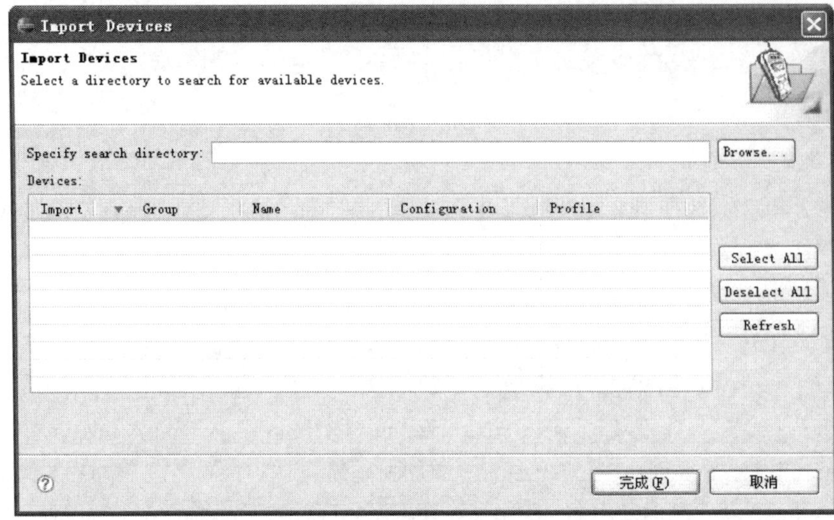

图 5.62　设备管理器对话框

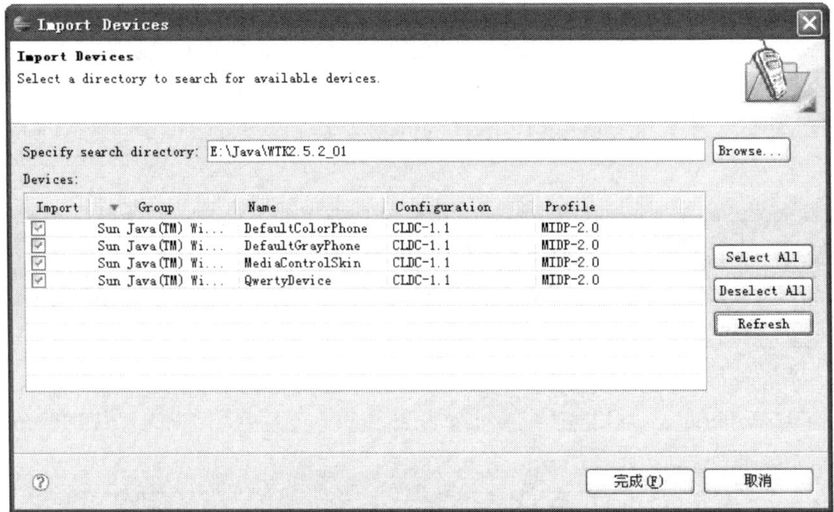

图 5.63　选择安装目录

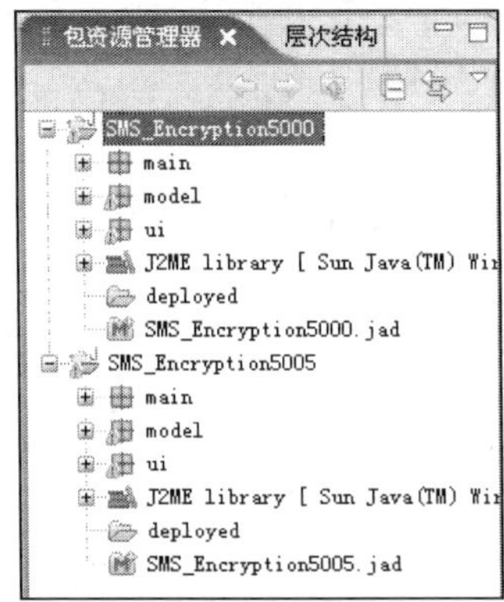

图 5.64　包资源管理器

(3)右击包资源管理器中的项目名，选择“运行方式”→“运行”命令，出现图 5.65 所示对话框。可以保证手机短信的保密通信。

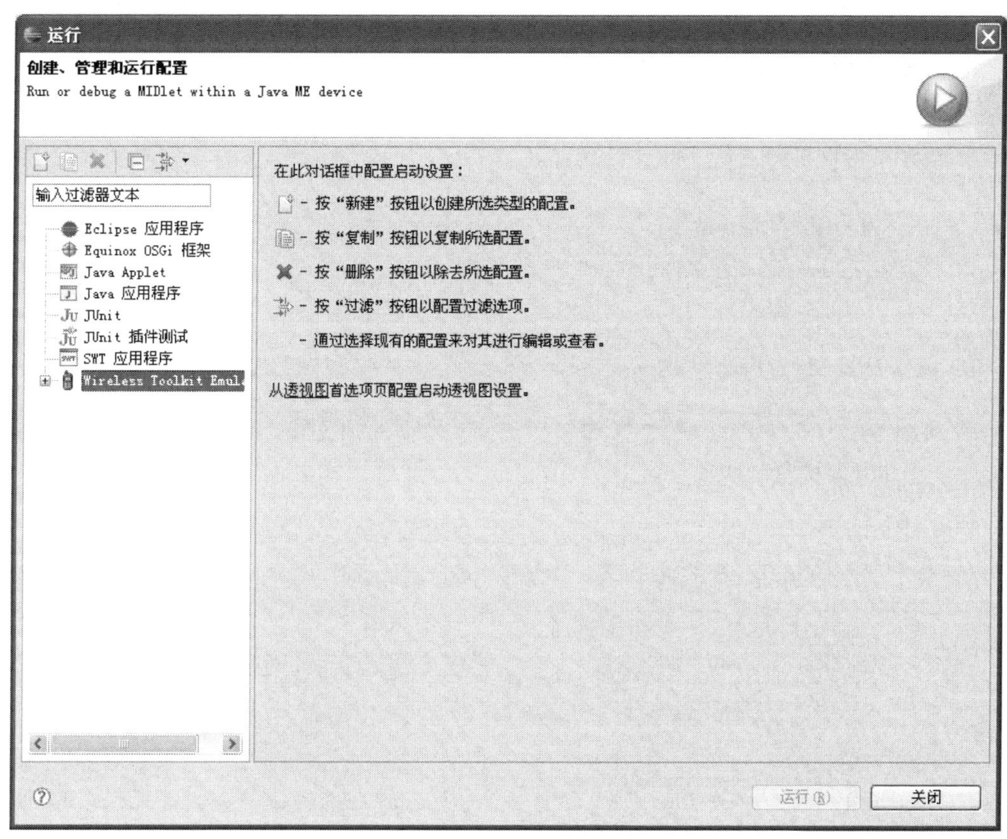

图 5.65　运行情况

5.9　基于 MAPSec 协议的 MAP 信令消息安全传输

通过设计一个实验平台，演示无线通信网络中两个通信节点之间基于 MAPSec 协议安全传输 MAP 信令的过程(注：本实验系统通过有线网络环境模拟无线通信环境)。通过本实验使读者加深对 MAPSec 协议的理解，掌握三种不同模式下 MAP 消息的安全通信流程。

5.9.1　MAPSec 协议简述

核心网系统的安全是 3G 系统的安全性比 2G(如 GSM)系统完善的体现之一。在 GSM 系统中没有考虑核心网中存在的安全威胁。而 3G 系统的安全目标之一是保证核心网中网络实体之间的通信安全。

GSM 和 3G 系统网络中的控制信令是通过 MAP 实现的，传统的 MAP 运行在 7 号信令系统(SS7)之上，而 7 号信令系统中缺乏安全机制，被证实是 2G 系统中的安全缺陷。

MAPSec 协议可以为网络实体间 MAP 消息的传输提供安全保证，包括保密性、鉴别性及防止重放攻击。

1. MAPSec 协议为传输的 MAP 消息提供的安全服务

(1)数据机密性。
(2)数据完整性。
(3)数据源鉴别。

2. MAPSec 提供的三种不同的保护模式

(1)保护模式 0：没有保护。
(2)保护模式 1：提供完整性和鉴别性保护。
(3)保护模式 2：提供保密性、完整性和鉴别性保护。

3. 被保护的 MAP 消息结构

以 MAPSec 方式保护的 MAP 操作包括安全头和被保护负荷。被保护的 MAP 消息结构包括安全头和受保护负荷两部分。

1)MAPSec 安全头

(1)对于保护模式 0，安全头是以下数据单元的序列：

```
安全头=SPI||源端成分 ID
```

(2)对于保护模式 1 和保护模式 2，安全头是以下数据单元的序列：

```
安全头=SPI||源端成分 ID||TVP||NE-ID||PROP
```

各参数含义如下。

SPI（Security Parameters Index）安全参数索引：是一个 32 位的数，用来与目的 PLMN 结合唯一地标识 MAP 安全关联。

源端成分 ID:确定被安全保护的 MAP 操作的成分类型是调用(0)、结果(1)还是错误(2)。

TVP(Time Variant Parameter)时间变量参数：是一个 32 位的时间戳，用来防止对 MAP 操作的重放攻击。

NE-ID(Network Entity Identity)网络实体标识：6 字节，用来为在同一 TVP 期间，不同网络实体产生不同的 IV 值。

PROP(Proprietary field)所有者域：4 字节，用来为在同一 TVP 期间不同的受保护 MAP 消息产生不同的 IV 值。

2)MAPSec 受保护的负荷

保护模式 0 中的负荷实际上没有被保护，因此，在保护模式 0 中安全 MAP 消息的受保护负荷部分与原先没有被保护的 MAP 消息的负荷部分是一样的，都是明文。

在保护模式 1 中，受保护的安全 MAP 消息的净负荷的格式如下：

```
明文||f7(安全头||明文)
```

在保护模式 2 中，受保护的安全 MAP 消息的净负荷的格式如下：

```
f6(明文)||f7(安全头||f6(明文))
```

说明：f6 为加密算法，f7 为一个哈希函数。

5.9.2　MAPSec 信令消息传输的简化流程

假设在不同 PLMN 内的两个网络实体 MAP NEa 和 MAP NEb 想利用 MAPSec 通信，下面为网络实体间通信的消息流程。

(1) 网络实体 *a* 检查自己的参数数据库中的安全策略数据 SPI。

(2) 安全策略数据库返回安全策略数据 SPI，安全策略要求使用 MAPSec。

(3) 网络实体 *a* 构建 MAPSec 消息。

(4) 网络实体 *b* 解析收到的 MAPSec 消息，从安全头中获得 SPI 及源端成分 ID。

(5) 网络安全实体 *b* 检查自己的安全策略数据库，查询处理 MAPSec 消息的安全关联信息。

(6) 安全关联数据库返回安全关联数据。

(7) 网络实体 *b* 根据 MAPSec 消息的安全头和安全关联数据获得 MAPSec 消息实体所对应的明文消息。

实例的网络拓扑如图 5.66 所示。

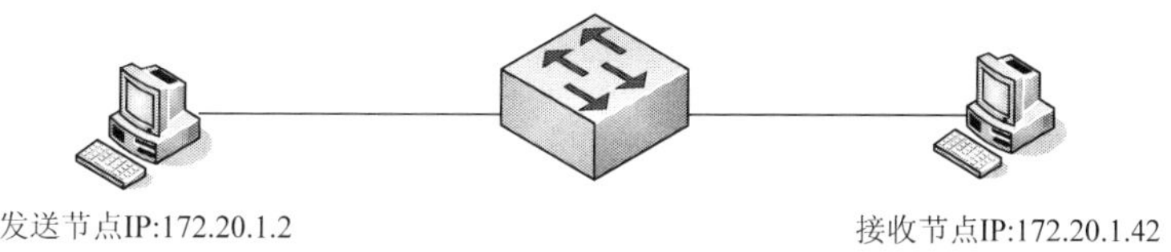

图 5.66　实例拓扑图

5.9.3　客户端操作

启动客户端，即节点发送方(单击“节点发送”按钮)，界面如图 5.67 所示。

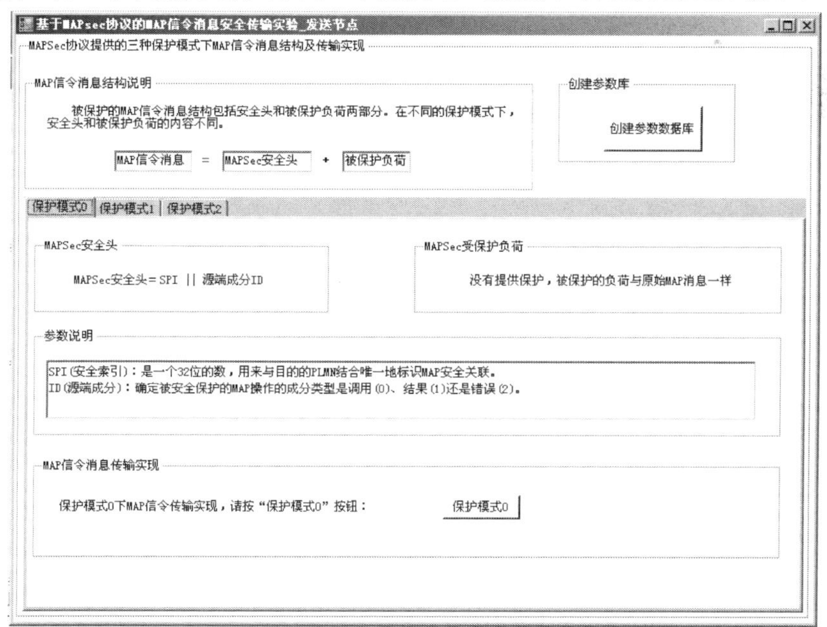

图 5.67　发送节点界面

首先单击“创建参数数据库”按钮初始化基本参数。

节点发送为三种模式下 MAPSec 信令信息的消息结构及传输实现过程。界面总体分为两部分：第一部分为 MAP 信令消息结构说明；第二部分为三种不同模式下 MAPSec 安全头及 MAPSec 受保护负荷的不同结构、各参数说明、信令消息的传输实现。可以通过选择“保护模式 0”、“保护模式 1”、“保护模式 2”进入不同模式中。界面默认状态下为保护模式 0。

图 5.68 所示为选择“保护模式 1”的界面。

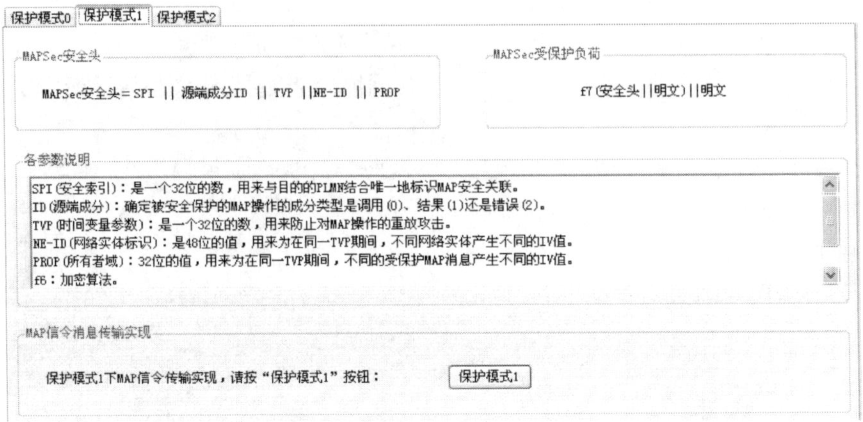

图 5.68　保护模式 1

在该界面中给出了在保护模式 1 下 MAPSec 的结构和各个参数的意义，单击最下面的“保护模式 1”按钮进入到 MAP 信令消息的传输界面，如图 5.69 所示。

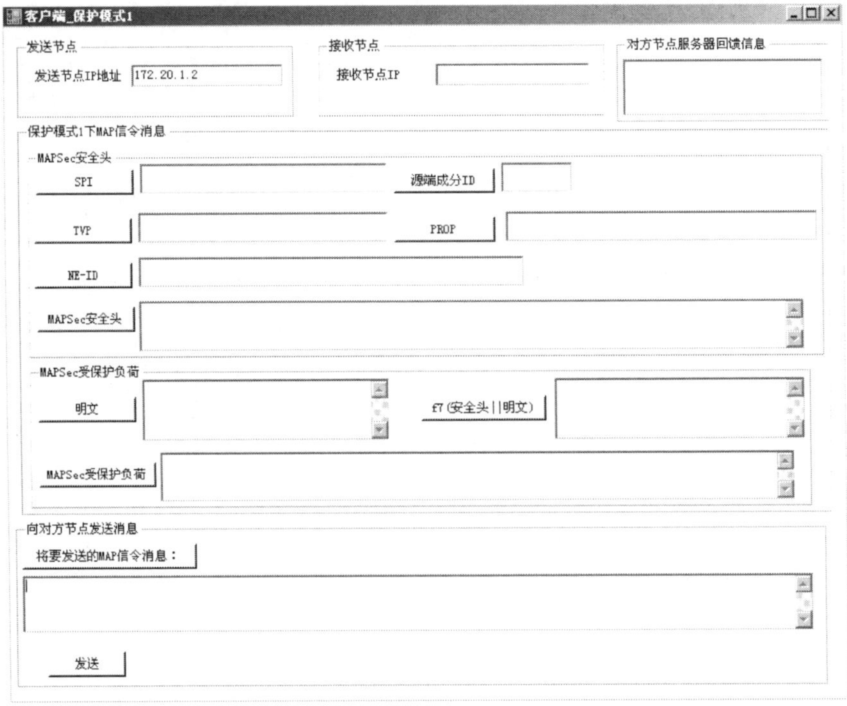

图 5.69　保护模式 1 的信令消息传输界面

该界面中包括：发送节点及接收节点的 IP、各个参数(其中源端成分 ID 需手动填写，确定被安全保护的 MAP 操作的成分类型是调用(0)、结果(1)还是错误(2)；其他可以通过单击不同参数的按钮直接获取相应的值)、明文(需手动输入)和对方节点服务器的反馈信息(用于判断对方节点有没有接收到信息，非输入)。

各个参数及明文输入完成后，单击“发送”按钮(相应服务器端需已开启相应的保护模式，详见下面的服务器端步骤)，将要发送的 MAP 信令消息发送给对方节点。等待服务器端鉴别完毕后返回结果，如图 5.70 所示。

其他模式实施过程相似。

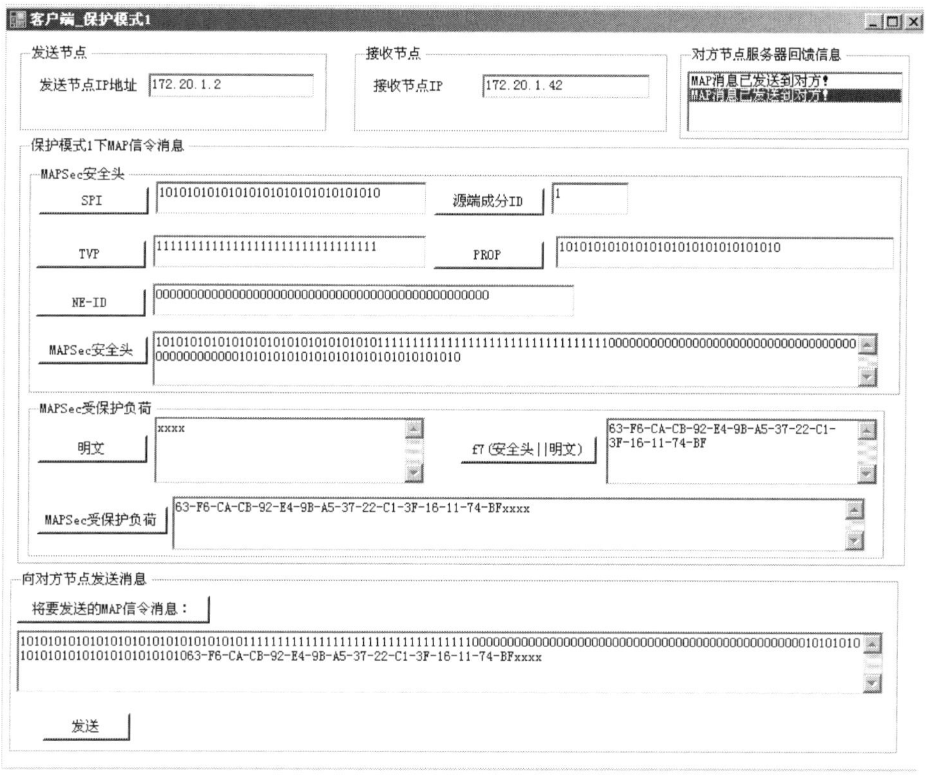

图 5.70 发送数据及结果返回

5.9.4 服务器端操作

启动服务器，即接收节点，单击“创建参数数据库”按钮，界面如图 5.71 所示。

分为三种模式下 MAPSec 信令信息的消息结构及传输实现过程，界面分为两部分：第一部分为 MAP 信令消息结构说明；第二部分为三种不同模式下 MAPSec 安全头及 MAPSec 受保护负荷的不同结构、各参数说明、信令消息的传输实现。可以通过选择“保护模式 0”、“保护模式 1”、“保护模式 2”进入不同模式中。界面默认状态下为保护模式 0。

图 5.71 所示为选择“保护模式 0”的界面(和客户端界面相同)。在该界面中给出了在保护模式 0 下 MAPSec 的结构和各个参数的意义，单击最下面的“保护模式 0”按钮进入 MAP 信令消息的接收界面，单击“启动”按钮启动服务器。

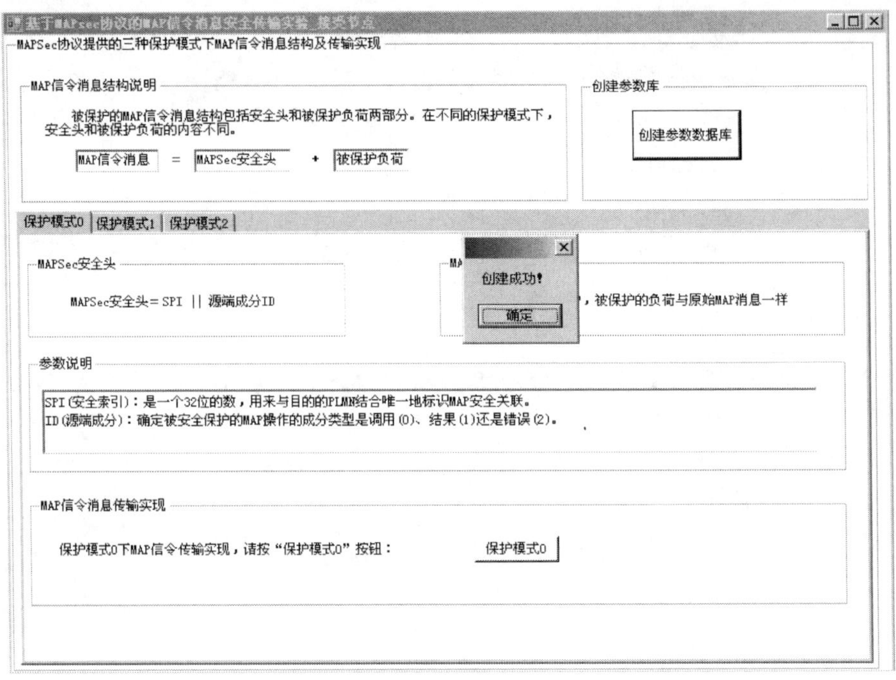

图 5.71　创建数据库

先单击“启动”按钮启动服务器，进入接收状态，如图 5.72 所示，准备接收客户端(发送节点)发送的信令信息。

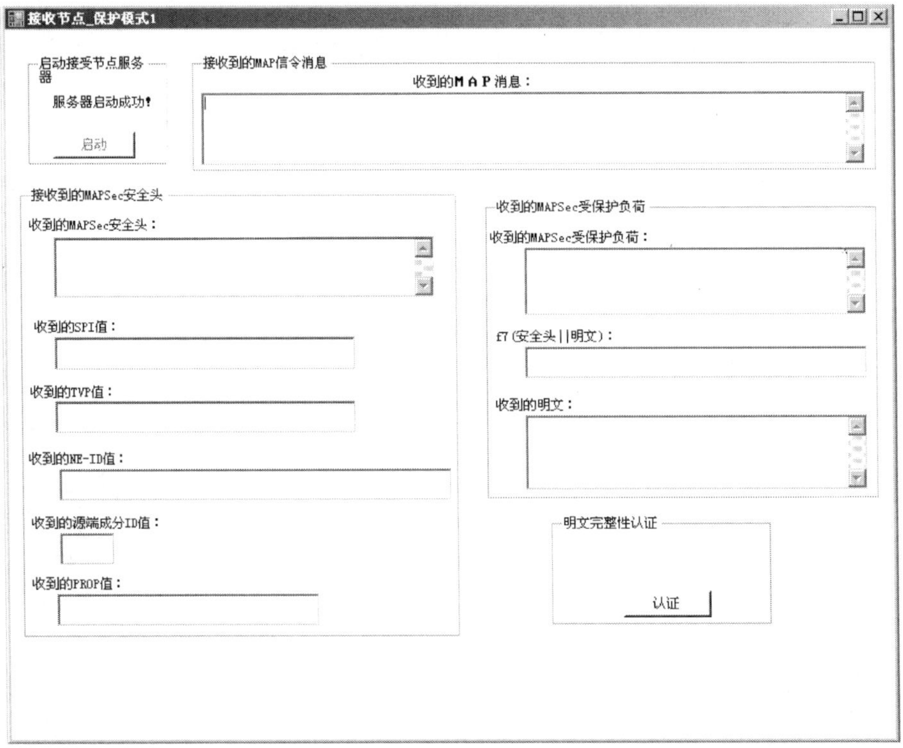

图 5.72　接收界面

收到信息后，服务器端会将接收到的各个参数与自己数据库中的参数一一比较，对收到的数据进行分解。依次得出 MAPSec 的受保护负荷，解密出明文数据，最后单击“鉴别”按钮对明文的完整性进行鉴别并向客户端返回信息，如图 5.73 所示。

其他模式实施过程相似。

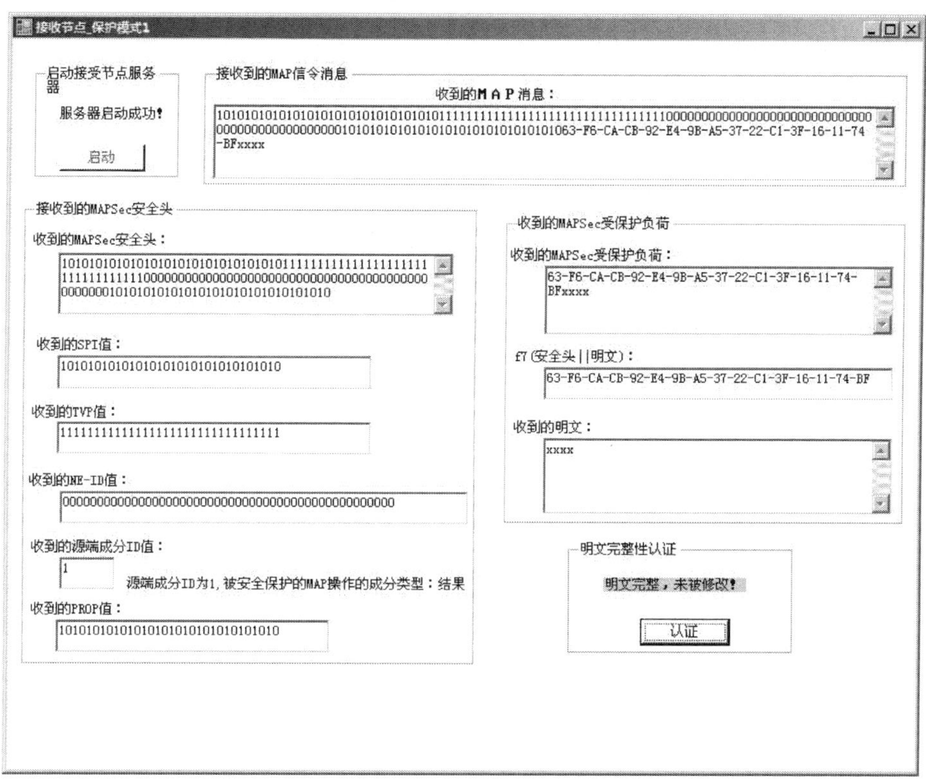

图 5.73 信息鉴别

第6章　数据备份及恢复

计算机存储的信息越来越多，而且越来越重要，为防止计算机中的数据意外丢失，一般都采用安全防护技术来确保数据的安全，常用和流行的数据安全防护技术如下。

1) 磁盘阵列

磁盘阵列是指把多个类型、容量、接口甚至品牌一样的专用磁盘或普通硬盘连成一个阵列，使其以更快的速度准确、安全地读写磁盘数据，从而提高数据读取速度和安全性的一种手段。

2) 数据备份

备份管理包括备份的可计划性、自动化操作、历史记录的保存或日志记录。

3) 双机容错

双机容错的目的在于保证系统数据和服务的在线性，即当某一系统发生故障时，仍然能够正常地向网络系统提供数据和服务，使得系统不至于停顿，以保证数据不丢失和系统不停机。

4) NAS

NAS 解决方案通常配置为文件服务的设备，由工作站或服务器通过网络协议和应用程序来进行文件访问，大多数 NAS 链接在工作站客户机和 NAS 文件共享设备之间进行。这些链接依赖于企业的网络基础设施来正常运行。

5) 数据迁移

由在线存储设备和离线存储设备共同构成一个协调工作的存储系统，该系统在在线存储和离线存储设备间动态地管理数据，使得访问频率高的数据存放于性能较高的在线存储设备中，而访问频率低的数据存放于较为廉价的离线存储设备中。

6) 异地容灾

以异地实时备份为基础的高效、可靠的远程数据存储，在各单位的 IT 系统中，必然有核心部分，通常称为生产中心，往往给生产中心配备一个备份中心，该备份中心是远程的，并且在生产中心的内部已经实施了各种各样的数据保护。不管怎么保护，当火灾、地震这种灾难发生时，一旦生产中心瘫痪了，备份中心会接管生产，继续提供服务。

7) SAN

存储局域网络(Storage Area Network，SAN)是一种将存储设备、连接设备和接口集成在一个高速网络中的技术。SAN 本身就是一个存储网络，承担了数据存储任务，SAN 与 LAN 相隔离，存储数据流不会占用业务网络带宽。在 SAN 中，所有的数据传输在高速、高带宽的网络中进行，SAN 存储实现的是直接对物理硬件的块级存储访问，提高了存储的性能和升级能力。

双机热备包括广义与狭义两种。

从广义上讲，就是服务器高可用应用的另一种说法，英译为 high available，而我们通常所说的热备是根据意译而来的，同属于高可用范畴，而双机热备只限定了高可用中的两台服务器。热备软件是用来解决一种不可避免的计划和非计划系统宕机问题的软件解决方案，当然也有硬件的。双机热备是构筑高可用集群系统的基础软件，对于任何导致系统宕机或服务中断的故障，都会触发软件流程来进行错误判定、故障隔离，以及通地联机恢复来继续执行被中断的服务。在这个过程中，用户只需要经受一定程度可接受的时延，而能够在最短的时间内恢复服务。

从狭义上讲，双机热备特指基于高可用系统中的两台服务器的热备(或高可用)，因两机高可用在国内使用较多，故得名双机热备，双机高可用按工作中的切换方式分为主-备方式(Active-Standby 方式)和双主机方式(Active-Active 方式)，主-备方式指的是一台服务器处于某种业务的激活状态(Active 状态)，另一台服务器处于该业务的备用状态(Standby 状态)。而双主机方式指两种不同业务分别在两台服务器上互为主备状态(Active-Standby 和 Standby-Active 状态)。

注：Active-Standby 状态指的是某种应用或业务的状态，并非服务器状态。

1. 组成双机热备方案的两种方式

1) 基于共享存储(磁盘阵列)的方式

共享存储方式主要通过磁盘阵列提供切换后，对数据完整性和连续性的保障。用户数据一般会放在磁盘阵列上，当主机宕机后，备机继续从磁盘阵列上取得原有数据。

这种方式因为使用一台存储设备，往往被业内人士称为磁盘单点故障。但一般来讲存储的安全性较高。所以在忽略存储设备故障的情况下，这种方式也是业内采用最多的热备方式。

2) 基于数据复制的方式

这种方式主要利用数据的同步方式，保证主备服务器的数据一致性。

2. 数据同步方式

基于数据复制的数据同步方式有多种方法，其性能和安全性也不尽相同，其主要方法有以下几种。

(1) 单纯的文件方式的复制不适用于数据库等应用，因为打开的文件是不能被复制的，如果要复制必须将数据库关闭，这显然是不可以的。以文件方式复制主要适用于 Web 页的更新，FTP 上传应用，对主备机数据完整性、连续性要求不高的情况。

(2) 利用数据库所带有的复制功能，如 SQL Server 2000 或 2005 所带的订阅复制，这种方式用户要根据自己的应用小心使用，原因如下。

① SQL Server 的订阅复制会在用户表上增加字段，对那些应用软件编程要求较高，如果在应用软件端书写时未明确指定字段的用户，而使用此功能会造成应用程序无法正常工作。

② 数据滞留，这个限制也是最重要的，因为 SQL Server 在数据传输过程中数据并非实时地到达主备机，而是先写到主机，再写到备机，如此一来，备机的数据往往来不及更新，

此时如果发生切换，备机的数据将不完整，也不连续，如果用户发现已写入的数据在备机找不到，重新写入，则主机修复后，就会发生主备机数据严重冲突，数据库会不一致。

③ 复杂应用切莫使用订阅复制来进行双机热备，包括数据结构中存储过程的处理、触发器和序列，一旦发生冲突，修改起来非常麻烦。

④ 服务器性能降低，对于大数据库，SQL Server 2000 或 2005 所带的订阅复制会造成服务器数据库运行缓慢。

总之，SQL Server 2000 或 2005 所带的订阅复制主要还是应用于数据快照服务，不要用它来进行双机热备中的数据同步。

(3) 硬盘数据拦截，目前国际、国内比较成熟的双机热备软件通常会使用硬盘数据拦截的技术，称为镜像软件，即 Mirror 软件，这种技术当前已非常成熟，拦截的方式也不尽相同。

① 分区拦截技术，以 PlusWell 热备份产品为例，它采用的是一种分区硬盘扇区拦截的技术，通过驱动级的拦截方式，提取写往硬盘的数据，并先写到备用服务器，以保证备用服务器的数据最新，然后将数据回写到主机硬盘。这种方式将绝对保证主备机数据库的数据完全一致，无论发生哪种切换，都能保证数据库的完整性与连续性。由于采用分区拦截技术，所以用户可以根据需要在一块硬盘上划分适合大小的分区来完成数据同步工作。

② 硬盘拦截技术，以 Symantec 的 Co-Standby 为例，这是一个有效的硬盘拦截软件，它的拦截主要基于一整块硬盘，往往在硬盘初始化时需要消耗大量的时间。

3. 双机热备中需要指出的几个概念

(1) 双机热备的工作原理即故障隔离，简单地讲，高可用(热备)就是利用故障点转移的方式来保障业务连续性。其业务的恢复不是在原服务器，而是在备用服务器上。热备不具有修复故障服务器的功能，而只是将故障隔离。

(2) Active-Active 方式指的是业务方式，而不是服务器状态，如果是同一种应用是不能完成 Active-Active 方式的。例如，热备的两台服务器都是 SQL Server 数据库，那也指不同的数据库实例。相同的数据库实例是不可能在热备这一级实现 Active-Active 方式的。简单地讲，Active-Active 方式就是两个 Active-Standby 方式分别运行于两台服务器上。

(3) 故障检测，是双机热备的任务，不同的双机检测点的多少决定了双机热备软件在功能和性能上的优劣，并不是所有的软件都具有相同的检测功能，以 PlusWell 双机热备软件为例，其提供的是一种全系统检测能力，即检测分为系统级、应用级、网络级三个方面。系统级检测主要通过双机热备软件之间的心跳提供系统的检测功能，应用级提供用户应用程序、数据库等的检测功能，网络级的检测提供对网卡的检测及可选的对网络路径的检测功能，因此称为全故障检测能力。

(4) 服务器资源，双机热备的服务器资源指某种业务运行过程中所依赖的最小的关联服务，不同的双机热备软件所提供的资源多少也不相同，当然提供的可切换资源越多，软件应用的范围也越广，在双机热备中提到的服务器资源主要包括可切换的网络 IP 资源、计算机名、磁盘卷资源、服务器进程等。

(5) 双机热备的切换，一般分为手动切换和故障切换，即计划性切换(手动切换)和非计划性切换(故障切换)。需要注意的是，并不是所有资源都具有可切换性，以 PlusWell 热备份软件为例，它提供了：①本地资源监控，即不可切换的资源；②普通资源，即可以在主备机切换的资源；③快速资源，指的是快速切换的资源，一般情况下的双机切换时间为 1～5 分钟，而快速切换的时间为 3～5 秒钟。用户应根据自己的需求及业务特点来选择相关的切换服务，从价格成本上来说，切换的时间越短费用越高。

(6) 热备份与备份的概念区别，热备份指的是 High Available，即高可用，而备份指的是 Backup，即数据备份的一种，这是两个不同的概念，应对的产品也是两种功能上完全不同的产品。热备份主要保障业务的连续性，实现的方法是故障点的转移，而备份主要目的是防止数据丢失而存储的一份副本，所以备份强调的是数据恢复，而不是应用的故障转移。

6.1　FAT32 数据恢复案例分析

FAT16 和 FAT32 文件系统硬盘上的数据按照其不同的特点和作用大致可分为 5 部分：MBR 区、DBR 区、FAT 区、FDT 区和 DATA 区。MBR 由分区软件创建，DBR 区、FAT 区、FDT 区和 DATA 区由高级格式化程序创建。文件系统写入数据时只是改写相应的 FAT 区、FDT 区和 DATA 区。这 5 个区域共同作用才能使整个硬盘的管理系统有条不紊。

1) MBR 区

MBR 区即主引导记录区，位于整个硬盘的 0 磁道 0 柱面 1 扇区。在总共 512 字节的主引导扇区中，MBR 的引导程序占用其中的前 446 字节，随后的 64 字节为 DPT (Disk Partition Table，硬盘分区表)，最后的 2 字节 55AA (偏移 1FEH～偏移 1FFH) 是分区有效结束标志。由它们共同构成硬盘主引导记录，也称主引导区。有时硬盘主引导记录专指 MBR 的引导程序。

2) DBR 区

DBR (DOS Boot Record)，操作系统引导记录区，通常位于硬盘 0 磁道 1 柱面 1 扇区，是操作系统可以直接访问的第一个扇区。它包括一个引导程序和一个称为 BPB (BIOS Parameter Block) 的本分区参数记录表。引导程序的主要任务是，当 MBR 将系统控制权交给它时，判断本分区根目录前两个文件是不是操作系统的引导文件。以 DOS 为例，即 IO.SYS 和 MSDOS.SYS。Windows 与 DOS 是一个家族，所以 Windows 也沿用这种管理方式，只是文件名不一样。如果确定存在，就把 IO.SYS 读入内存，并把控制权交给 IO.SYS，BPB 参数块记录着本分区的起始扇区、结束扇区、文件存储格式、硬盘介质描述符、根目录大小和 FAT 个数，以及分配单元的大小等重要参数。

3) FAT 区

在 DBR 之后就是 FAT (File Allocation Table，文件分配表) 区。同一个文件的数据并不一定完整地存放在磁盘的一个连续的区域内，往往会分成若干段，像一条链子一样存放。这种存储方式称为文件的链式存储。硬盘上的文件常常要进行创建、删除、增长和缩短等操作。这样的操作做得越多，盘上的文件就可能分得越零碎 (每段至少是 1 簇)，但是，由于硬盘上保存着段与段之间的连接信息 (FAT)，操作系统在读取文件时，总是能够准确地找到各段的位置并正确地读出。但是这种以簇为单位的存储法也是有缺陷的，主要表现在对空间的利用上，每个文件的最后一簇都可能有未被完全利用的空间。一般来说，当文件个数比较多时，平均每个文件要浪费半个簇的空间。

为实现文件的链式存储，硬盘上必须准确地记录哪些簇已经被文件占用，还必须为每个已经占用的簇指明存储后继内容的下一个簇的簇号。对一个文件的最后一簇，则要指明本簇无后继簇，这些都由 FAT 来保存。表中有很多选项，每项记录一个簇的信息。由于 FAT 对文件管理的重要性，所以 FAT 有一个备份，位置在原 FAT 的后面再建一个同样的 FAT，即 FAT2。最初形成的 FAT 中，所有项都标明为“未占用”。如果磁盘有局部损坏，格式化程序会检测出损坏的簇，在相应的项中标为“坏簇”，以后存文件时就不会再使用这个簇。FAT 的项数与硬盘上的总簇数相当，每一项占用的字节数也与总簇数相适应，因为其中需要存放簇号。FAT 的格式有多种，最常见的是 FAT16 和 FAT32。其中 FAT16 是指文件分配表使用 2 字节即 16 位表示一个簇。由于 16 位分配表最多能管理 65536 个簇，而每个簇的存储空间最大只有 32KB，所以，在使用 FAT16 管理硬盘时，每个分区的最大存储容量就只有 65536×32KB= 2048MB，即 2GB。由于 FAT16 对硬盘分区的容量限制，所以当硬盘容量超过 2GB 之后，用户只能将硬盘划分成多个 2GB 的分区后才能正常使用。为此，微软公司从 Windows 95 OSR2 版本开始使用 FAT32 标准，即使用 32 位表示一个簇的文件分配表来管理硬盘文件，这样系统就能为文件分配多达 4294967296（即 2^{32}）个簇，所以在簇同样为 32KB 时，每个分区容量最大可达 128TB 以上。此外，使用 FAT32 管理硬盘时，每个逻辑盘中的簇大小也比使用 FAT16 标准管理的同等容量的逻辑盘小很多。由于文件存储在硬盘上占用的磁盘空间以簇为最小单位，所以，某一个文件即使只有几十字节也必须占用整个簇，因此，逻辑盘的簇单位容量越小越能合理利用存储空间，所以 FAT32 更适用于大容量硬盘。

4）FDT 区

FDT（File Directory Table，文件目录表）是根目录区，紧接着 FAT2（备份的 FAT 表）之后，记录着根目录下每个文件或目录的起始单元、文件的属性等。定位文件位置，操作系统根据 FDT 中的起始单元，结合 FAT 就可确定文件在硬盘中的具体位置和大小。

5）DATA 区

DATA（数据）区，是真正意义上的存储数据的地方，位于 FDT 区之后，占据硬盘上的大部分空间。

MBR 一般占用 63 个扇区（实际只占用 1 个扇区）；DBR 占用 32 个扇区（实际只占用第 1 和第 6 两个扇区，第 1 扇区起作用，第 6 扇区为第 1 扇区的备份）；FAT1=FAT2，FAT 的长度为变长，随分区大小、每簇扇区数的变化而变化；FDT 的变化量大，早期的系统中，FDT 是固定长度，为 32 扇区，而每个文件目录项占用 32 字节，所以，根目录下最多只能有 512 项（文件和目录总和），软盘只有 112 项，超过这个数就不能在根目录下建立文件或目录。后来为了突破这个限制，根目录采用和子目录一样的方式来管理，称为根目录文件。这样就没有这个限制了，从此也就不再有单独的根目录，而称为 DATA 的一部分。甚至，根目录文件并不一定紧跟在 FAT 之后，可以位于 DATA 区的任意位置。

只有当文件需要时，系统才给文件分配数据区空间。存放数据的空间按每次一个簇的方式分配，分配时系统跳过已分配的簇，第一个遇到的空簇就是下一个将要分配的簇，此时系统并不考虑在磁盘上的物理位置。同时，文件删除后空出来的簇也可以分配给新的文件，这样做可使磁盘空间得到有效利用。

数据区空间的使用是在文件分配表和文件目录表的统一控制下完成的，每个文件所有的簇在文件分配表中都是连接在一起的。

文件分配表(FAT)是 DOS 文件管理系统用来记录每个文件的存储位置的表格，它以链的方式存放簇号。

FAT 紧接着 DOS 引导扇区存放。磁盘上有两个 FAT，一个是基本表，另一个是备份。两个表的长度和内容相同。每个 FAT 所占用的扇区数取决于 DOS 版本、分区大小、每簇的扇区数等因素。其具体所占扇区数可参见 BPB 偏移 16H(小于 32MB)和 24H(大于 32MB)处的值。

磁盘格式化后，用户文件以簇为单位存放在数据区中，一个文件至少占用一个簇。当一个文件占用多个簇时，这些簇的簇号不一定是连续的，但这些簇号在存储该文件时就确定了顺序，即每个文件都有其特定的“簇号链”。磁盘上的每一个可用的簇在 FAT 中有且只有一个登记项，通过在对应簇号的登记项内填入“表项值”来表明数据区中的该簇是已占用、空闲或是坏簇三种状态之一。损坏的簇可以在格式化过程中，由 Format 命令发现并记录在 FAT 中。在一个簇中，只要有一个扇区有问题，该簇就不能使用。

簇号的长度由簇的多少决定，进而决定 FAT 中表项的位数，现在 FAT 的位数主要有 16 位和 32 位。FAT 表项的位数与操作系统版本及所用磁盘的容量等有关。16 位的 FAT 表项最多可表示 65535 个簇，一般每簇不多于 64 个扇区(32KB)，最多只能管理 32×65535=2097120KB=2048MB=2GB 的磁盘，对于容量超过 2GB 的大容量硬盘，则必须将其划分成不超过 2GB 的逻辑盘。如果逻辑盘大于 2GB，高级格式化时又采用 FAT16 格式，虽然该逻辑驱动器大于 2GB，但也只能使用前 2GB 的空间。

Windows 95 OSR2 和 Windows 98 将 FAT 表项长度增加到 32 位，称为 FAT32。在 FAT32 模式下，就算是每个簇只有 4KB 大小，也可以管理 4KB×4294967296(表项)=17179869184KB=16777216MB=16384GB=16TB 的分区。

DOS 以簇为单位给文件分配磁盘空间，每个簇在 FAT 表中占有一个登记项。所以，在 FAT 表中，簇编号也是登记项编号。每一个登记项作为一个簇的标志信息占用一定的空间。在 FAT 的簇登记项中，0 号登记项和 1 号登记项是表头，簇的登记项从 2 号开始，即磁盘上的第一个文件从第 2 簇开始分配。

FAT 的功能如下。

(1)表明磁盘类型。

FAT 的第 0 簇和第 1 簇为保留簇，其中，第 0 字节(首字节)表示磁盘类型，其值与 BPB 中磁介质描述符所对应的磁盘类型相同。

(2)表明一个文件所占用的各簇的簇链分配情况。

(3)标明坏簇和可用簇。

若磁盘格式化时发现坏扇区，即在相应簇的表项中写入 FFF7H，表明该簇的扇区不能使用，DOS 就不会将它分配给用户文件。

磁盘上未用但可用的空簇的表项值为 0000H，当需要存放新文件时，DOS 按一定顺序将它们分配给新文件。

虽然 FAT 记录了文件所用的磁盘空间信息，但是 DOS 引导区、两个 FAT 和文件目录区 FDT 等磁盘空间并不由 FAT 中的簇表示，FAT 只与 DATA 区的空间相对应。

用 Format 命令对磁盘进行高级格式化的时候，就已经为整个磁盘建立了一个根目录

FDT。在根目录下，用户可以再创建不同的子目录或文件。根目录以及各个子目录都有自己的 FDT。

在具体操作中，DOS 规定用字母 C～Z 代表逻辑盘符，所以，DOS 简单地用“[盘符：]\”表示根目录。根目录的作用是分配根目录下的所有文件和子目录的存储空间(逻辑扇区号)，并通过设备驱动程序接口确定有效的最大目录项。

根目录下的所有文件及其子目录在根目录的文件目录表中都有一个目录登记项。每个目录登记项占用 32 字节，提供有关文件或子目录的信息。

FAT 对每个文件来说其数据结构是一个单向链表，而每个文件在 FDT 中占一个文件目录项，系统根据 FAT 中文件的单向链表的首表项找到文件全部内容。

FAT32 文件系统是对早期 DOS 的 FAT16 文件系统的增强，由于文件系统的核心——FAT 由 16 位扩充为 32 位，所以称为 FAT32 文件系统。在一个逻辑盘超过 512MB 时使用这种格式会更高效地存储数据，减少硬盘空间的浪费，还会使程序运行加快，使用的计算机系统资源更少。因此，FAT32 是大容量硬盘的极有效的文件系统。与 FAT16 文件系统相比，FAT32 的变化部分有如下 6 点。

(1) FAT32 文件系统将逻辑盘的空间划分为三个部分，依次是引导区(BOOT 区)、文件分配表区(FAT 区)和数据区(DATA 区)。引导区和文件分配表区又合称系统区。

(2) 引导区从第一扇区开始，使用三个扇区(实际只使用了第一扇区，但第二和第三扇区也写入了 55AA 标志)，保存该逻辑盘每扇区字节数，每簇对应扇区数等重要参数和引导记录。之后还留有若干保留扇区，两者共占用 32 个扇区。而 FAT16 文件系统的引导区一般只占用一个扇区，没有保留扇区。

(3) 文件分配表区保存了两个相同的文件分配表，因为文件所占用的存储空间(簇链)及空闲空间的管理都通过 FAT 来实现，FAT 非常重要，所以系统保存两个，以便在第一个损坏时，还有第二个备用。文件系统对数据区的存储空间是按簇进行划分和管理的，簇是空间分配和回收的基本单位，即一个文件总是占用若干整数簇，文件所使用的最后一簇剩余的空间不再使用。

平均每个文件浪费 0.5 簇的空间，簇越大，存储文件时浪费空间越多，空间利用率越低。因此，簇的大小决定了磁盘数据区的利用率。FAT32 系统簇号用 32 位二进制数表示，大致 00000002H～FFFFFFEFH 为可用簇号。FAT 按顺序依次记录该盘各簇的使用情况，是一种位示图法。

每簇的使用情况用 32 位二进制数填写，未被分配的簇相应位置写 0；坏簇相应位置填入特定值；已分配的簇相应位置填入非零值。如果该簇不是文件的最后一簇，则填入的值为该文件占用的下一个簇的簇号，将文件占用的各簇构成一个簇链；如果该簇是文件的最后一簇，则填入结束标志 FF FF FF 0F。00000000H、00000001H 两簇不使用，其对应的两个 DWORD 位置(FAT 表开头的前 8 字节)存放介质类型编号。FAT 表的大小由该逻辑盘数据区的簇数决定，取整数个扇区。

(4) FAT32 系统一簇对应 8 个逻辑相邻的扇区。

(5) 根目录区(ROOT 区)不再是固定区域、固定大小，可看作数据区的一部分，因为根目录已改为根目录文件，采用与子目录文件相同的管理方式。一般情况下，从第二个簇开始使用，大小视需要增加。因此，根目录下的文件数目不再受最多 512 个的限制。

(6)一个目录项仍占用 32 字节，可以是文件目录项、子目录项、卷标项(仅根目录有)、已删除目录项和长文件名目录项等。全部 32 字节的定义如表 6.1 所示。

表 6.1　全部 32 字节的定义

字节	说明
0～7	文件名
8～10	文件扩展名
11	文件属性。按二进制位定义，最高两位保留未用，0～5 位分别是只读位、隐藏位、系统位、卷标位、子目录位和归档位，当只读位、隐藏位、系统位、卷标位全为 1，其他位全为 0，即 11 字节为 0FH 时，表示该项为长文件名记录项
12～13	仅长文件名目录项有效，用来存储其对应的短文件名目录项的文件名字节校验和
13～15	24 位二进制文件建立时间，其中高 5 位为小时，次 6 位为分钟，再次 5 位的倍数为秒，最后 8 位为单位精确到 10 毫秒的秒数
16～17	16 位二进制文件建立日期，其中高 7 位为相对于 1980 年的年份值，次 4 位为月份，后 5 位为月内日期
18～19	16 位二进制文件最新访问日期，定义同 16～17 字节
20～21	起始簇号的高 16 位
22～23	16 位二进制文件最新修改时间，其中高 5 位为小时，次 6 位为分钟，后 5 位的倍数为秒数
24～25	16 位二进制文件最新修改日期，定义同 16～17
26～27	起始簇号的低 16 位。对小文件而言即是起始簇号
28～31	32 位文件字节长度

磁盘中超过 1 字节的数据按低位到高位的方式存储，所以真实的文件起始簇号应是所显示数据的倒序，例如，起始簇号是“1A 2B 3C 4D”，倒序后即“4D 3C 2B 1A”。再通过“计算器”→“查看”→“科学型”将十六进制数值转换成十进制，即可得到文件的起始簇号。文件的字节长度亦是如此计算，例如，文件的字节长度是“0C 00 00 00”，倒序后是“00 00 00 0C”，再通过计算器将其转换成十进制数。

已删除文件或目录项的首字节值为 E5H。

在可以使用长文件名的 FAT32 系统中，文件目录项保存该文件的短文件名，长文件名用若干长文件名目录项保存，长文件名目录项倒序排列在文件短目录前面，全部采用双字节内码保存，每一项最多保存 13 个字符内码，11 字节为 0FH，12 字节指明类型，13 字节为校验和，26、27 字节为 0。

数据备份及恢复案例如下。

1. 手动恢复删除的文件

1) 使用 WinHex 打开 D 盘查看各项参数

(1)格式化 D 盘。

在资源管理器左侧树状结构中右击，选择“本地磁盘(D:)→格式化”命令，如图 6.1 所示，在文件系统中选择“FAT32”选项，单击“开始”和“确定”按钮对 D 盘进行格式化。

(2)使用 WinHex 获取 D 盘快照。

单击桌面上的 WinHex 图标，打开 WinHex。执行“工具”→“打开磁盘”命令，在逻辑驱动器中选择“(D:)”选项，单击“确定”按钮。取消选择“不要再显示此提示信息”复选框，如果选中了则不能获取新快照，可以通过“帮助”→“设置”→“初始化”命令来取消选择。

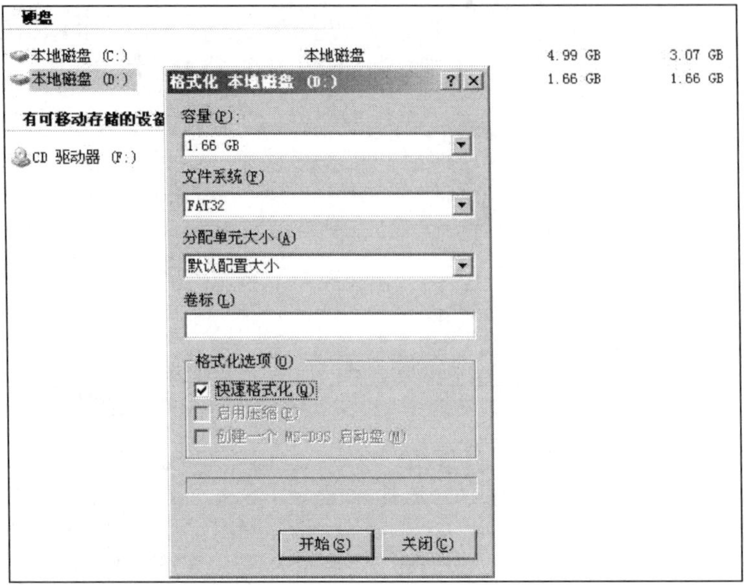

图 6.1　格式化

获取新快照后可以看到驱动器 D 中所包含的目录、文件、文件分配表大小和起始位置等相关信息，如图 6.2 所示。

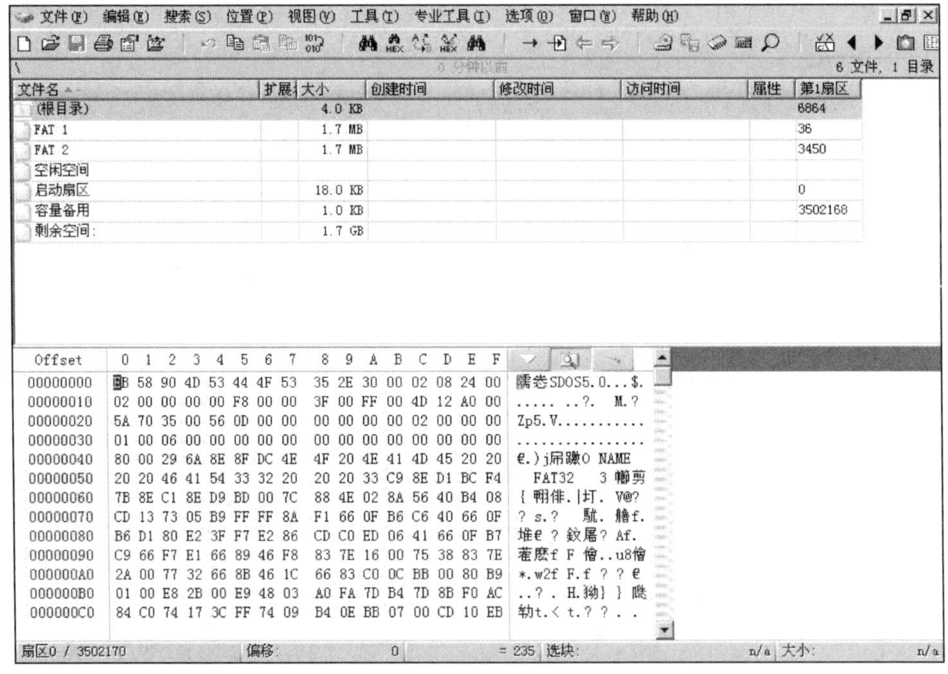

图 6.2　驱动器信息

(3) 查看 FAT1。

单击 WinHex 中 D 盘快照中文件列表中的 FAT1 即可查看 FAT1。

单击 FAT1 中的数据可在左侧的参数框中看到数据所代表的簇号和簇的当前状态。

(4) 计算 FDT 的起始位置。

在文件列表中可以看到 FAT1 和 FAT2 的第 1 扇区位置，FAT2 是 FAT1 的备份，大小相等，内容相同，如图 6.3 所示。因此可以推算出它的大小为 FAT2 的第 1 扇区位置–FAT1 的第 1 扇区位置，记录 FAT1 的大小。

FDT 的位置在 FAT2 之后，所以可以通过 FAT2 的第 1 扇区位置＋FAT1 的大小来得到 FDT 的起始位置，记录 FDT 的起始位置的逻辑扇区编号。

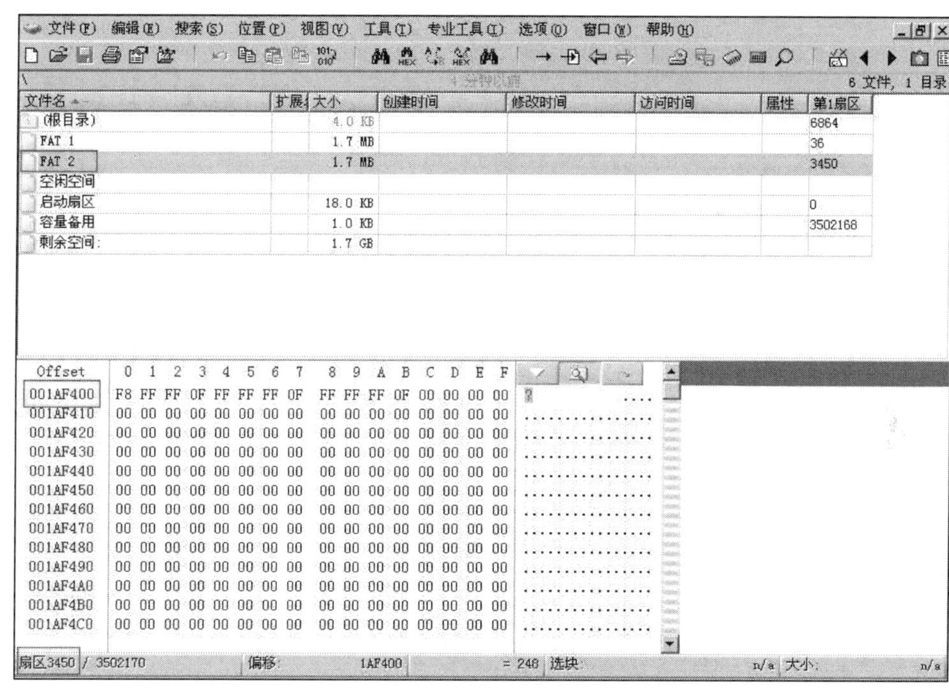

图 6.3　扇区信息

(5) 跳转到 FDT 的起始地址。

执行“位置”→“转到扇区”命令，如图 6.4 所示，在“扇区”文本框中输入 FDT 的起始位置的逻辑扇区编号，单击“确定”按钮即可跳转到 FDT 的起始地址。

(6) 根据实验原理了解 FDT 中的目录登记项的各部分含义。

2) 创建文本文件

在 D 盘根目录下新建文本文件 123.txt，内容为 123 的文本文件如图 6.5 所示。

3) 备份相关数据

(1) 重新获取磁盘快照。

此时弹出对话框提示“有快照可以重用”，单击“获取新快照”按钮即可获得逻辑驱动器的当前快照。

(2) 备份 FDT 中 123.txt 的目录登记项。

根据 FDT 的起始位置的逻辑扇区编号跳转到 FDT 的起始地址。

找到文件 123.txt 的登记项，根据数据区右侧的明文找到倒数 32 个与文件 123.txt 相关的字节，即文件的目录登记项，如图 6.6 所示。

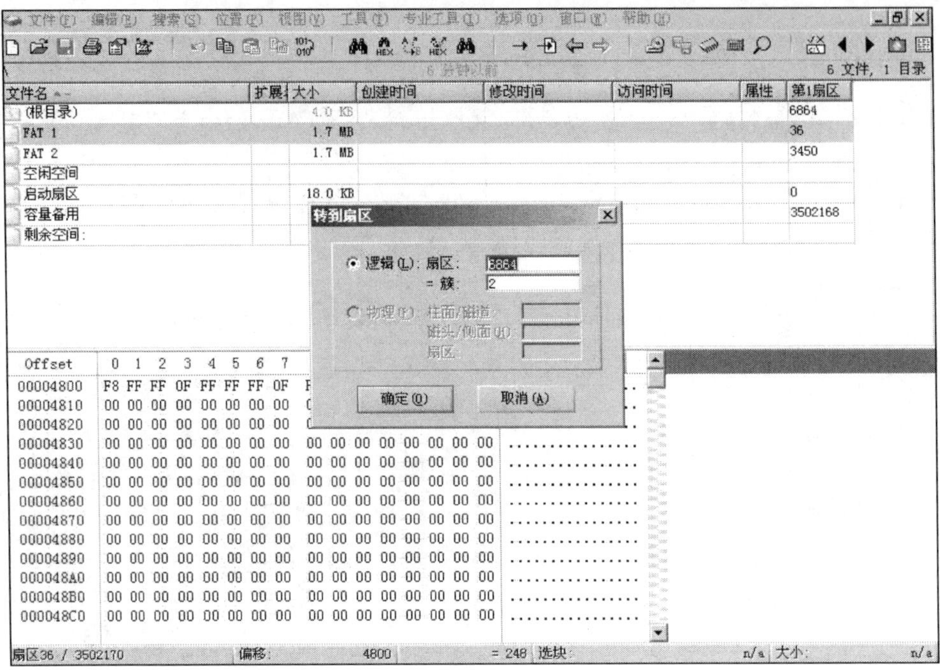

图 6.4　逻辑扇区编号与扇区信息

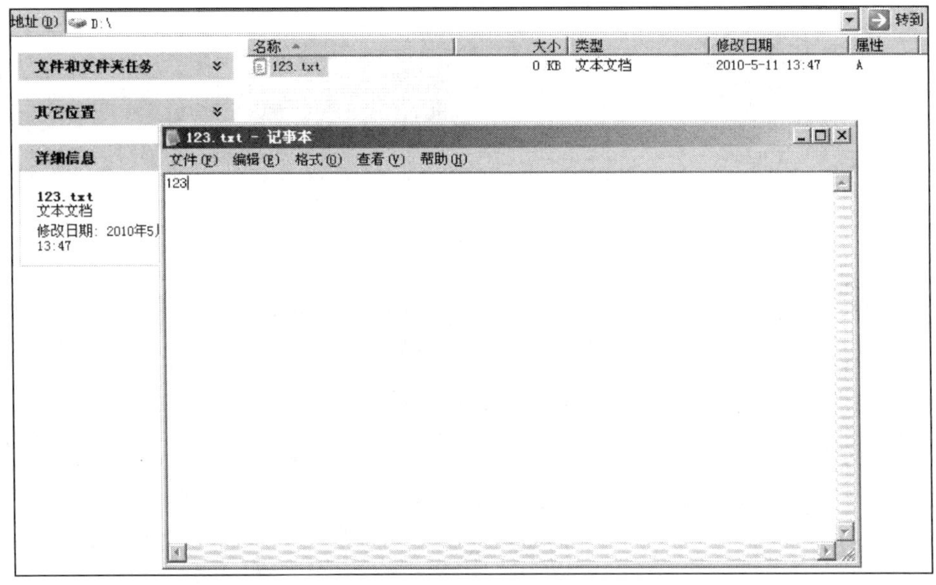

图 6.5　文本文件

按住鼠标左键拖动选中文件 123.txt 的目录登记项的 32 字节。右击被选中的数据块，选择“编辑”→“复制选块”→“置入新文件”命令，将新文件命名为 fdt.dat，并保存到 C 盘根目录下，单击“保存”按钮。此时新文件会在 WinHex 中被打开，如图 6.7 所示。

根据实验原理中对目录登记项各部分进行定义。

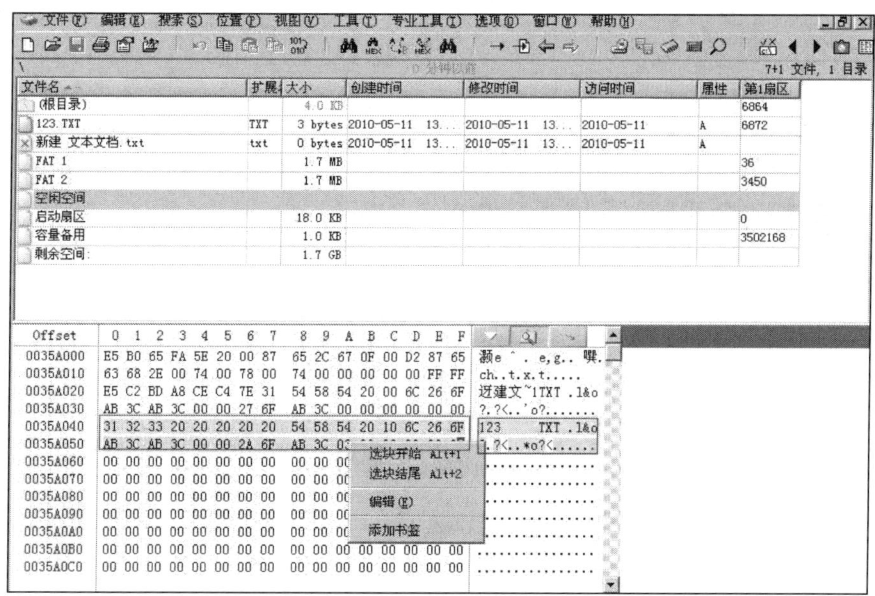

图 6.6　文件目录登记项

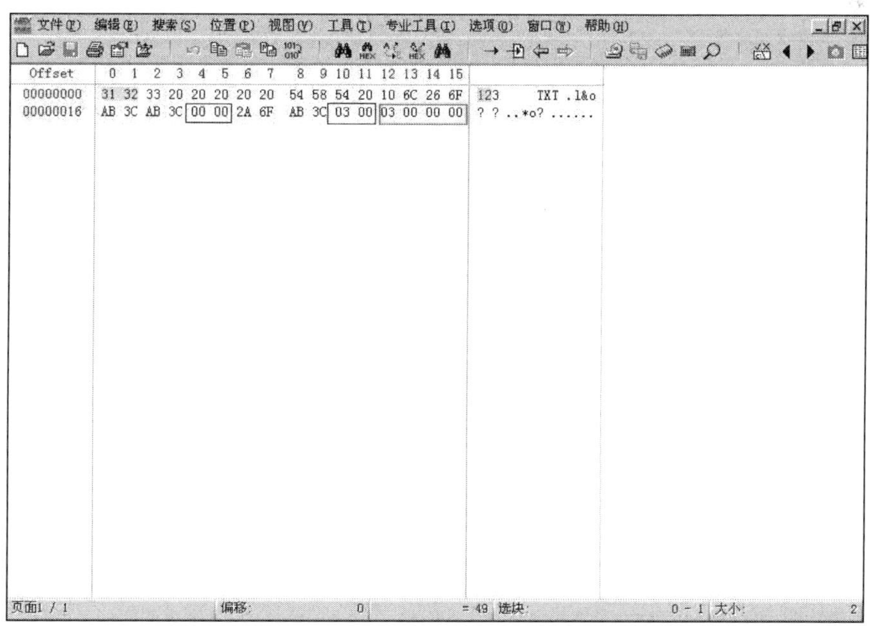

图 6.7　打开的新文件

(3) 备份 FAT1 中的相关数据。

参考 FDT 数据的备份步骤，如图 6.8 所示，将 FAT1 中的有效数据备份到 C 盘根目录下，保存文件名为 fat.dat。

(4) 查看 DATA 区域中文件 123.txt 的数据。

单击文件目录的 123.txt 文件，即可跳转到文件 123.txt 的起始地址，如图 6.9 所示，记录此地址。

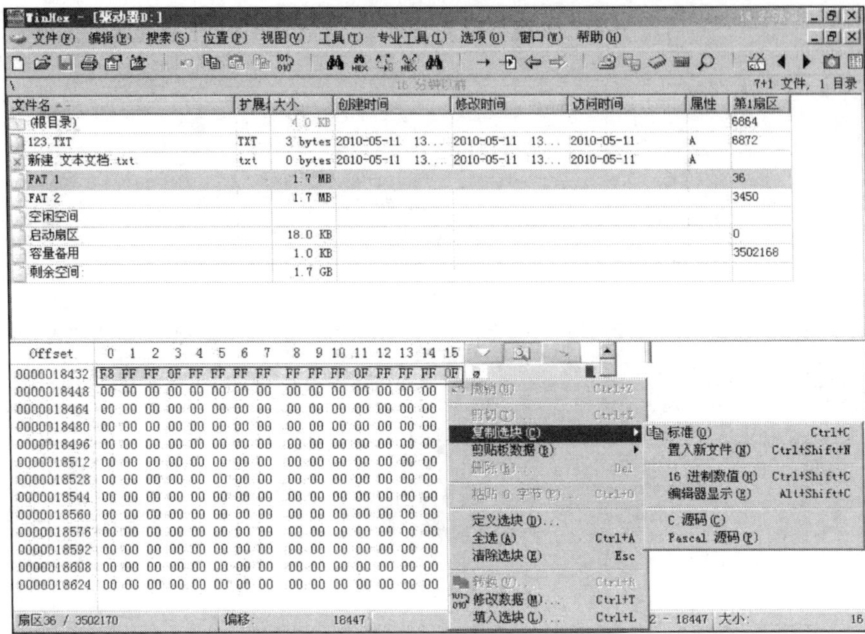

图 6.8　数据备份

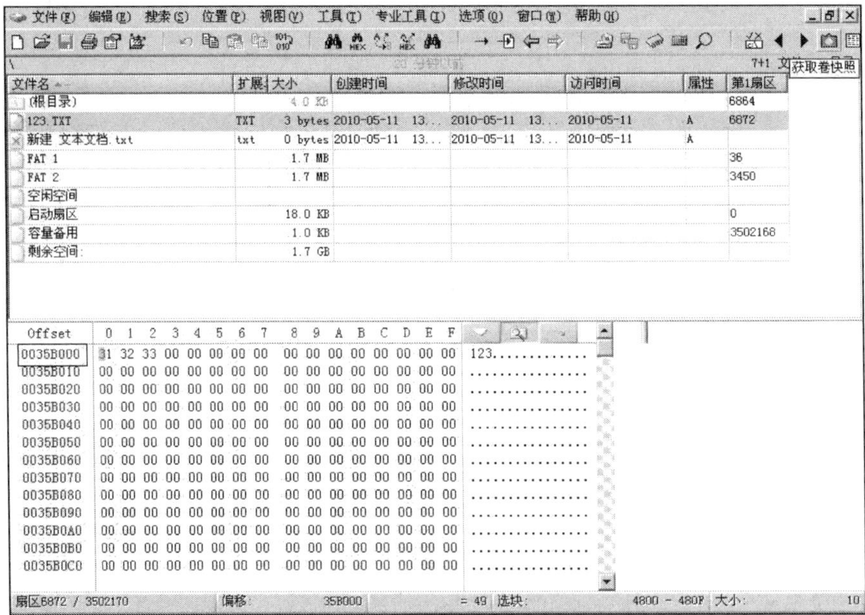

图 6.9　文件的起始地址

4) 删除文件

在 D 盘根目录下选中文件 123.txt，按 Shift+Delete 键将其删除。

(1) 查看删除标记，如图 6.10 所示。

(2) 重新获取 D 盘快照。

(3) 对比当前 FDT 中文件 123.txt 的目录登记项和 fdt.dat 中的相关数据。

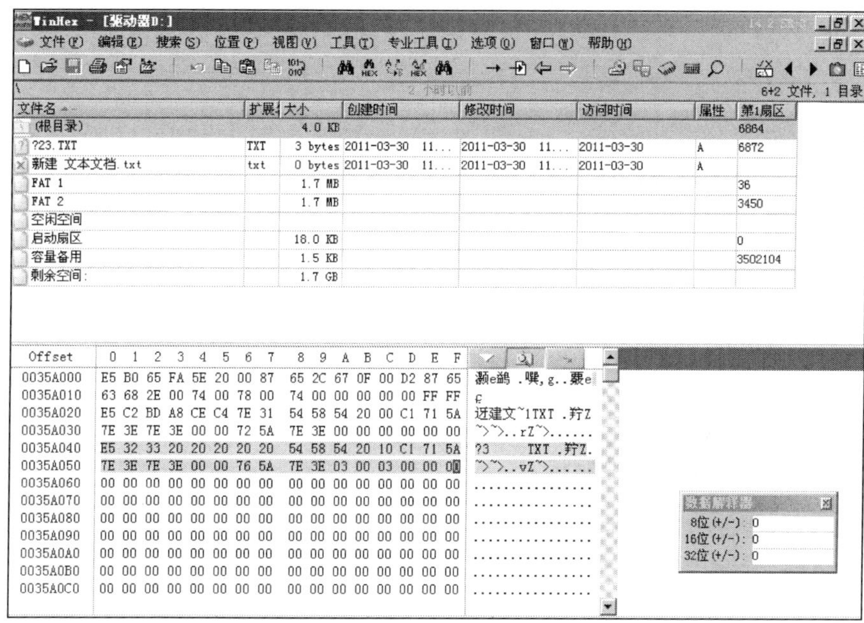

图 6.10　查看删除标记

(4) 查看 DATA 区域中文件 123.txt 的数据。

根据前面记录的文件 123.txt 的地址跳转相关簇并查看文件数据。

5) 根据备份数据恢复文件

(1) 根据备份数据 fdt.dat 和 fat.dat 恢复 FDT 与 FAT1 中的相关数据。

在 FDT 与 FAT1 的数据部分单击要修改的数据，然后通过键盘输入数值，如图 6.11 和图 6.12 所示。

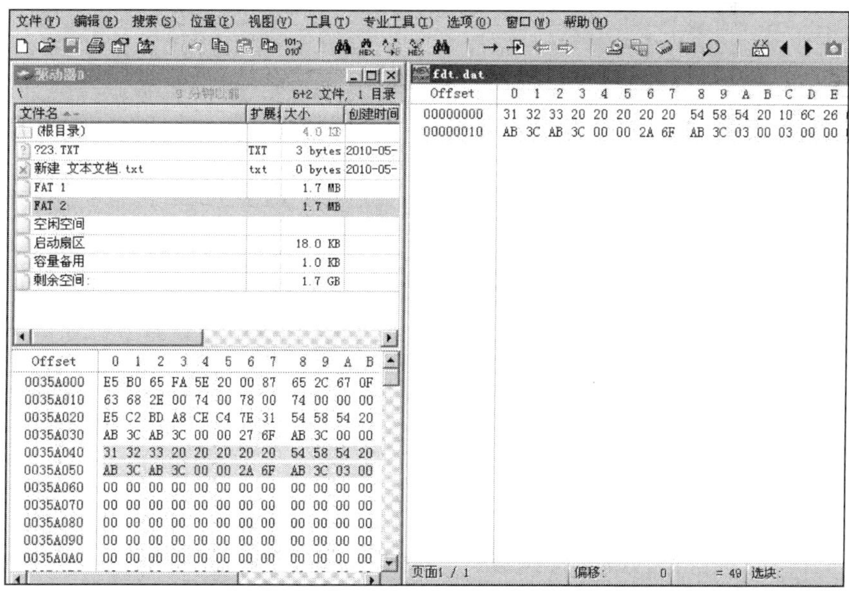

图 6.11　要修改的数据信息

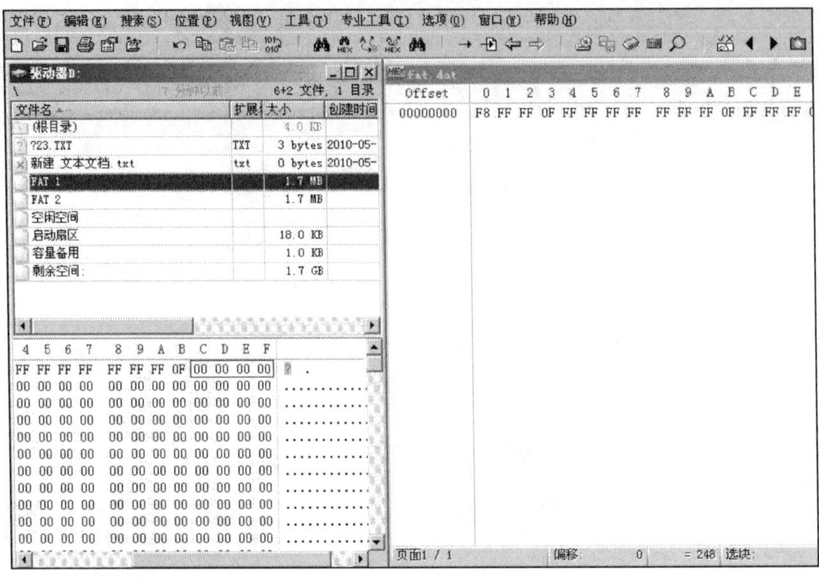

图 6.12　输入数值

按 Ctrl+S 键保存上述修改，出现提示信息，依次单击“确定”、“是”按钮完成保存。

⑵刷新 D 盘根目录查看文件是否被恢复。

2. 手动恢复被格式化分区的文件

1) 格式化 D 盘

⑴重新对 D 盘进行格式化。

⑵使用 WinHex 重新获取 D 盘快照。

⑶对比格式化前后 FDT 和 FAT1 中数据的变化。

2) 根据 DATA 区的数据内容恢复文件

⑴根据 fdt.dat 中的记录跳转到文件 Hello.txt 首簇位置查看文件数据。根据文件首簇位置和文件大小修改 FDT 和 FAT1。

⑵修改文件名。

假设只知道文件类型是文本文件而不知道文件名，则可以在相关字节中填入其他十六进制值，但是必须保证这些值符合文件名命名规则。0～7 字节为文件名，可以全部填入十六进制值“46”；8～10 字节为文件扩展名，填入十六进制值“54 58 54”。按 Ctrl+S 键保存上述修改。

⑶刷新 D 盘根目录查看文件。

6.2　NTFS 数据恢复案例分析

在 NTFS 文件系统中，文件按簇进行分配，一个簇必须是物理扇区的整数倍，而且总是 2 的整数次方。NTFS 文件系统的簇大小在使用格式化程序时，由格式化程序根据卷的大小自动进行分配。

在 NTFS 中，所有存储在卷上的数据都包含在文件中，包括用来定位和获取文件的数据结构、引导程序以及记录卷自身大小和使用情况的位图文件。这体现了 NTFS 的原则：磁盘上的任何事物都为文件。在文件中存储一切使得文件系统很容易定位和维护数据。文件通过主文件表(Master File Table，MFT)来确定其在磁盘上的存储位置。主文件表是一个与文件相对应的数据库，由一系列文件记录(File Record)组成——卷中每一个文件都有一个文件记录(对于大型文件还可能有多个记录与之相对应)。主文件表自身也有它自己的文件记录。MFT 中的文件记录大小一般是固定的，不管簇的大小是多少均为 1KB。文件记录在 MFT 文件记录数组中物理上是连续的，且从 0 开始编号，MFT 仅供系统本身组织、架构文件系统使用，这在 NTFS 中称为元数据(Metadata，是存储在卷上支持文件系统格式管理的数据。它不能被应用程序访问，只能为系统提供服务)。其中最基本的前 16 个记录是操作系统使用的非常重要的元数据文件。这些元数据文件的名称都以“$”开始，是隐藏文件，在 Windows NT/2000/XP 中不能使用 dir 命令像普通文件一样列出。

这些元数据文件是系统驱动程序管理卷所必需的，Windows NT/2000/XP 给每个分区赋予一个盘符并不表示该分区包含 Windows NT/2000/XP 可以识别的文件系统格式。如果主文件表损坏，那么该分区在 Windows NT/2000/XP 下是无法读取的。为了使该分区能够在 Windows NT/2000/XP 下被识别，必须首先建立 Windows NT/2000/XP 可以识别的文件系统格式，即主文件表，这个过程可通过高级格式化该分区来完成。Windows 以簇号来定位文件在磁盘上的存储位置，在 FAT 格式的文件系统中，有关簇号的指针包含在 FAT 表中，在 NTFS 中，有关簇号的指针包含在$MFT 及$MFTMirr 文件中。

NTFS 使用逻辑簇号(Logical Cluster Number，LCN)和虚拟簇号(Virtual Cluster Number，VCN)来对簇进行定位。LCN 是对整个卷中所有的簇从头到尾所进行的线性编号。用卷因子乘以 LCN，NTFS 就能够得到卷上的物理字节偏移量，从而得到物理磁盘地址。VCN 则是对属于特定文件的簇从头到尾进行编号，以便于引用文件中的数据。VCN 可以映射成 LCN，而不必要求在物理上连续。表 6.2 给出了元文件及对应的功能信息。

每个 MFT 记录都对应着不同的文件。如果一个文件有很多属性或是分散成很多碎片，就很可能需要多个文件记录。这时，存放其文件记录位置的第 1 个记录称为基文件记录(Base File Record)。

MFT 中的第 0 个记录就是 MFT 自身。由于 MFT 文件本身的重要性，为确保文件系统结构的可靠性，系统专门为它的起始部分记录准备了一个镜像文件($MFTMirr)，也就是 MFT 中的第 1 个记录，见表 6.2。

表 6.2　元文件及功能信息

序号	元文件	功能
0	$MFT	主文件表本身
1	$MFTMirr	主文件表的部分镜像
2	$LogFile	日志文件
3	$Volume	卷文件
4	$AttrDef	属性定义列表
5	$Root	根目录
6	$Bitmap	位图文件

续表

序号	元文件	功能
7	$Boot	引导文件
8	$BadClus	坏簇文件
9	$Secure	安全文件
10	$UpCase	大写文件
11	$Extend metadata directory	扩展元数据目录
12	$Extend\$Reparse	重点解析文件
13	$Extend\$UsnJrnl	变更日志文件
14	$Extend\$Quota	配额管理文件
15	$Extend\$ObjId	对象 ID 文件
16～23		保留
23+		用户文件和目录

第 2 个记录是日志文件($LogFile)。该文件是 NTFS 为实现可恢复性和安全性而设计的。当系统运行时，NTFS 就会在日志文件中记录所有影响 NTFS 卷结构的操作，包括文件的创建和改变目录结构的命令，从而可在系统失败时恢复 NTFS 卷。

第 3 个记录是卷文件($Volume)，它包含卷名、NTFS 的版本和一个标明该磁盘是否损坏的标志位(NTFS 系统以此决定是否需要调用 Chkdsk 程序来进行修复)。

第 4 个记录是属性定义表($AttrDef)，其中存放着卷所支持的所有文件属性，并指出它们是否可以被索引和恢复等。

第 5 个记录是根目录($Root)，其中保存着该卷根目录下的所有文件和目录的索引。在访问一个文件后，NTFS 就保留该文件的 MFT 引用，第二次就能够直接访问该文件。

第 6 个记录是位图文件($Bitmap)，NTFS 卷的簇使用情况都保存在这个位图文件中，其中每一位(bit)代表卷中的一簇，标识该簇是空闲还是已分配。由于该文件很容易被扩大，所以 NTFS 调卷可以很方便地动态扩大，而 FAT 格式的文件系统由于涉及 FAT 的变化，所以不能随意对分区大小进行调整。

第 7 个记录是引导文件($Boot)，它是另一个重要的系统文件，存放着 Windows NT/2000/XP 的引导程序代码。该文件必须位于特定的磁盘位置才能够正确地引导系统。

第 8 个记录是坏簇文件($BadClus)，它记录着该卷中所有损坏的簇号，防止系统对其进行分配使用。

第 9 个记录是安全文件($Secure)，它存储着整个卷的安全描述符数据库。NTFS 文件和目录都有各自的安全描述符，为节省空间，NTFS 将文件和目录的相同描述放在此公共文件中。

第 10 个记录为大写文件($UpCase)，该文件包含一个大小写字符转换表。

第 11 个记录是扩展元数据目录($Extended metadata directory)。

第 12 个记录是重点解析文件($Extend\$Reparse)。

第 13 个记录是变更日志文件($Extend\$UsnJrnl)。

第 14 个记录是配额管理文件($Extend\$Quota)。

第 15 个记录是对象 ID 文件($Extend\$ObjId)。

第 16～23 个记录是系统保留的记录。

MFT 的前 16 个元数据文件非常重要，为防止数据丢失，NTFS 系统在卷存储中对它们进行了备份。

NTFS 把磁盘分成两大部分，其中大约 12%分配给 MFT，以满足不断增长的文件数量需求。为保持 MFT 元文件的连续性，MFT 对这 12%的空间享有独占权，余下 88%的空间被用来存储文件，而剩余磁盘空间则包含所有的物理剩余空间（MFT 的剩余空间也包含在内）。MFT 空间的使用机制可以这样描述：当文件耗尽存储空间时，这些空间又会重新被划分给 MFT。虽然系统尽力保持 MFT 空间的专用性，但是有时不得不做出牺牲。尽管 MFT 碎片有时无法忍受，却无法阻止它的产生。

NTFS 通过 MFT 访问卷的过程如下。首先，当 NTFS 访问某个卷时，它必须装载该卷：NTFS 会查看引导文件（$Boot 元数据文件定义的文件），找到 MFT 的物理磁盘地址。然后，从文件记录的数据属性中获得 VCN 到 LCN 的映射信息，并存储在内存中。这个映射信息定位了 MFT 运行（run 或 extent）在磁盘上的位置。接着，NTFS 打开几个元数据文件的 MFT 记录，并打开这些文件。如有必要 NTFS 开始执行它的文件系统恢复操作。在 NTFS 打开了剩余的元数据文件后，用户就可以访问该卷了。

EasyRecovery 是数据恢复公司 Ontrack 的产品，它是一个硬盘数据恢复工具，能够帮助用户恢复丢失的数据以及重建文件系统。

（1）恢复被删除的文件。

在 EasyRecovery 主界面中选择“数据修复”→DeletedRecovery 命令进入修复删除文件向导，首先选择被删除文件所在分区，单击“下一步”按钮，软件会对该分区进行扫描，完成后会在窗口左边窗格中显示该分区的所有文件夹（包括已删除的文件夹），右边窗格显示已经删除了的文件，可先浏览被删除文件所在文件夹，然后就可以在右边的文件栏中看到该文件夹下已经删除的文件列表，选定要恢复的文件。

单击“下一步”按钮，先在“恢复到本地驱动器”处指定恢复的文件所保存的位置，这个位置必须在另外一个分区中。单击“下一步”按钮即开始恢复文件，最后会显示文件恢复的相关信息，单击“完成”按钮后，就可以在设置的恢复文件所保存的位置找到被恢复的文件。

文件夹的恢复方法和文件恢复类似，只需选定已被删除的文件夹，其下的文件也会被一并选定，其后的步骤与文件恢复完全相同。另外，文件恢复功能也可由“数据修复”→AdanceRecovery 命令来实现。

（2）恢复已格式化分区中的文件。

在主界面中选择“数据修复”→FormatRecovery 命令，接下来先选择已格式化的分区，然后扫描分区。扫描完成后，可看到 EasyRecovery扫描出来的文件夹都以 DIRXX（X 代表数字）命名，打开其下的子文件夹，名称没有发生改变，文件名也都是完整的，其后的步骤和前面一样，先选定要恢复的文件夹或文件，然后指定恢复后的文件所保存的位置，最后将文件恢复到指定位置。

需要注意的是，在每一个已删除文件的后面都有一个状况标志，用字母来表示，它们的含义是不同的，G 表示文件状况良好，完整无缺；D 表示文件已经删除；B 表示文件数据已损坏；S 表示文件大小不符。总之，如果状况标志为 G、D、X，则表明该文件被恢复的可能性比较大，如果标志为 B、A、N、S，则表明文件恢复成功的可能性比较小。

(3)从损坏的分区中恢复文件。

如果分区和文件目录结构受损，可使用 RAWRecovery 从损坏分区中扫描并抢救出重要文件。RAWRecovery 使用文件标志搜索算法从头搜索分区的每个簇，完全不依赖于分区的文件系统结构，也就是说，只要是分区中的数据块都有可能被扫描出来，并判断出其文件类型，从而恢复文件。

在主界面中选择“数据修复”→RAWRecovery 命令，接下来先选择损坏的分区，然后单击“文件类型”按钮，在出现的“RAWRecovery 文件类型”对话框中添加、删除各种文件类型标志，以确定在分区中寻找哪种文件，如要找 Word 文档，可将DOC文件标记出来，并单击“保存”按钮关闭对话框，接下来的扫描就只针对 DOC 文件进行，这样目标更明确，速度也更快。恢复的后续步骤和前面介绍的完全一样。

(4)修复损坏的文件。

用前面介绍的方法恢复的数据有些可能已经损坏了，不过只要损坏得不是太严重就可以用 EasyRecovery 来修复。

选择主界面中的“文件修复”命令，可以看到 EasyRecovery 可以修复五种文件：Access、Excel、PowerPoint、Word、ZIP。这些文件修复的方法是一样的，如修复 ZIP 文件，可选择 ZIPRepair，然后单击“浏览文件”按钮导入要修复的 ZIP 文件，单击“下一步”按钮即可进行文件修复。这样的修复方法也可用于修复在传输和存储过程中损坏的文件。

1. 恢复被删除的文件

(1)将 D 盘格式化为 NTFS 格式，如图 6.13 所示。

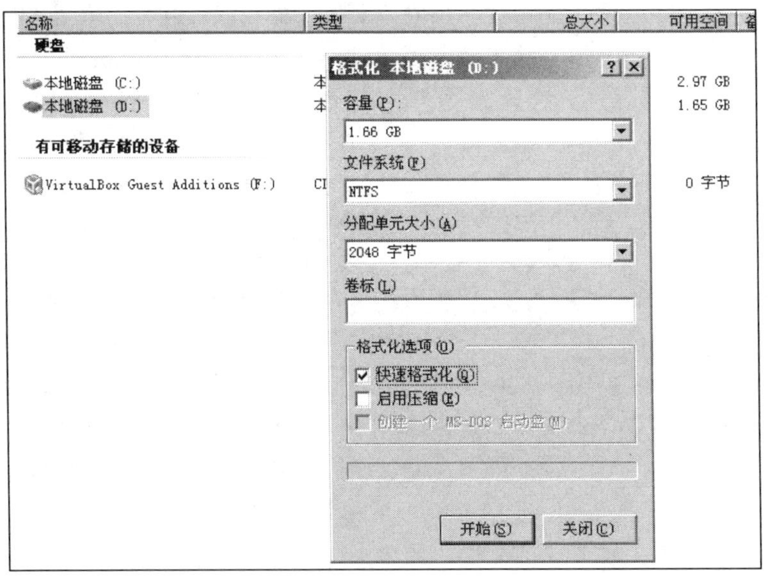

图 6.13　格式化磁盘

(2)在 D 盘下新建一个 txt 文件并输入任意字符，如图 6.14 所示，保存文件后按 Shift+Delete 键将其删除。

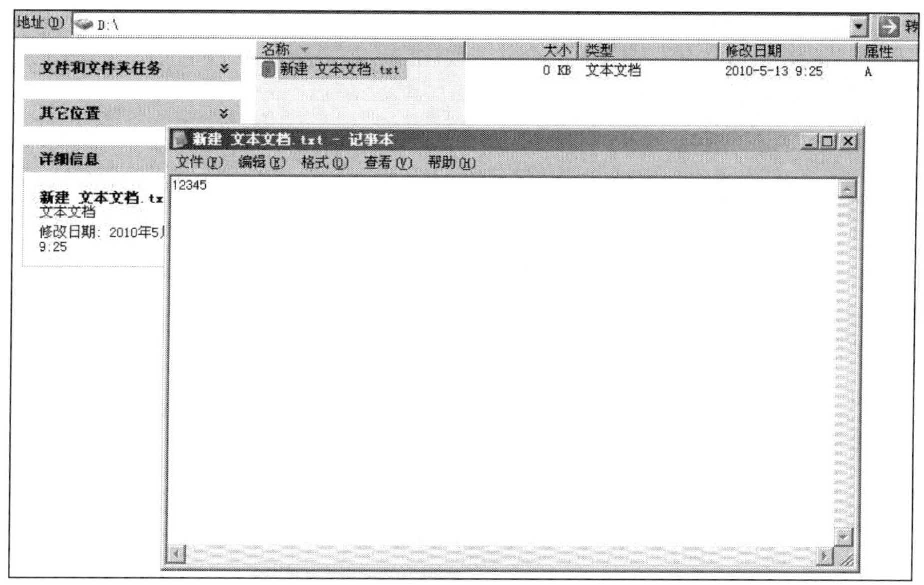

图 6.14　新建文本文件

(3)启动 EasyRecovery，选择“数据恢复”→“删除恢复”命令，如图 6.15 所示。

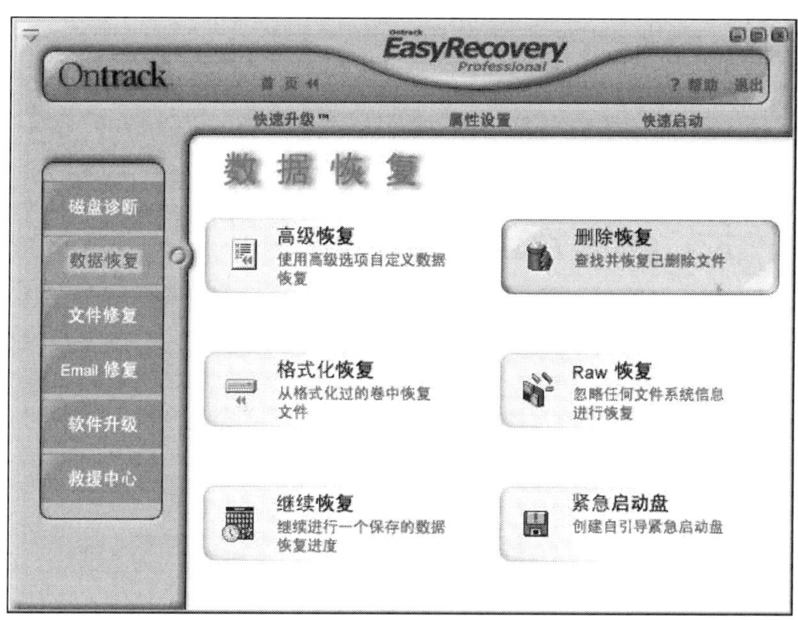

图 6.15　数据恢复界面

(4)对 D 盘进行扫描。

单击“删除恢复”按钮之后会出现相应的对话框，左边是现有的磁盘分区，右边是扫描的文件类型，选择要恢复文件所在的分区之后单击“下一步”按钮便可进行快速扫描，假如需要对分区进行更彻底的扫描，可选中“完整扫描”复选框，选择好分区后，单击“下一步”按钮，如图 6.16 所示。

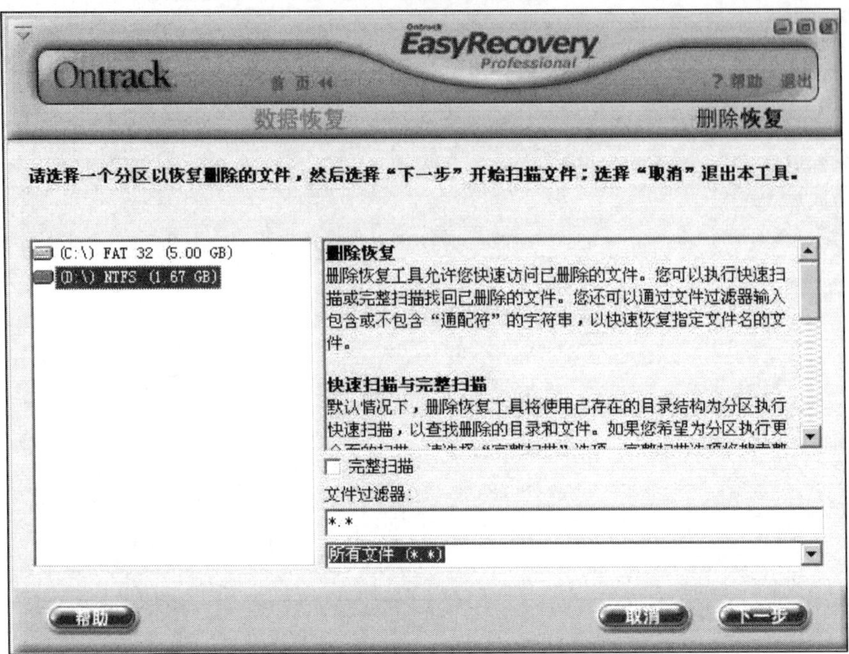

图 6.16 选择分区

(5) 恢复文件。

扫描完成后，可以看到左边的文件夹，单击刚才删除的文件夹，在右侧列出的文件就是能被恢复的文件，选择一个要恢复的文件，然后单击“下一步”按钮即可，如图 6.17 所示。

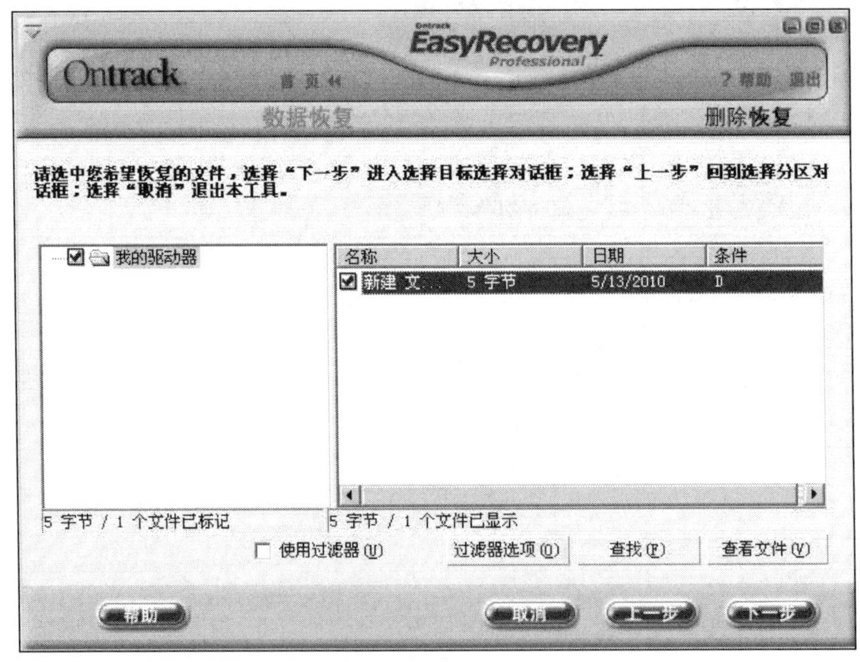

图 6.17 选择恢复文件

选择好要恢复的文件后，我们就来选择恢复目标的选项，一般我们都是恢复到本地驱动器里的，此时需要注意的是恢复的文件保存路径不能与原来的保存分区一致，否则不能保存，如图 6.18 和图 6.19 所示。

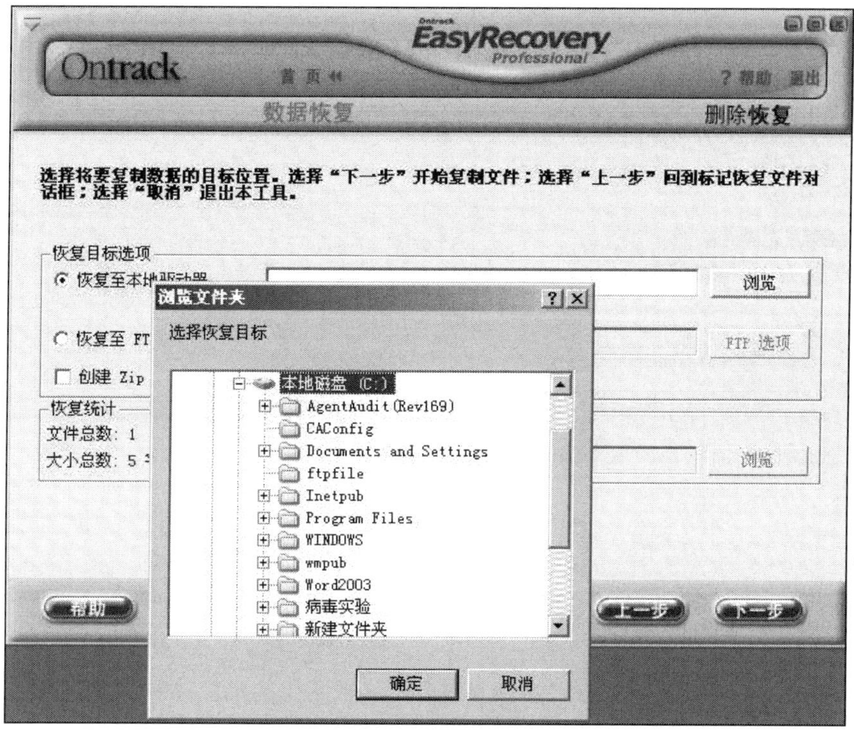

图 6.18　选择恢复驱动器和位置

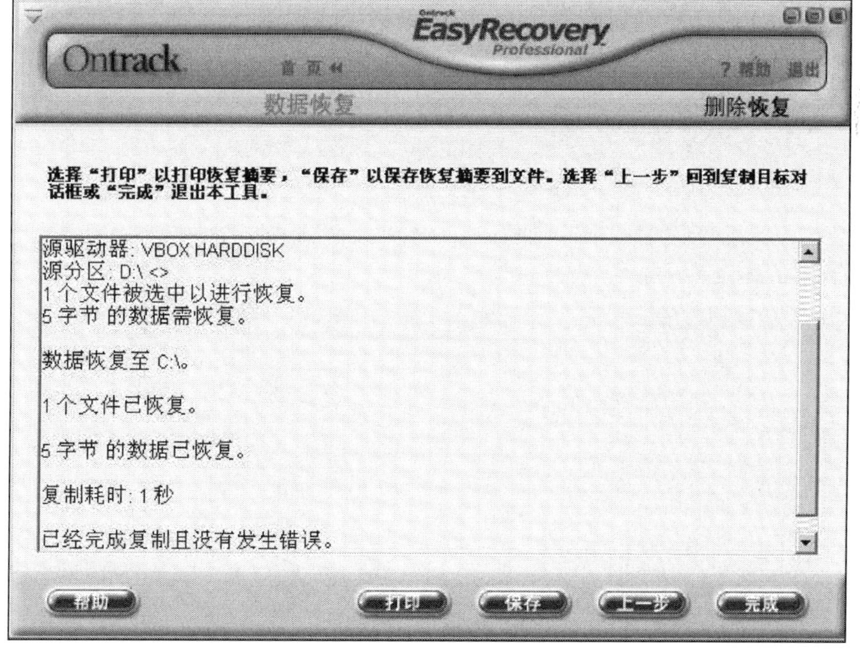

图 6.19　恢复过程

(6) 恢复完成后检查恢复后的文件是否与删除的文件一致。

2. 恢复被格式化分区的文件

(1) 在 D 盘新建一个 txt 文件，输入任意字符后保存，如图 6.20 所示。然后格式化 D 盘为 FAT32 格式。

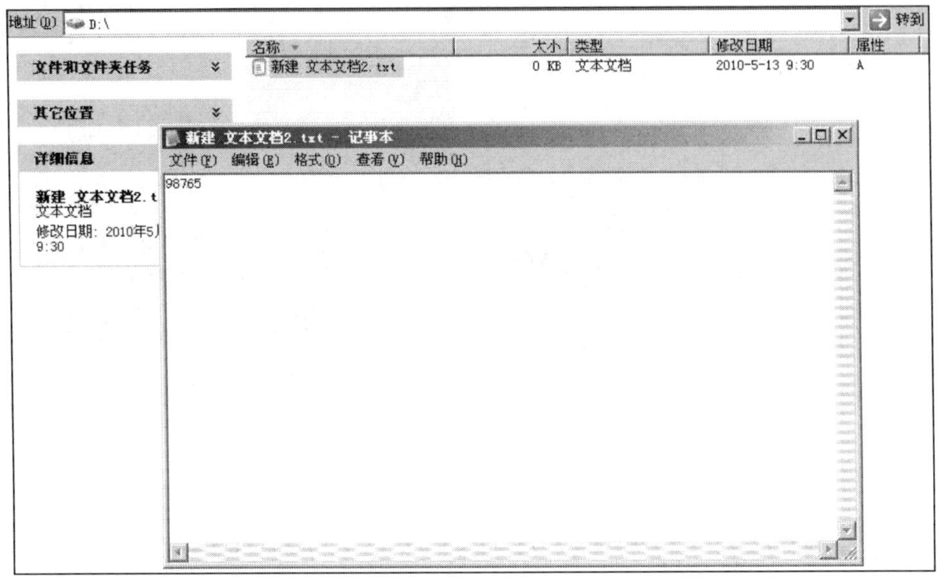

图 6.20　新建文件

(2) 启动 EasyRecovery，单击“格式化恢复”按钮，并在“先前的文件系统”下拉列表框中选择 NTFS 选项，即格式化前的文件系统格式，单击“下一步”按钮进行扫描，如图 6.21 所示。

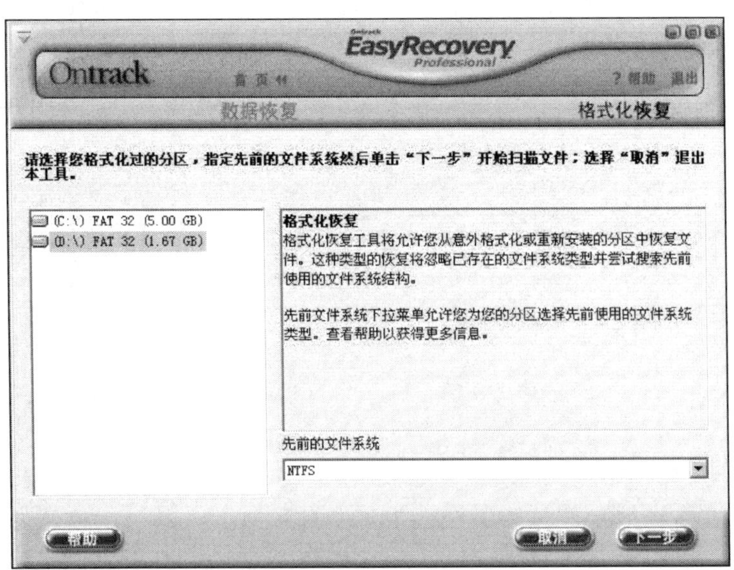

图 6.21　格式化恢复选项

(3)扫描完毕后选择需要恢复的文件进行恢复(图 6.22)，并检查恢复后的文件。

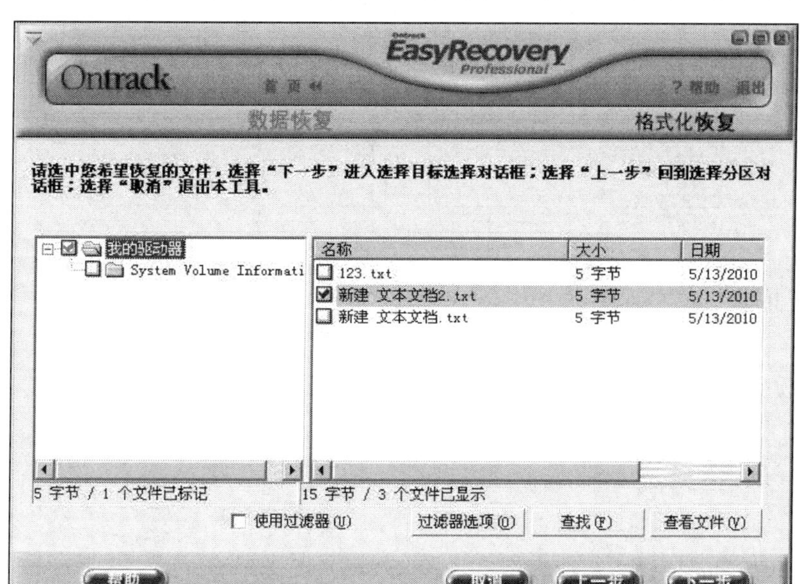

图 6.22　选择恢复文件

6.3　Windows 下 RAID 案例分析

RAID 是 Redundant Array of Independent Disk 的缩写，中文意思是独立冗余磁盘阵列。冗余磁盘阵列技术诞生于 1987 年，由美国加州大学伯克利分校提出。简单地解释，就是将 N 个硬盘通过 RAID Controller(分硬件和软件)结合成虚拟单台大容量的硬盘使用。RAID 的采用为存储系统(或者服务器的内置存储)带来巨大利益，其中提高传输速率和提供容错功能是最大的优点。

冗余磁盘阵列技术最初的研制目的是组合小的廉价磁盘来代替大的昂贵磁盘，以降低大批量数据存储的费用，同时希望采用冗余信息的方式，使得磁盘失效时不会使对数据的访问受损失，从而开发出一定水平的数据保护技术，并且能适当地提升数据传输速度。

冗余磁盘阵列是利用重复的磁盘来处理数据，使得数据的稳定性得到提高。RAID 按照实现原理不同分为不同的级别，不同的级别之间工作模式是有区别的。整个 RAID 结构是一些磁盘结构，通过对磁盘进行组合达到提高效率、减少错误的目的。RAID 规范主要包含 RAID 0～RAID7 等数个规范，它们的侧重点各不相同；为了便于说明，下面的示意图中的每个方块代表一个磁盘，竖的称为块或磁盘阵列，横的称为带区。

(1)冗余无校验的磁盘阵列(RAID0)。

RAID0 如图 6.23 所示，数据同时分布在各个磁盘驱动器上，分块无校验，无冗余存储，不提供真正的容错性。带区化至少需要两个硬盘，可支持 8/16/32 个磁盘。读写速度在 RAID 中最快，但任何一个磁盘驱动器损坏都会使整个 RAID 系统失效。一般用在对数据安全性要求不高，但对速度要求很高的场合。

优点：允许多个小分区组合成一个大分区，更好地利用磁盘空间，延长磁盘寿命，多个硬盘并行工作，提高了读写性能。

缺点：不提供数据保护，任一磁盘失效，数据可能丢失，且不能自动恢复。

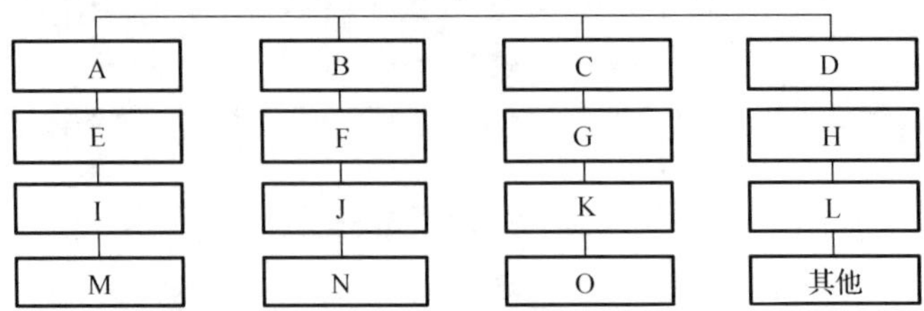

图 6.23　冗余无校验的磁盘阵列结构

(2) 镜像磁盘阵列 (RAID1)。

RAID1 如图 6.24 所示，每一组盘至少两台，数据同时以同样的方式写到两个盘上，两个盘互为镜像。磁盘镜像可以是分区镜像、全盘镜像。容错方式以空间换取，实施可以采用镜像或者双工技术。主要用在对数据安全性要求很高，而且要求能够快速恢复被损坏的数据的场合。

优点：具有较高可靠性，策略简单，恢复数据时不必停机。

缺点：有效容量只有总容量的 1/2，利用率为 50%。由于磁盘冗余，硬件开销较大，成本较高。

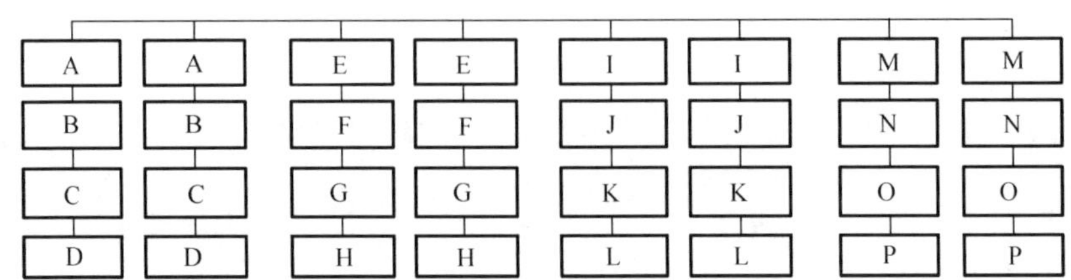

图 6.24　镜像磁盘阵列结构

RAID0+RAID1 如图 6.25 所示，结合了 RAID0 的性能和 RAID1 的可靠性。它不是成对地组织磁盘，而是把按照 RAID0 方式产生的磁盘组全部映像到另一备份磁盘组中。

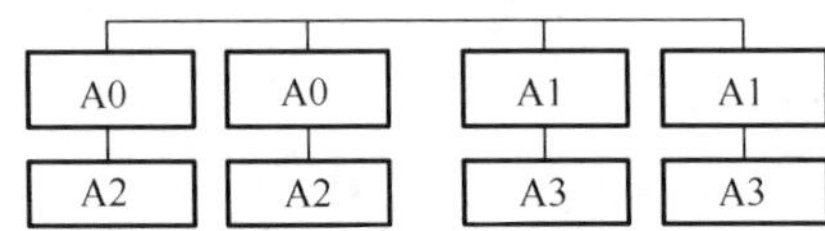

图 6.25　磁盘阵列结构

(3) 并行海明纠错阵列 (RAID2)。

RAID2 如图 6.26 所示，属于存储型 ECC 纠错类，采用海明冗余纠错码 (Hamming Code Error Correction)、跨接技术和存储纠错数据方法，数据按位分布在磁盘上。磁盘数由纠错码和数据盘数决定。磁盘驱动器组中的第一个、第二个、第四个、…、第 $2n$ 个磁盘驱动器是专门的校验盘，用于校验和纠错，例如，七个磁盘驱动器的 RAID2，第一、二、四个磁盘驱动器是纠错盘，其余的用于存放数据。使用的磁盘驱动器越多，校验盘在其中占的百分比越小。RAID2 对大数据量的输入/输出有很高的性能，但少量数据的输入/输出时性能不好。RAID2 很少实际使用。

优点：可靠性高，可自动确定哪个硬盘已经失效，并进行自动数据恢复。

缺点：磁盘冗余太多；开销太大；为防止纠错盘本身故障，RAID2 很少使用。

(4) 奇偶校验并行位纠错阵列 (RAID3)。

RAID3 如图 6.27 所示，结合跨接技术、存储纠错数据方式，采用数据校验和校正。它访问数据时一次处理一个带区，这样可以提高读取和写入速度。校验码在写入数据时产生并保存在另一个磁盘上。一个盘故障，可根据读出数据内容和奇偶校验位确定出错位置，对数据进行修正和重组，校验方式可采用位纠错或字节纠错。奇偶校验并行位纠错阵列校验码的生成如图 6.28 所示。

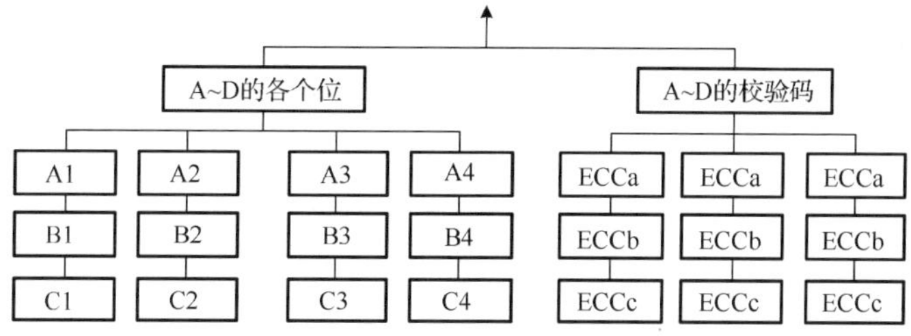

图 6.26　并行海明纠错阵列结构

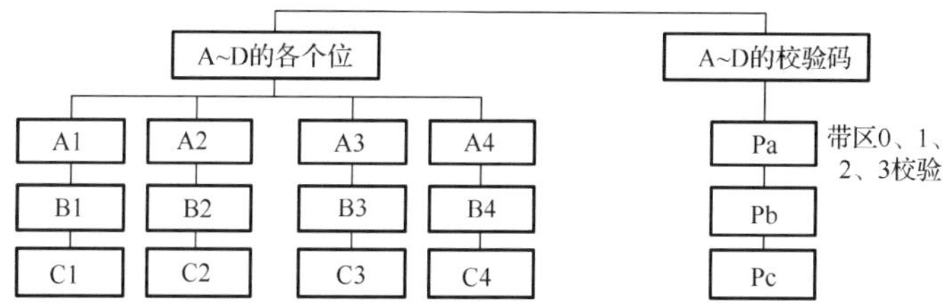

图 6.27　奇偶校验并行位纠错阵列结构

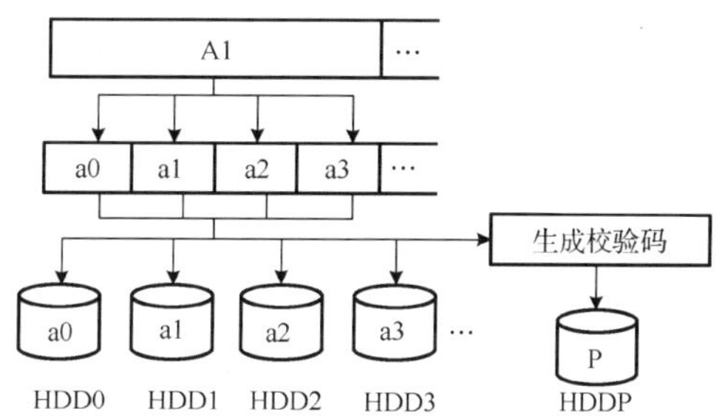

图 6.28　奇偶校验并行位纠错阵列校验码的生成

优点：速度快，适合较大单位数据的读写。

缺点：不适合小单位数据的读写；校验磁盘没有冗余，若校验磁盘失效，数据很难恢复。

(5) 奇偶校验扇区纠错阵列(RAID4)。

RAID4 如图 6.29 所示，与 RAID3 类似，但数据是以扇区(Sector)交错方式存储于各磁盘，也称块间插入校验，采用单独奇偶校验盘。

优点：只读一个扇区，只需访问一个磁盘；写一个扇区，只访问一个数据盘和一个校验盘；各磁盘可独立工作(扇区读写)，读写并行。

缺点：奇偶盘单独，出错后数据很难恢复。校验在一个磁盘上，产生写性能瓶颈。

RAID3 和 RAID4 不论有多少数据盘，均使用一个校验盘，采用奇偶校验的方法检查错误。任何一个单独的磁盘驱动器损坏都可以恢复。RAID3 和 RAID4 的数据读取速度很快，但写数据时要计算校验位的值以写入校验盘，速度有所下降，使用也不多。奇偶校验扇区纠错阵列校验码的生成如图 6.30 所示。

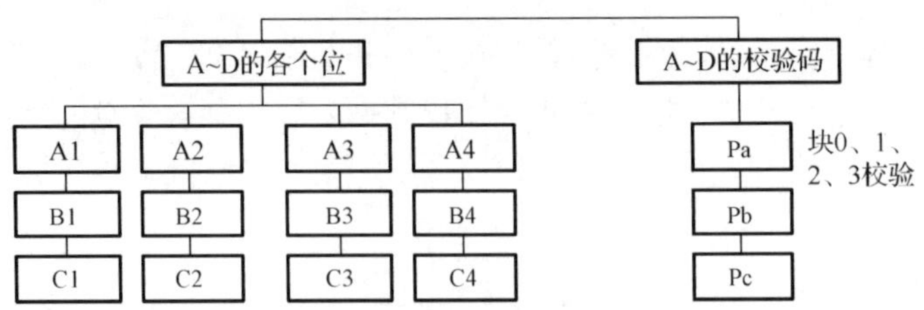

图 6.29　奇偶校验扇区纠错阵列结构

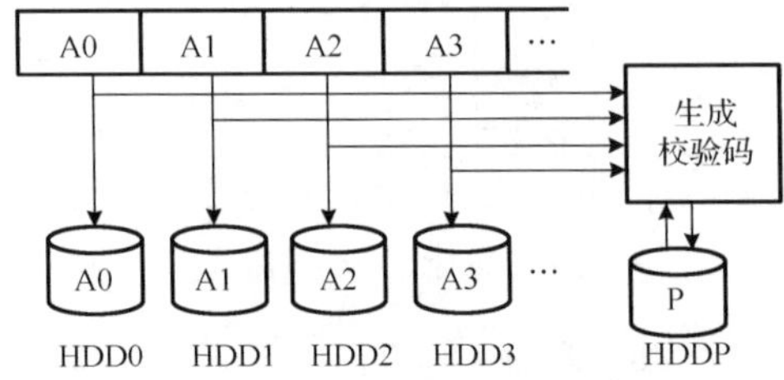

图 6.30　奇偶校验扇区纠错阵列校验码的生成

(6)循环奇偶校验阵列(RAID5)。

RAID5 如图 6.31 所示，与 RAID4 类似，但校验数据不固定在一个磁盘上，而是循环地依次分布在不同的磁盘上，也称块间插入分布校验。RAID5 级，无独立校验盘的奇偶校验磁盘阵列。同样采用奇偶校验来检查错误，但没有独立的校验盘，校验信息分布在各个磁盘驱动器上。RAID5 对大小数据量的读写都有很好的性能，它是目前采用最多、最流行的方式，至少需要 3 个硬盘。

优点：校验分布在多个磁盘中，写操作可以同时处理；为读操作提供了最优的性能；一个磁盘失效，分布在其他盘上的信息足够完成数据重建。

缺点：数据重建会降低读性能；每次计算校验信息，写操作开销会增大，是一般存储操作时间的 3 倍。

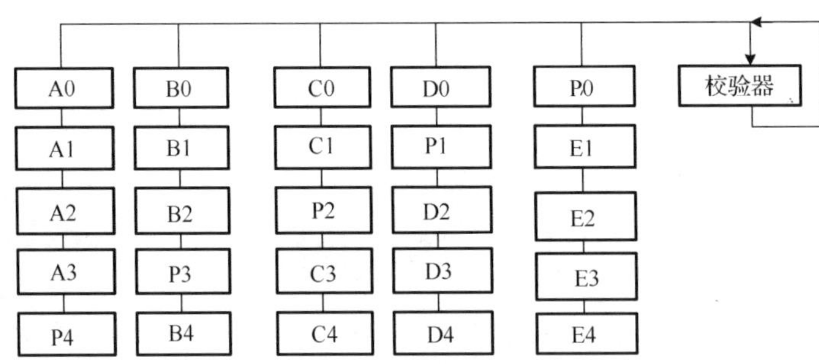

图 6.31　循环奇偶校验阵列结构

RAID0+RAID5 与 RAID0+RAID1 类似，它是将 RAID0 和 RAID5 结合起来。它的优点是同时拥有 RAID0 的超凡速度和 RAID5 的数据高可靠性。

(7)二维奇偶校验阵列(RAID6)。

RAID6 如图 6.32 所示，将整个磁盘阵列看成一个二维阵列 RAID5 只在一组(相当于行)上有奇偶校验盘，而 RAID6 在各组的同一位置的盘组成的列上也加上了奇偶校验盘。这两个奇偶校验盘形成了二维阵列。其中 P0 代表第 0 带区的奇偶校验值，而 PA 代表数据块 A 的奇偶校验值。

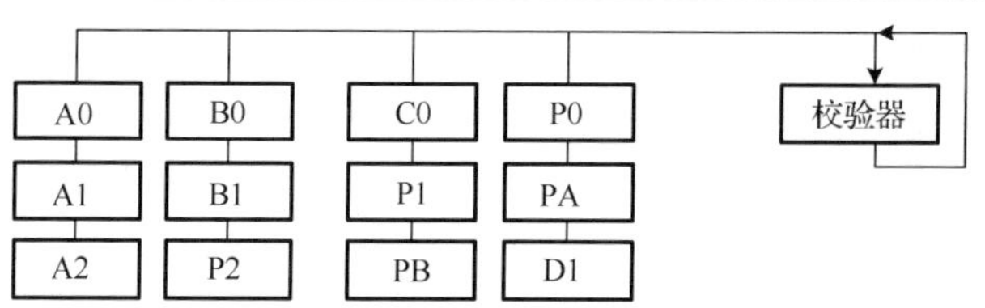

图 6.32　二维奇偶校验阵列结构

1. *添加磁盘*

(1) 进入 Windows 实验台界面，执行“控制”→“实验台硬盘设置”命令，如图 6.33 所示。

图 6.33　实验台硬盘设置

(2) 在弹出的对话框中设置添加硬盘的路径名称并设置磁盘大小为 2G，然后单击“附加”按钮直到完成；然后以相同的方式再添加两块硬盘，如图 6.34 所示。

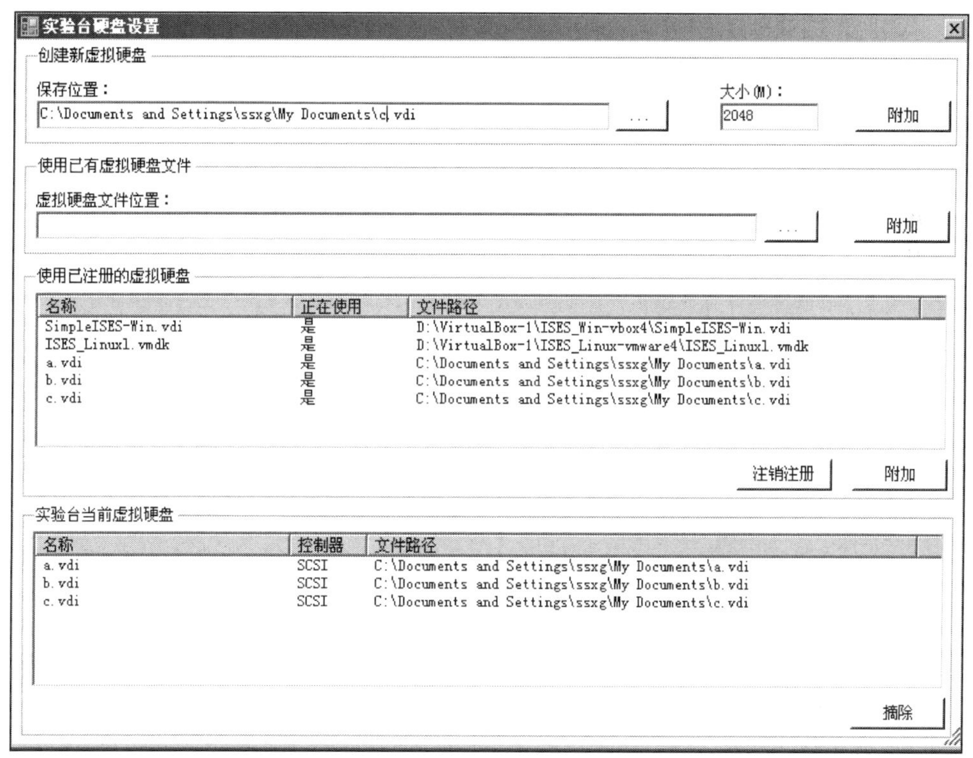

图 6.34　添加硬盘路径及大小

(3) 三块硬盘添加完成后，单击“启动”按钮进入 Windows 2003 系统。注意：在实验过程中不要关闭 Windows 实验台界面。

2. 升级磁盘

(1) 在 Windows 2003 系统下，右击“我的电脑”图标，选择“管理”命令，打开“计算机管理”工具。

(2) 在左侧控制台中依次展开“存储”→“磁盘管理”选项，此时弹出“磁盘初始化和转换向导”页，如图 6.35 所示，单击“下一步”按钮直至完成，以显示计算机中安装的所有磁盘。

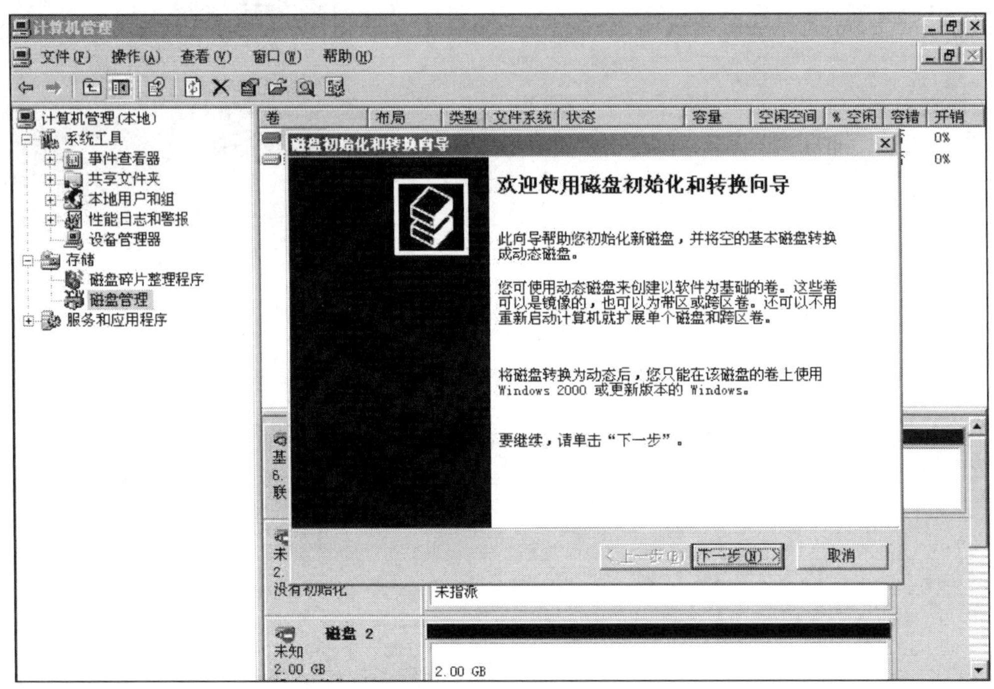

图 6.35　磁盘初始化和转换向导

(3) 右击磁盘 1，并在弹出的快捷菜单中选择“转换到动态磁盘”命令，将显示“选择要转换的磁盘”对话框；选中磁盘 1、磁盘 2 和磁盘 3，如图 6.36 所示；依次单击“下一步”、“确定”按钮，就会开始磁盘升级过程。升级完成后，磁盘下面的属性介绍会由“基本”变为“动态”。

3. 创建简单卷并扩展为跨区卷

1) 创建简单卷

右击磁盘 1 右侧的白色区域，选择“新建卷”命令。在弹出的“新建卷向导”欢迎页面单击“下一步”按钮，打开“选择卷类型”页，默认为简单卷，如图 6.37 所示，单击“下一步”按钮直到完成。

在接下来弹出的“欢迎使用找到新硬件向导”页面选中“是，仅这一次”单选按钮，如

图 6.38 所示，单击“下一步”按钮直至安装完成。磁盘 1 被格式化后，设置简单卷的过程结束。打开磁盘 E，新建文本文档，内容任意。

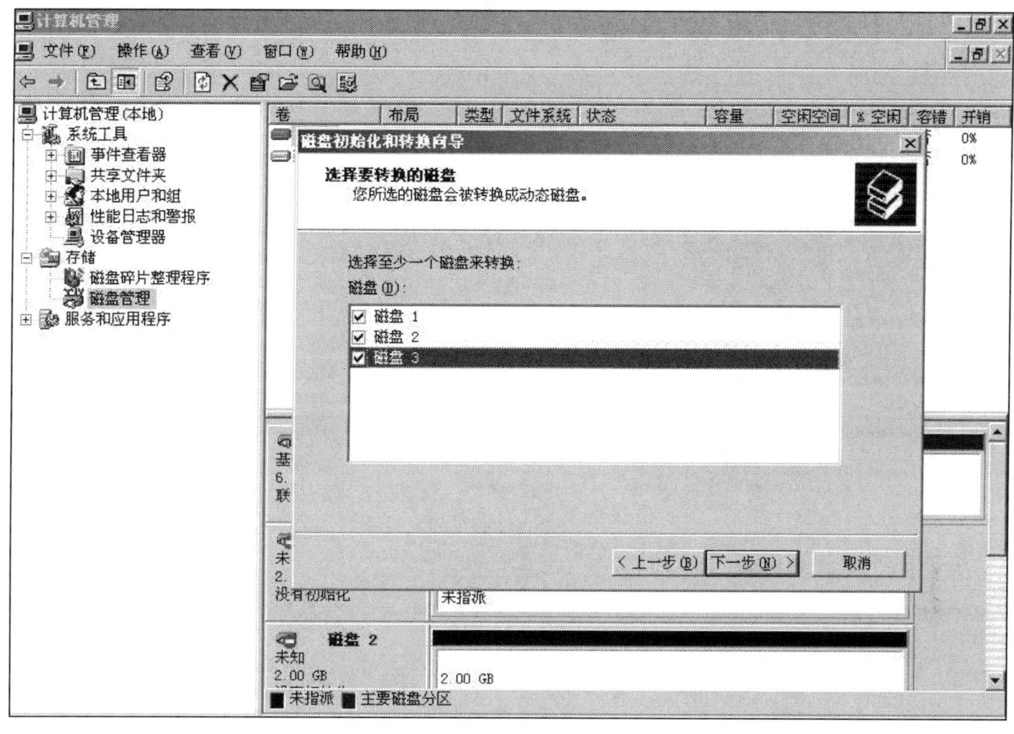

图 6.36　选择磁盘

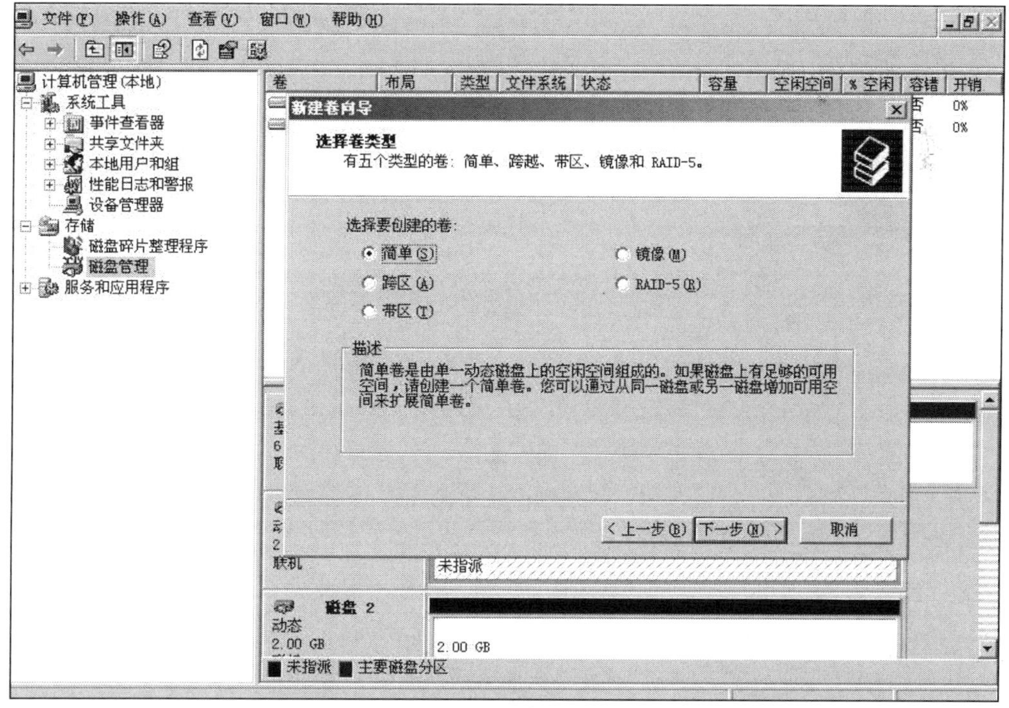

图 6.37　创建简单卷

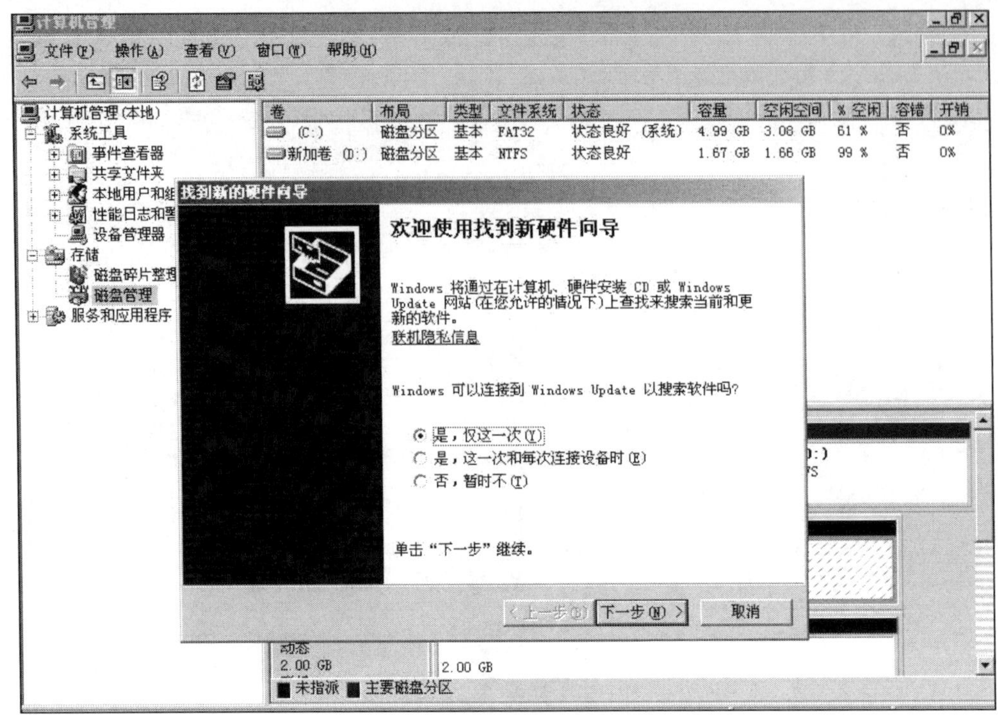

图 6.38　找硬件向导

2) 扩展 E 盘

右击新加卷(E:)，选择“扩展卷”命令，进入“扩展卷向导”页，单击“下一步”按钮，打开“选择磁盘”页；在左侧的“可用”栏中选中“磁盘 2”选项，然后单击“添加”按钮，这时磁盘 2 就被添加到了“已选的”栏中，如图 6.39 所示；单击“下一步”按钮直到完成。这时可以看到 E 盘的容量是磁盘 1 与磁盘 2 的容量之和。

4. 创建和测试镜像卷

1) 创建镜像卷

右击“新加卷(E:)”，选择“删除卷”命令，在弹出的提示框中选择“是”选项，这时创建的跨区卷及其中的数据被删除。

右击磁盘 1 右侧的白色区域，选择“新建卷”命令，在弹出的“新建卷向导”欢迎页面单击“下一步”按钮，打开“选择卷类型”页；选中“镜像”卷，单击“下一步”按钮，打开“选择磁盘”页；将“磁盘 2”添加进“已选的”栏，如图 6.40 所示；然后单击“下一步”按钮直到完成。注意：E 盘现在的容量与磁盘 1 和磁盘 2 的容量是一样的。打开 E 盘，在该盘新建一个文档，写入内容并保存。

2) 测试镜像卷

关闭实验台下的 Windows 2003 系统，在实验台界面执行“控制”→“实验台硬盘设置”命令。在“实验台当前虚拟硬盘”中选中硬盘 a 或 b，然后单击“摘除”按钮将它暂时移出虚拟机，如图 6.41 所示。这一步用来模拟镜像卷中一块硬盘坏了的情况。

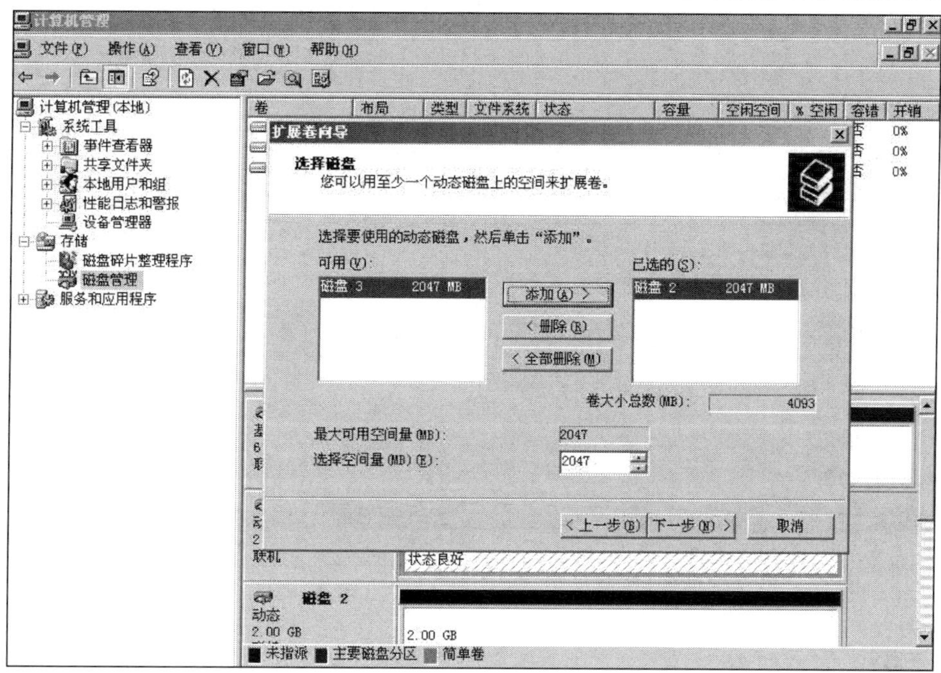

图 6.39　显示磁盘信息

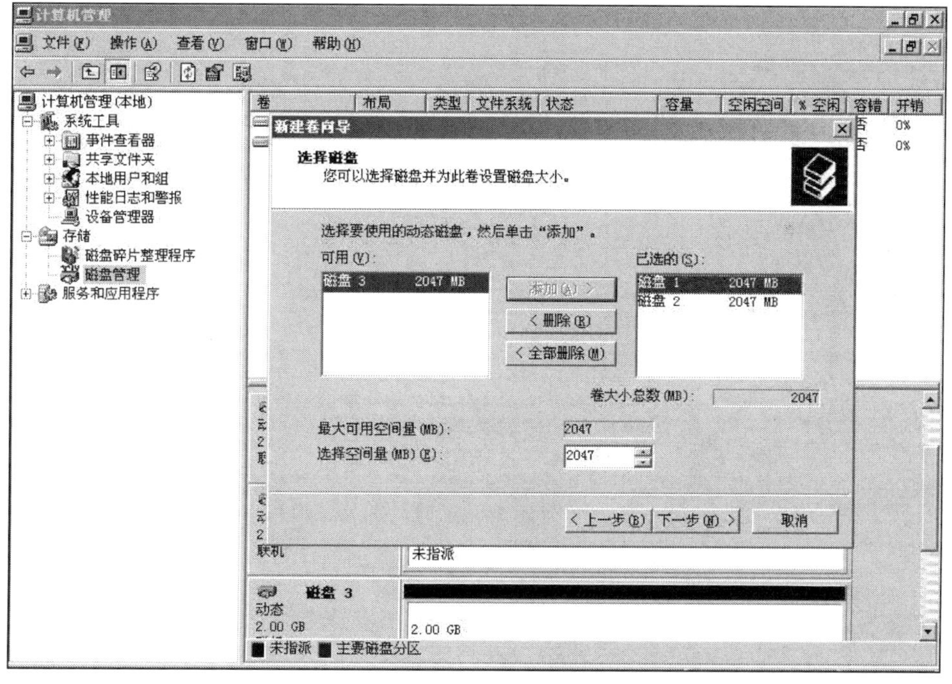

图 6.40　选择磁盘

单击“启动”按钮进入 Windows 2003 系统，查看磁盘 E 文本文档是否存在。执行“计算机管理”→“磁盘管理”命令，查看新加卷(E:)的布局类型，如图 6.42 所示，分析磁盘镜像失败的原因。

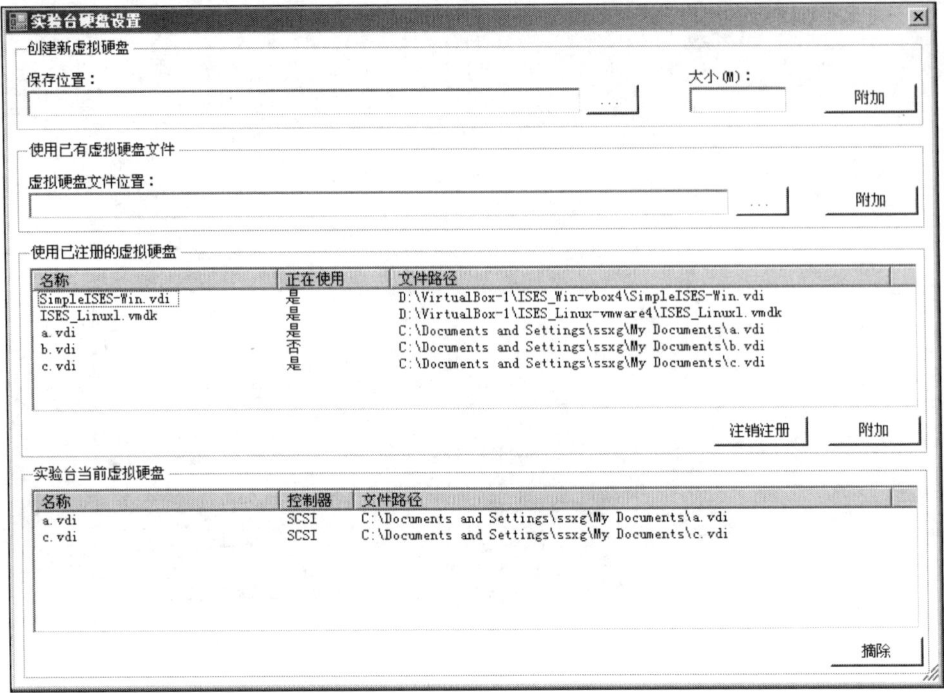

图 6.41　硬盘移出虚拟机

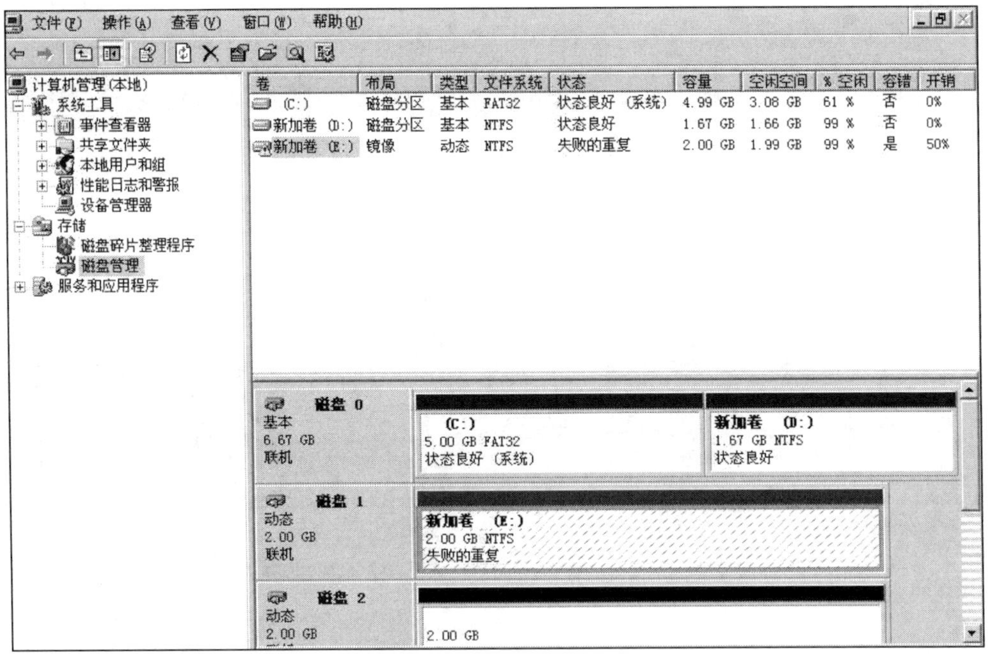

图 6.42　查看新加卷信息

关闭实验台下的 Windows 2003 系统，在实验台界面执行“控制”→“实验台硬盘设置”命令。如图 6.43 所示，在弹出的对话框中选择“使用已注册的虚拟硬盘”列表框中先前删除的硬盘文件，再附加回虚拟机。

图 6.43　硬盘设置界面

单击“启动”按钮，进入 Windows 2003 系统，执行“计算机管理”→“磁盘管理”命令。右击“新加卷(E:)”项，选择“重新激活卷”命令，在弹出的提示框中单击“确定”按钮。这时两块硬盘会重新同步，如图 6.44 所示，直到完成。这样，镜像卷就被恢复了。

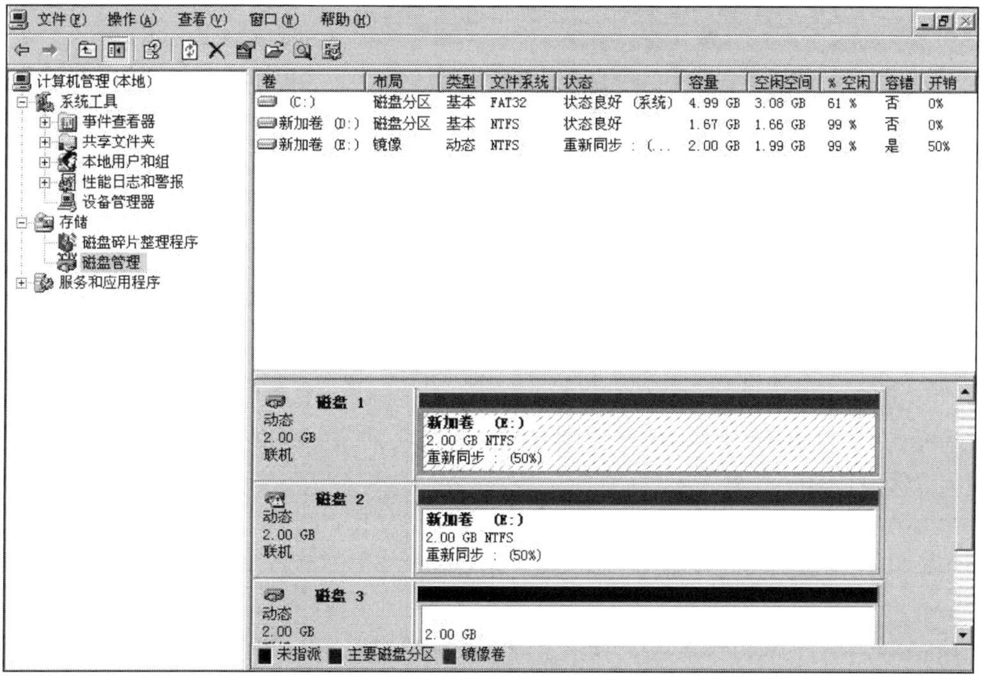

图 6.44　激活磁盘

5. 创建和测试 RAID5

1) 创建 RAID5

右击“新加卷(E:)”项，选择“删除卷”命令，并在弹出提示框中选择“是”选项；这时前面创建的镜像卷及其中的数据被删除。

右击磁盘 1 右侧的白色区域，选择“新建卷”命令。在弹出的“新建卷向导”欢迎页面单击“下一步”按钮，打开“选择卷类型”页；选中 RAID5 卷，单击“下一步”按钮，打开“选择磁盘”页；将磁盘 2、磁盘 3 添加进“已选的”栏，然后单击“下一步”按钮直到完成。完成后如图 6.45 所示。打开 E 盘，在该盘新建一个文档，写入内容并保存。

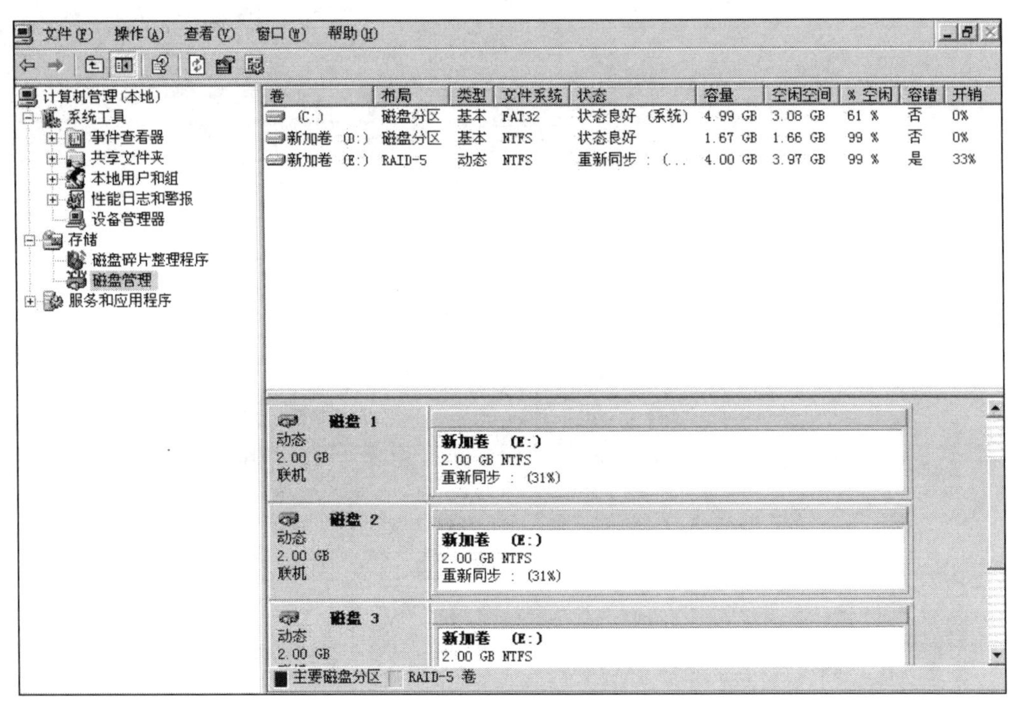

图 6.45　新加磁盘信息

2) 测试 RAID5

关闭实验台中的 Windows 2003 系统，在实验台界面执行“控制”→“实验台硬盘设置”命令。在弹出的对话框中选中某个硬盘后单击“摘除”按钮，将它暂时移出虚拟机(记下它所对应的磁盘文件名称)；这一步模拟镜像卷中磁盘损坏。下面添加新磁盘，用于在卷修复时替代已损坏的磁盘。这个虚拟磁盘用来在卷修复时替代被删除的磁盘。

单击“启动”按钮进入 Windows 系统，查看 E 盘及其中的文档文件是否还在。执行“计算机管理”→“磁盘管理”命令查看各磁盘情况，如图 6.46 所示。

选择“重新激活卷”命令，再打开 E 盘查看文件是否存在。右击“新加卷(E:)”项，选择“修复卷”命令，打开如图 6.47 所示页面；查看 E 盘情况，如图 6.48 所示。

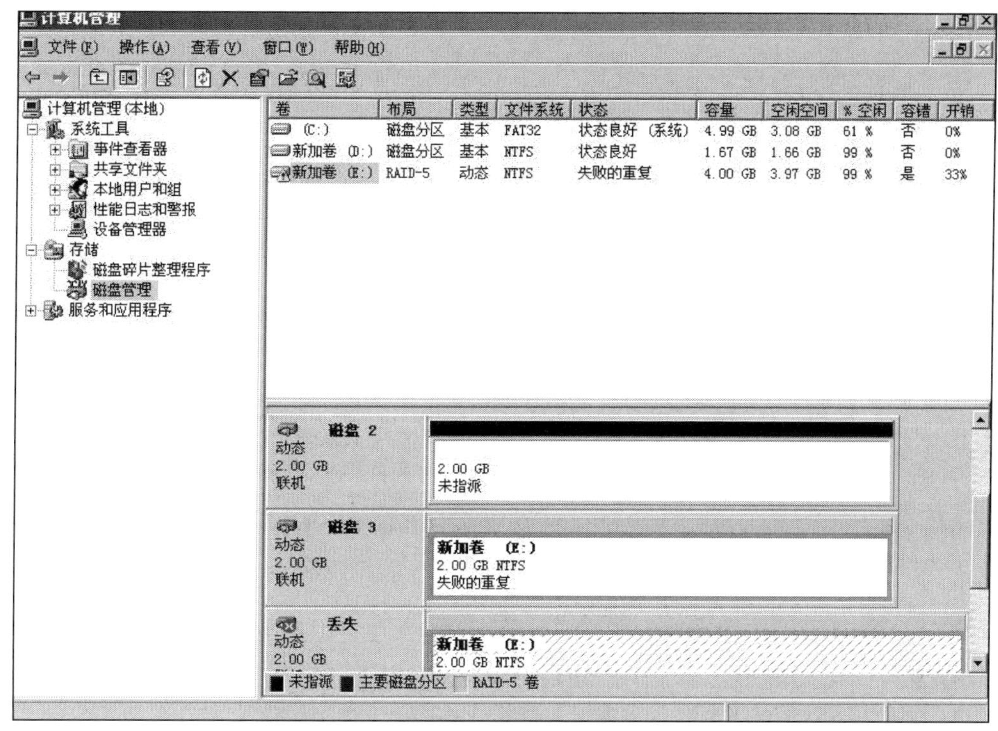

图 6.46　损坏磁盘情况

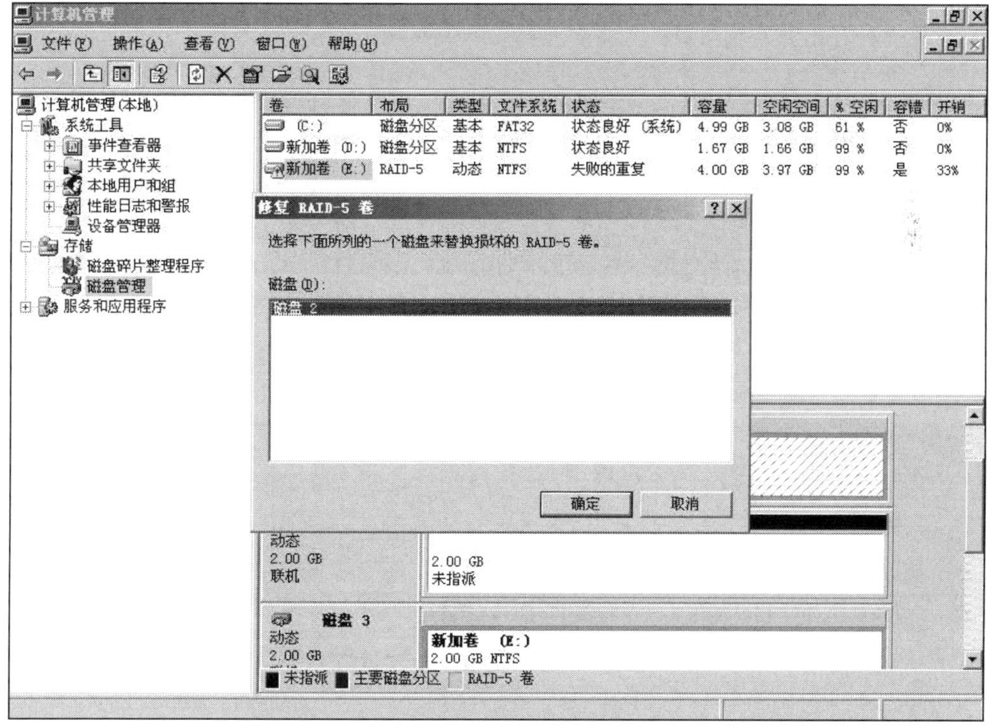

图 6.47　修复磁盘

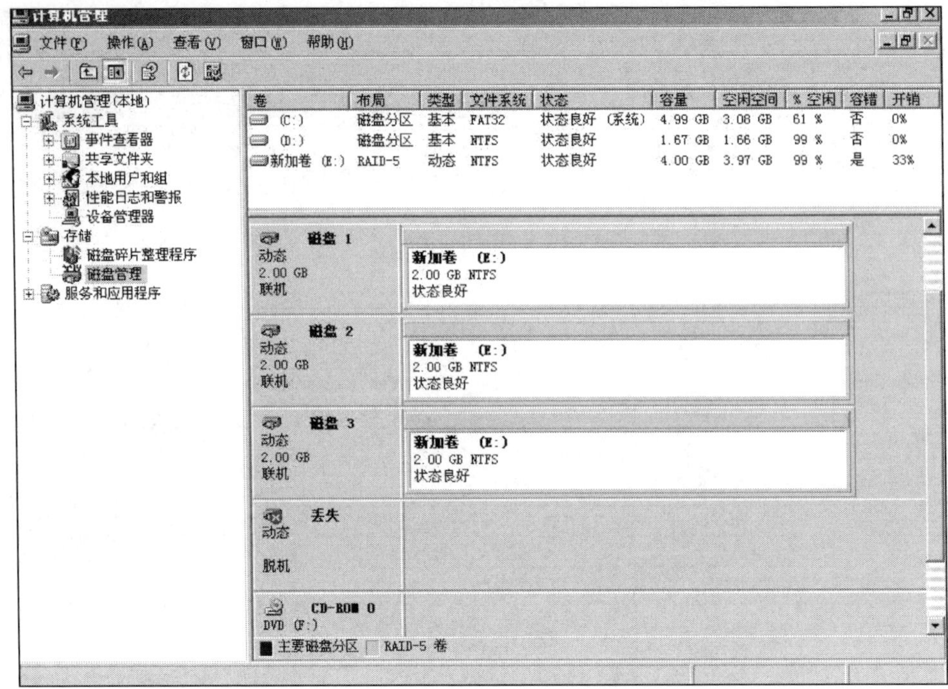

图 6.48　查看磁盘状态

6.4　ext2 数据恢复案例分析

文件是计算机存储信息的基本单位，是一组相关记录的集合。文件系统是操作系统中负责存取和管理文件信息的机构，是操作系统用于明确磁盘或分区上的文件的方法和数据结构，即在磁盘上组织文件的方法，也指用于存储文件的磁盘或分区，或文件系统种类。因此“两个文件系统”意思是有两个分区。

在 Linux 系统中，每个分区都是一个文件系统，都有自己的目录层次结构。Linux 最重要的特征之一就是支持多种文件系统，这样它更加灵活，并可以和许多其他操作系统共存。随着 Linux 的不断发展，它所支持的文件格式系统也在迅速扩充。特别是 Linux 2.4 内核正式推出后，出现了大量新的文件系统，其中包括日志文件系统 ext3、ReiserFS、XFSJFS 和其他文件系统。Linux 内核支持十多种文件系统类型，包括 JFS、ReiserFS、ext、ext2、ext3、XFS、NFS、SMB、VFAT、NTFS、MSDOS 等。

1) ext

ext 是第一个专门为 Linux 开发的文件系统类型，称为扩展文件系统。这是 1992 年 4 月完成的，对 Linux 早期的发展产生了重要作用。但是，由于其在稳定性、速度和兼容性上存在许多缺陷，现在已经很少使用了。

2) ext2

ext2 是为克服 ext 文件系统的缺陷而设计的可扩展的、高性能的文件系统，它又被称为二级扩展文件系统，于 1993 年发布。它是 Linux 文件系统类型中使用最多的格式，并且在速度和 CPU 利用率上较为突出，是 GNU/Linux 系统中的标准文件系统。它存取文件的性能极好，对于中小型文件更显示出优势，这主要得益于其簇快取层的优良设计。ext2 支持 256 字节的长文件名，其单一文件大小和文件系统本身的容量上限与文件系统本身的簇大小有关。在常见的 Inter x86 兼容处理器的系统中，簇最大为 4KB，单一文件大小上限为 2048GB，而文件系统的容量上限为 6384GB。尽管 Linux 支持种类繁多的文件系统，但是 2000 年以前几乎所有的 Linux 发行版都使用 ext2 作为默认的文件系统。

ext2 也存在一些问题。由于它的设计者主要考虑的是文件系统性能方面的问题，而在写入文件内容的同时，并没有写入文件的元数据(和文件有关的信息，如权限、所有者及创建和访问时间)。换句话说，Linux 先写入文件的内容，然后等到有空的时候才写入文件的元数据。如果写入文件内容之后，在写入文件的元数据之前系统突然断电，就可能造成文件系统处于不一致状态。在一个有大量文件操作的系统中，出现这种情况会导致很严重的后果。

3) ext3

在介绍 ext3 之前，先介绍一些日志式文件系统基础。

日志式文件系统起源于 Oracle、Sybase 等大型数据库。由于数据库操作往往由多个相关的、相互依赖的子操作组成，任何一个子操作的失败都意味着整个操作的无效性，对数据库数据的任何修改都要恢复到操作以前的状态。Linux 日志式文件系统就是由此发展而来的。日志文件系统通过增加一个称为日志的、新的数据结构来解决这个问题。这个日志是位于磁盘上的结构。在对元数据作任何改变以前，文件系统驱动程序会向日志中写入一个条目，这个条目描述了它将要做些什么，所以日志文件具有可伸缩性和健壮性。在分区中保存日志记录文件的好处是：文件系统写操作首先是对记录文件进行操作，若整个写操作由于某种原因(如系统掉电)而中断，则在下次系统启动时就会根据日志记录文件的内容恢复到没有完成的写操作，这个过程一般只需要两三分钟的时间。

ext3 是由开放资源社区开发的日志文件系统，早期主要开发人员是 Stephen Tweedie。ext3 被设计成 ext2 的升级版本，尽可能方便用户从 ext2 向 ext3 迁移。ext3 在 ext2 的基础上加入了记录元数据的日志功能，努力保持向前和向后兼容，也就是在保有目前 ext2 的格式的前提下再加上日志功能。和 ext2 相比，ext3 提供了更佳的安全性，这就是数据日志和元数据日志之间的不同。ext3 是一种日志式文件系统，日志式文件系统的优越性在于，由于文件系统都有快取层参与动作，如不使用时必须将文件系统卸下，以便将快取层的资料写回磁盘中。因此，每当系统要关机时，必须将其所有的文件系统全部卸下后才能关机。如果在文件系统尚未卸下前就关机(如停电)，那么重开机后会造成文件系统的资料不一致，故这时必须做文件系统的重整工作，将不一致与错误的地方修复。

ext3 最大的缺点是，它没有现代文件系统所具有的能提高文件数据处理速度和解压的高性能。此外，使用 ext3 文件系统要注意硬盘限额问题。

不同版本的 Linux 所支持的文件系统类型和种类都有所不同，可通过如下方法查看当前 Linux 系统所支持的文件系统类型：以超级用户权限(root)登录 Linux，进入/lib/modules/kernel-version/kernel/fs/，其中 kernel-version 表示 Linux 系统的内核版本。执行相应命令，可以看到 Red Hat FC5 所支持的文件系统类型。

大部分 Linux 文件系统种类具有类似的通用结构，其中心概念是超级块 superblock、i 节点 inode、数据块 data block、目录块 directory block 和间接块 indirection block。超级块包括文件系统的总体信息，如大小(其准确信息依赖于文件系统)。inode 即索引节点。inode 包括除了名字外的一个文件的所有信息，名字与 inode 数目一起存放在目录中，目录条目包括文件名和文件的 inode 数目。inode 包括几个数据块的数目，用于存储文件的数据。

每个存储设备或存储设备的分区被格式化为文件系统后，应该有两部分，一部分是 inode，另一部分是 block，用来存储数据。inode 用来存储这些数据的信息，包括文件大小、所有者、归属的用户组、读写权限等。inode 为每个文件进行信息索引，所以就有了 inode 的数值。操作系统根据指令能通过 inode 值最快地找到相对应的文件。存储设备或分区相当于一本书，block 相当于书中的每一页，inode 就相当于这本书的目录，一本书有很多内容，如果想查找某部分内容，我们可以先查目录，通过目录能最快地找到需要的内容。

1. 设置磁盘

1) 查看硬盘设备文件

(1) 参照 Windows RAID 实验为 Linux 实验台添加一块磁盘，如图 6.49 所示。

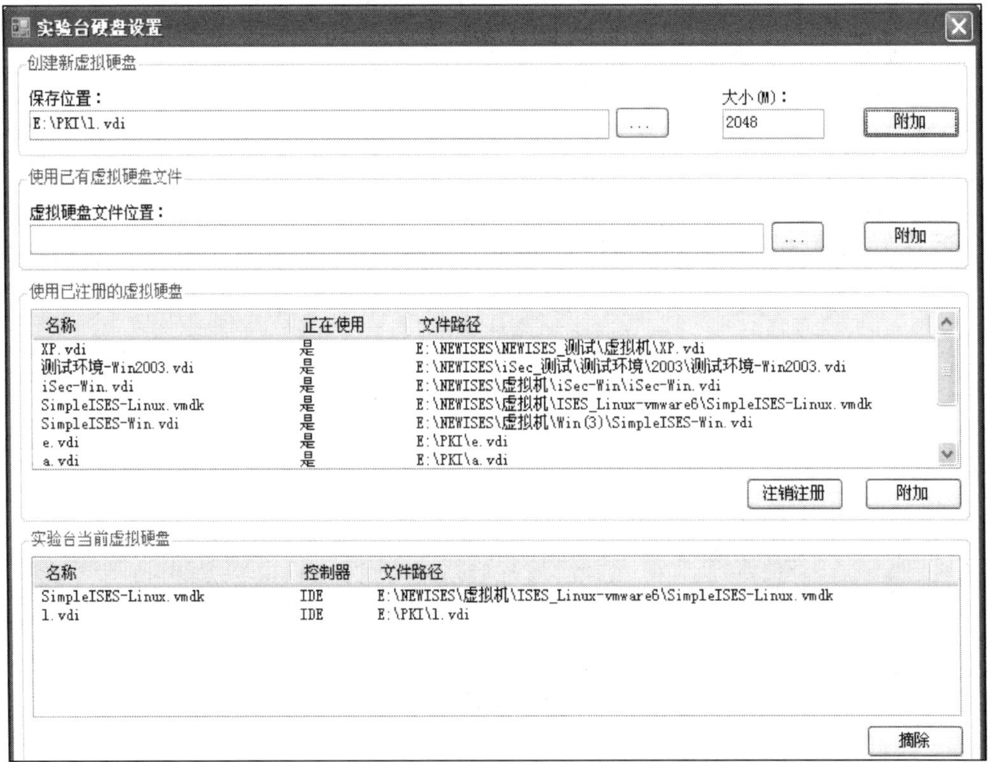

图 6.49　添加磁盘

(2) 启动 Linux 实验台，进入 Linux 系统，输入命令 ls/dev/查看硬盘设备。

从中我们可以判断当前 Linux 主机安装有两块硬盘，即/dev/hda 和/dev/sda。其中/dev/hda 已被分为 hda1 和 hda2 两个磁盘分区，/dev/sda 尚未进行磁盘分区。可通过命令 fdisk -l 查看硬盘的分区情况。

2) 磁盘分区

将硬盘/dev/sda 进行磁盘分区(仅一个物理分区)，具体操作如下。

(1) 输入命令 fdisk /dev/sda，进入 fdisk 控制台开始对硬盘 sda 进行分区，输入 m 可查看 fdisk 命令帮助。

(2) 在 fdisk 控制中依次输入命令：n(add a new partition，增加新磁盘分区)，p(primary partition，创建主分区)，1(partition number (1-4)，主分区编号，最多 4 个主分区)，1(first cylinder，分区开始柱面)，204(last cylinder，分区最后柱面)，w(write table to disk and exit，写入磁盘分区表后退出)。

上述过程如图 6.50 所示。

```
[root@localhost ~]# fdisk /dev/sda
Device contains neither a valid DOS partition table, nor Sun, SGI or OSF disklab
el
Building a new DOS disklabel. Changes will remain in memory only,
until you decide to write them. After that, of course, the previous
content won't be recoverable.

Warning: invalid flag 0x0000 of partition table 4 will be corrected by w(rite)

Command (m for help): n
Command action
   e   extended
   p   primary partition (1-4)
p
Partition number (1-4): 1
First cylinder (1-261, default 1): 1
Last cylinder or +size or +sizeM or +sizeK (1-261, default 261): 204

Command (m for help): w
```

图 6.50　磁盘分区

3) 再次查看硬盘设备

输入命令 fdisk -l /dev/sda 查看硬盘设备 sda 分区情况，如图 6.51 所示，并记录。

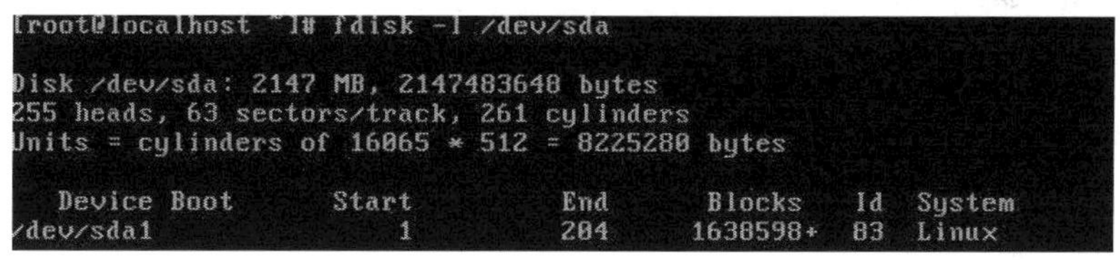

图 6.51　查看硬盘分区情况

4) 挂载磁盘分区

(1) 完成对/dev/sda1 分区的 ext2 格式化工作，具体命令是 mkfs.ext2 /dev/sda1，如图 6.52 所示。

(2) 将磁盘分区/dev/sda1 挂载到目录/tmp 下，具体命令是 mount /dev/sda1 /tmp。接下来输入命令 mount，查看所有磁盘分区的挂载情况并记录。

2. 手动恢复文件

1) 文件操作

(1) 进入/tmp 目录，如图 6.53 所示。

```
[root@localhost ~]# mkfs.ext2 /dev/sda1
mke2fs 1.39 (29-May-2006)
Filesystem label=
OS type: Linux
Block size=4096 (log=2)
Fragment size=4096 (log=2)
205088 inodes, 409649 blocks
20482 blocks (5.00%) reserved for the super user
First data block=0
Maximum filesystem blocks=423624704
13 block groups
32768 blocks per group, 32768 fragments per group
15776 inodes per group
Superblock backups stored on blocks:
        32768, 98304, 163840, 229376, 294912

Writing inode tables: done
Writing superblocks and filesystem accounting information: done

This filesystem will be automatically checked every 39 mounts or
180 days, whichever comes first.  Use tune2fs -c or -i to override.
```

图 6.52　格式化操作

(2)利用 vim 文件编辑器新建 123.txt 文件，如图 6.54 所示。

```
[root@localhost ~]# cd /tmp
[root@localhost tmp]# _
```

图 6.53　进入/tmp 目录

```
[root@localhost tmp]# vi 123.txt_
```

图 6.54　新建文件

按 I 键进入编辑状态，自定义文件内容后，按 Esc 键退出编辑状态，而后输入“:wq”保存文件并退出。

(3)应用 md5 sum 命令对 123.txt 进行文件摘要计算，并记录其文件摘要；用 stat 命令查看 123.txt 的文件状态，记录其文件 inode 值，如图 6.55 所示。

```
"123.txt" [New] 1L, 4C written
[root@localhost tmp]# md5sum 123.txt
ba1f2511fc30423bdbb183fe33f3dd0f  123.txt
[root@localhost tmp]# stat 123.txt
  File: `123.txt'
  Size: 4               Blocks: 16         IO Block: 4096   regular file
Device: 801h/2049d      Inode: 13          Links: 1
Access: (0644/-rw-r--r--)  Uid: (    0/    root)   Gid: (    0/    root)
Access: 2010-05-04 17:40:02.000000000 +0800
Modify: 2010-05-04 17:39:20.000000000 +0800
Change: 2010-05-04 17:39:20.000000000 +0800
```

图 6.55　对文件计算摘要

2) 删除文件

使用 rm -f 123.txt 命令删除文件。

3) 恢复被删除的文件 123.txt

(1)第一时间将/dev/sda1 挂载为只读模式，禁止对磁盘分区进行写入操作，主要目的是防止被删除文件的数据区被新写入的数据覆盖，如图 6.56 所示。

```
[root@localhost tmp]# cd
[root@localhost ~]# umount /tmp
[root@localhost ~]# mount -t ext2 /dev/sda1 /tmp -o ro
[root@localhost ~]# _
```

图 6.56　挂载为只读模式

(2) 使用文件系统调试器 debugfs 以读和写方式打开 ext2 文件系统分区：debugfs -w 文件系统分区。

(3) 进入 debugfs 控制台后，键入 lsdel 命令查看该分区中已被删除的文件信息，注意被删除文件的 inode 值。

(4) 在 debugfs 控制台中通过下面的语句来恢复指定 inode 值的文件(已被删除的文件 del.txt)：

```
dump <文件 Inode 值>导出文件
```

其中“导出文件”为恢复后的文件；在 debugfs 控制台中键入 quit 命令可结束文件系统调试，如图 6.57 所示。

```
[root@localhost ~]# debugfs -w /dev/sda1
debugfs 1.39 (29-May-2006)
debugfs:  lsdel
 Inode  Owner  Mode    Size    Blocks   Time deleted
    12      0 100600  12288    3/    3 Tue May  4 17:39:20 2010
    13      0 100644      4    1/    1 Tue May  4 17:41:33 2010
2 deleted inodes found.
debugfs:  dump 13 /123.txt
13: File not found by ext2_lookup
debugfs:  dump <13> /123.txt
debugfs:  quit_
```

图 6.57　系统调试信息

(5) 应用 md5 sum 命令对导出文件进行文件摘要计算，对比导出文件和 123.txt 的文件摘要，确定文件恢复是否成功。

6.5　Linux 下 RAID 案例分析

Linux 系统在安装的过程中就可以使用 RAID。在使用过程中，利用一些工具可以实现比 Windows 强大得多的功能，如 RAID0+RAID1 和 RAID0+RAID5。在 Linux 下既可以对整块硬盘做 RAID，也可以对其某一个分区做 RAID。Linux 下常用来做软 RAID 操作的工具主要有两个：一个是 mdadm，另一个是 raidtools。在本实验中我们选用了 mdadm。

在 Linux 下利用 mdadm 为非启动盘做软 RAID 比较简单。在分析步骤中，分别给出了 Linux 下 RAID0、RAID1 和 RAID5 的制作过程，希望读者根据 RAID0+RAID1 的原理和提示，自己完成 RAID0+RAID1 和 RAID0+RAID5 的制作。

与 Windows 不同，Linux 的主硬盘(系统所在硬盘)也支持软 RAID1，但相对非主硬盘来说制作过程要复杂得多。它不但要详细设置 mdadm，还要设置启动管理器 GRUB。在制作过程中还要将主硬盘上的内容完全复制到它的镜像盘，时间较长。

mdadm 说明如下。

1) mdadm 的 7 种主要操作方式

(1) create：创建一个带超级块的磁盘阵列。

(2) assemble：将之前建立的磁盘阵列变为活跃的。

(3) build：用于创建没有超级块的磁盘阵列。

(4) manage：用于对一个磁盘阵列上的一个或多个设备做一些操作，如添加(Add)、移除

(Remove)和使失败(Fail)，还包括 run、stop、readonly、readwrite 等功能。

(5) misc：用于对单个设备的操作，它们可能是磁盘阵列的几部分，所以是零超级块，检测可能是适当的。它们可能是 md 阵列，因此 run、stop、rw、ro、detail 这些操作也是可以的。

(6) monitor：查看磁盘阵列并显示改变。

(7) grow：允许改变一个磁盘阵列的关键属性，如大小、设备数量等。

2) create/build 常用操作

create/build 常用操作如表 6.3 所示。

表 6.3　参数情况

参数或选项	说明
--add 或-a	添加或热添加磁盘
--fail 或-f	将 RAID 中的磁盘标记为已坏
--remove 或-r	从 RAID 中移除磁盘(注意：只有先将磁盘标识为已坏，才能移除)
--set-faulty	与--fail 功能相同
--run 或-R	开始运行一个已创建的阵列
--stop 或-S	停止运行一个阵列，释放它所有的磁盘资源
--readonly 或-o	标记阵列为只读
--readwrite 或-w	标记阵列为可读写
--zero-supterblock	从一个设备中去掉 MD 超级块
--raid-disks	创建 RAID 时需要用到的硬盘或分区数
--spare-disks	创建 RAID 时用作候补的硬盘或分区数，当组 RAID 的硬盘或分区出现问题被取下时，被设定为候补的硬盘或分区会自动补缺

3) mdadm 命令示例

(1) 利用 sdb1，sdc1，sdd1 创建一个 RAID1 名为 md0，其中 sdb1 和 sdd1 是组成 md0 的磁盘，sdc1 是 md0 的备份盘，如果 sdb1 或 sdd1 出现问题，那么系统会自动用 sdc1 代替该磁盘，使 md0 重归于完整。具体命令如下：

```
mdadm--create/dev/md0—level=1—raid-disks=2—spare-disks=1/dev/sdb1/
dev/sdd1/dev/sdc1
```

(2) 停止 md0 的运行，并释放它的所有资源：

```
mdadm --stop /dev/md0
```

(3) 查看 md0 详情：

```
mdadm --detail /dev/md0
```

(4) 将 md0 中的 sdb1 标记为已坏：

```
mdadm /dev/md0 --fail /dev/sdb1
```

(5) 将 sdb1 从 md0 移除：

```
mdadm /dev/md0 --remove /dev/sdb1
```

4) mdadm 配置文件

为了保证在每次重启系统时，RAID 都能正常运行，需要创建或修改/etc/mdadm.conf 文件，将 RAID 的信息写入文件的最下方。写入信息包括 RAID 用到的硬盘和组成方式，具体命令如下：

```
Device/dev/sdb1/dev/sdc1/dev/sdd1
Array/dev/md0 level=1 devices=/dev/sdb1,/dev/sdd1,/dev/sdc1
```

1. 添加磁盘

进入 Linux 实验台界面，执行“控制”→“虚拟机硬盘设置”命令。在弹出的对话框中设置添加硬盘的路径并设置磁盘大小为 200MB，如图 6.58 所示，单击“附加”按钮直到完成，然后以相同的方式添加四块硬盘。五块硬盘添加完成后，单击“启动”按钮进入 Linux 系统。注意：在实验过程中不要关闭 Linux 实验平台界面。

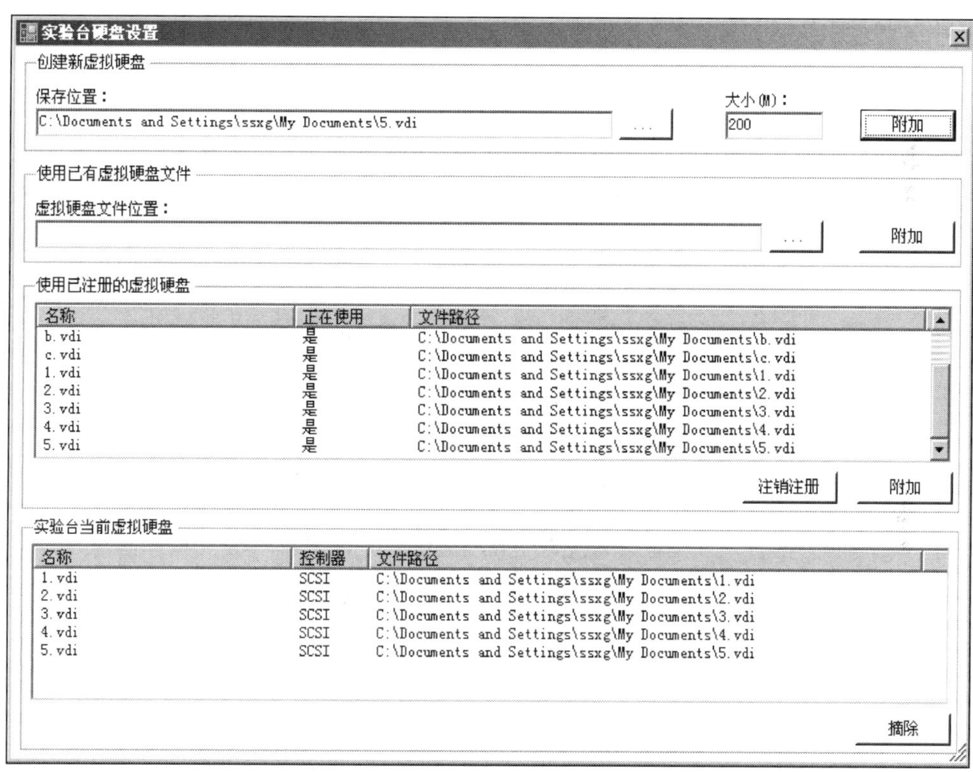

图 6.58　添加磁盘

2. 创建 RAID0 和 RAID1

(1) 在控制台中输入命令 fdisk -l 查看当前系统硬盘情况。记下 sda 到 sde 各块硬盘的大小(它们的大小是相同的)。

(2) 在控制台中输入命令 mdadm --create /dev/md0 --level=0 --raid-disks=2 /dev/sda /dev/sdb，如图 6.59 所示。

```
[root@localhost ~]# mdadm --create /dev/md0 --level=0 --raid-disk=2 /dev/sda /de
v/sdb
raid0: looking at sdb
raid0:   comparing sdb(204736) with sdb(204736)
raid0:   END
raid0:   ==> UNIQUE
raid0: 1 zones
raid0: looking at sda
raid0:   comparing sda(204736) with sdb(204736)
raid0:   EQUAL
raid0: FINAL 1 zones
raid0: done.
raid0 : md_size is 409472 blocks.
raid0 : conf->hash_spacing is 409472 blocks.
raid0 : nb_zone is 1.
raid0 : Allocating 4 bytes for hash.
mdadm: array /dev/md0 started.
[root@localhost ~]# _
```

图 6.59　输入命令

(3) 使用 vi/etc/mdadm.conf 命令新建/etc/mdadm.conf 文件。按 I 键进入编辑状态，输入如下信息：

```
DEVICE /dev/sd[a-b]
ARRAY /dev/md0 level=0 devices=/dev/sd[a-b]
```

按 Esc 键，而后输入“:wq”保存并退出。此文件可以保证在系统重启后，RAID 可以自启。

(4) 输入命令 mke2fs -j /dev/md0，将新建的 md0 磁盘阵列格式化为 ext3 文件系统，如图 6.60 所示。

```
[root@localhost etc]# mke2fs -j /dev/md0
mke2fs 1.39 (29-May-2006)
Filesystem label=
OS type: Linux
Block size=1024 (log=0)
Fragment size=1024 (log=0)
102400 inodes, 409472 blocks
20473 blocks (5.00%) reserved for the super user
First data block=1
Maximum filesystem blocks=67633152
50 block groups
8192 blocks per group, 8192 fragments per group
2048 inodes per group
Superblock backups stored on blocks:
        8193, 24577, 40961, 57345, 73729, 204801, 221185, 401409

Writing inode tables: done
Creating journal (8192 blocks): done
Writing superblocks and filesystem accounting information: done

This filesystem will be automatically checked every 30 mounts or
180 days, whichever comes first.  Use tune2fs -c or -i to override.
```

图 6.60　磁盘格式化

(5) 输入命令 cat /proc/mdstat 查看目前磁盘阵列的运行情况，如图 6.61 所示。

(6) 再次输入 fdisk –l 命令查看 md0 的大小，它应该接近 sda 和 sdb 两块硬盘大小之和，如图 6.62 所示。

(7) 在控制台中输入命令 mdadm --create /dev/md1 --level=1 --raid-disks=2 --spare-disks=1 /dev/sdc /dev/sdd /dev/sde。创建完成后会提示 RAID1 的配置情况，按 Ctrl+C 组合键退出即可，如图 6.63 所示。

```
[root@localhost etc]# cat /proc/mdstat
Personalities : [raid0]
md0 : active raid0 sdb[1] sda[0]
      409472 blocks 64k chunks

unused devices: <none>
[root@localhost etc]# _
```

图 6.61　查看磁盘阵列运行情况

```
Disk /dev/md0: 419 MB, 419299328 bytes
2 heads, 4 sectors/track, 102368 cylinders
Units = cylinders of 8 * 512 = 4096 bytes

Disk /dev/md0 doesn't contain a valid partition table
```

图 6.62　查看磁盘大小

```
[root@localhost ~]# mdadm --create /dev/md1 --level=1 --raid-disks=2 --spare-dis
ks=1 /dev/sdc /dev/sdd /dev/sde
md: md1: raid array is not clean -- starting background reconstruction
mdadm: array /dev/md1 started.
[root@localhost ~]# RAID1 conf printout:
 --- wd:2 rd:2
 disk 0, wo:0, o:1, dev:sdc
 disk 1, wo:0, o:1, dev:sdd

[root@localhost ~]# _
```

图 6.63　配置情况

(8) 修改/etc/mdadm.conf 文件内容：

```
DEVICE /dev/sd[a-e]
ARRAY /dev/md0 level=0 devices=/dev/sd[a-b]
ARRAY /dev/md1 level=1 devices=/dev/sd[c-e]
```

(9) 输入命令 mke2fs -j /dev/md1，将新建的 md1 磁盘阵列格式化为 ext3。输入命令 cat /proc/mdstat 查看 RAID 情况，如图 6.64 所示。

```
[root@localhost ~]# cat /proc/mdstat
Personalities : [raid0] [raid1]
md1 : active raid1 sde[2](S) sdd[1] sdc[0]
      204736 blocks [2/2] [UU]

md0 : active raid0 sda[0] sdb[1]
      409472 blocks 64k chunks

unused devices: <none>
```

图 6.64　查看磁盘情况

3. 创建 RAID 5 和故障测试

(1) 输入命令 mdadm --stop /dev/md0 /dev/md1，停止 md0、md1，如图 6.65 所示。

```
[root@localhost ~]# mdadm --stop /dev/md0 /dev/md1
mdadm: stopped /dev/md0
mdadm: stopped /dev/md1
[root@localhost ~]# _
```

图 6.65　停止命令

(2) 输入命令 mdadm --create /dev/md0 --level=5 --raid-disks=3 --spare-disks=1 /dev/sda /dev/sdb /dev/sdc /dev/sdd，在提示是否用这些属于已建磁盘阵列的硬盘创建 RAID 5 时输入 y 并按回车键。创建完成后会提示 RAID5 的配置情况，按 Ctrl+C 组合键退出即可。上述过程如图 6.66 所示。

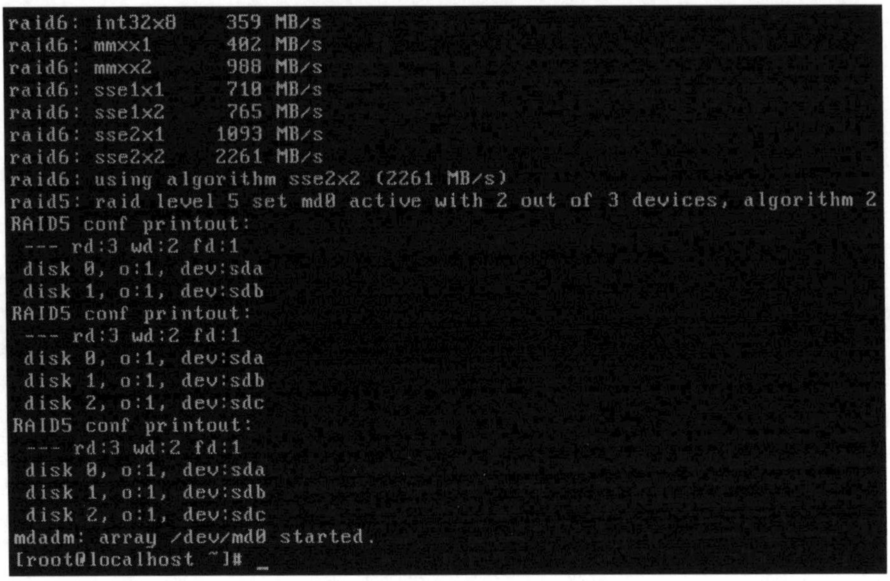

```
raid6: int32x8    359 MB/s
raid6: mmxx1      402 MB/s
raid6: mmxx2      908 MB/s
raid6: sse1x1     710 MB/s
raid6: sse1x2     765 MB/s
raid6: sse2x1    1093 MB/s
raid6: sse2x2    2261 MB/s
raid6: using algorithm sse2x2 (2261 MB/s)
raid5: raid level 5 set md0 active with 2 out of 3 devices, algorithm 2
RAID5 conf printout:
 --- rd:3 wd:2 fd:1
 disk 0, o:1, dev:sda
 disk 1, o:1, dev:sdb
RAID5 conf printout:
 --- rd:3 wd:2 fd:1
 disk 0, o:1, dev:sda
 disk 1, o:1, dev:sdb
 disk 2, o:1, dev:sdc
RAID5 conf printout:
 --- rd:3 wd:2 fd:1
 disk 0, o:1, dev:sda
 disk 1, o:1, dev:sdb
 disk 2, o:1, dev:sdc
mdadm: array /dev/md0 started.
[root@localhost ~]# _
```

图 6.66　磁盘配置情况

(3) 用命令 vi 修改/etc/mdadm.conf 文件内容如下：

```
DEVICE /dev/sd[a-d]
ARRAY /dev/md0 level=5 devices=/dev/sd[a-d]
```

(4) 输入命令 mke2fs -j /dev/md0，将新建的 md0 磁盘阵列格式化为 ext3，然后查看 RAID 运行情况，如图 6.67 所示。

```
[root@localhost ~]# cat /proc/mdstat
Personalities : [raid0] [raid1] [raid6] [raid5] [raid4]
md0 : active raid5 sdc[2] sdd[3](S) sdb[1] sda[0]
      409472 blocks level 5, 64k chunk, algorithm 2 [3/3] [UUU]

unused devices: <none>
```

图 6.67　查看运行情况

(5) 将新建的/dev/md0 挂载到系统上，在该硬盘上新建一个文件并输入一些信息，如图 6.68 所示。重启系统，然后查看 RAID 是否运行正常。

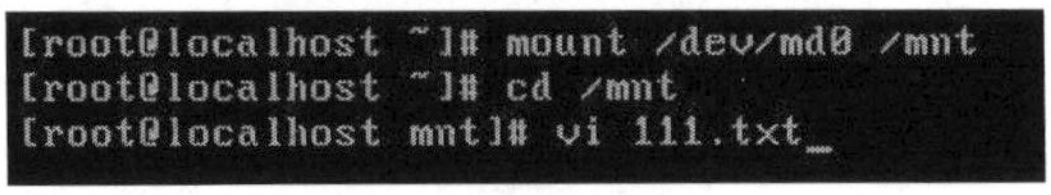

```
[root@localhost ~]# mount /dev/md0 /mnt
[root@localhost ~]# cd /mnt
[root@localhost mnt]# vi 111.txt_
```

图 6.68　新建文件

(6) 输入命令 mdadm /dev/md0 --fail /dev/sda，在 md0 中将 sda 标记为已坏，然后查看 RAID 运行情况，如图 6.69 所示。

```
[root@localhost mnt]# cat /proc/mdstat
Personalities : [raid6] [raid5] [raid4]
md0 : active raid5 sda[3](F) sdd[0] sdc[2] sdb[1]
      409472 blocks level 5, 64k chunk, algorithm 2 [3/3] [UUU]

unused devices: <none>
[root@localhost mnt]#
```

图 6.69　查看磁盘情况

(7) 输入命令 mdadm /dev/md0 --remove /dev/sda，在 md0 中将 sda 移除，然后查看 RAID 情况，如图 6.70 所示。

```
[root@localhost mnt]# mdadm /dev/md0 --remove /dev/sda
mdadm: hot removed /dev/sda
[root@localhost mnt]# cat /proc/mdstat
Personalities : [raid6] [raid5] [raid4]
md0 : active raid5 sdd[0] sdc[2] sdb[1]
      409472 blocks level 5, 64k chunk, algorithm 2 [3/3] [UUU]

unused devices: <none>
[root@localhost mnt]#
```

图 6.70　查看磁盘情况

(8) 重启系统，查看 RAID 运行情况，如图 6.71 所示，若此时 md0 仍为活跃的且把 md0 挂载到系统中，建立的文件仍然可读，如图 6.72 所示，则 RAID5 依然可用。

```
localhost login: root
Password:
Last login: Wed May 19 18:36:08 on tty1
[root@localhost ~]# cat /proc/mdstat
Personalities : [raid6] [raid5] [raid4]
md0 : active raid5 sdd[0] sdc[2] sdb[1]
      409472 blocks level 5, 64k chunk, algorithm 2 [3/3] [UUU]

unused devices: <none>
```

图 6.71　重启之后查看磁盘情况

```
[root@localhost mnt]# mount /dev/md0 /mnt
[root@localhost mnt]# ls
111.txt
[root@localhost mnt]# more 111.txt
```

图 6.72　文件状态

(9) 参照上面步骤，在 md0 中依次将 sdb、sdc 移除，分别查看 RAID 运行情况。注意：每次移除磁盘后都必须重启系统。

6.6　SQL Server 收缩与自动备份案例分析

SQL Server 采取预先分配空间的方法来建立数据库的数据文件或者日志文件，例如，数据文件的空间分配了 100MB，而实际上只占用了 50MB 空间，这样就会造成存储空间的浪费。为此，SQL Server 提供了收缩数据库的功能，允许对数据库中的每个文件进行收缩，删除已经分配但没有使用的页。注意：不能将整个数据库收缩到比其原始大小还要小。因此，如果数据库创建时的大小为 10MB，后来增长到 100MB，则该数据库最小能够收缩到 10MB(假定已经删除该数据库中的所有数据)。不能在备份数据库时收缩数据库，也不能在收缩数据库时创建或备份数据库。

备份和恢复是数据库管理员维护数据库安全性和完整性的重要操作。备份是恢复数据库最容易和最能防止意外的保证方法。没有备份，所有的数据都可能丢失。备份可以防止表和数据库遭受破坏、介质失效或用户错误而造成数据灾难。恢复是在意外发生后，利用备份来恢复数据库的操作。任何数据维护无论是基于 C/S 还是 B/S 的信息管理系统都必须具有备份和恢复数据库的功能。

按照备份数据库的大小数据库备份有四种类型。

(1) 完全备份。

这是大多数人常用的方式，它可以备份整个数据库，包含用户表、系统表、索引、视图和存储过程等所有数据库对象。但它需要花费更多的时间和空间，所以一般推荐一周做一次完全备份。

(2) 事务日志备份。

事务日志是一个单独的文件，它记录数据库的改变，备份的时候只需要复制自上次备份以来对数据库所做的改变，所以只需要很少的时间。为了使数据库具有鲁棒性，推荐每小时甚至更频繁地备份事务日志。

(3) 差异备份。

差异备份也叫增量备份，它是只备份数据库一部分的一种方法，它不使用事务日志，相反，它使用整个数据库的一种新映像。它比最初的完全备份小，因为它只包含自上次完全备份以来所改变的数据库。它的优点是存储和恢复速度快。推荐每天做一次差异备份。

(4) 文件备份。

数据库可以由硬盘上的许多文件构成。如果这个数据库非常大，并且一个晚上也不能将它备份完，那么可以使用文件备份每晚备份数据库的一部分。由于一般情况下数据库不会大到必须使用多个文件存储，所以这种备份不是很常用。

按照数据库的状态来分数据库备份可分为三种。

(1) 冷备份，此时数据库处于关闭状态，能够较好地保证数据库的完整性。

(2) 热备份，数据库正处于运行状态，这种方法依赖于数据库的日志文件进行备份。

(3) 逻辑备份，使用软件从数据库中提取数据并将结果写到一个文件上。

SQL 企业管理器是一种强大的管理工具，它能完成很多功能，备份和恢复数据库是其中的一项基本功能。归结起来，借助这个管理工具有三种常用的方法实现备份和恢复数据库。

1) 完全手工方式

在这种方式下，选择要备份和恢复的数据库并右击，在快捷菜单中的 ALL TASKS 下选择备份或者恢复数据库。这种方式用户要进行很多步操作，其中涉及一些参数，使用起来容易出错，尤其对新手来讲，一旦操作失误可能带来很大的损失。

2) 半手工方式

这种方式就是管理员事先建立备份或者恢复数据库的作业，待到备份或者恢复数据库的时候，管理员打开 SQL 企业管理器，在 MANAGER 里找到相应的作业，然后执行之。这种方式虽然是基于作业方式实现的，但是管理员必须打开数据库管理器，而且要在繁多的作业中进行选择。一旦选择错误并执行之，有可能带来意想不到的损失。

3) 全自动方式

在数据库管理器里面，管理员事先建立好恢复或者备份数据库的作业，然后制订一个执行计划，让计算机在特定的条件下自己执行备份和恢复操作。这种方式看起来简单、省事，但是机器在异常情况(如掉电)下，就不能按照计划执行了。

案例分析如下：

1. 启动 SQL Server 服务

启动 Windows 实验台，进入 Windows 2003 系统；在“开始”菜单下进入 SQL Server 控制台，启动 SQL Server 服务，如图 6.73 所示。

2. 收缩数据库

在实验开始前新建一个数据库用来进行实验(如本实验里的 111)。

(1) 设置数据库模式为简单模式。

打开 SQL 企业管理器，在控制台根目录中依次执行 Microsoft SQL Server→SQL Server 组，双击打开你的服务器，双击打开数据库目录，选择你的数据库名称，然后右击选择“属性”命令，选择选项，在故障还原的模式中选择“简单”选项，如图 6.74 所示，单击“确定”按钮保存。

图 6.73　启动服务

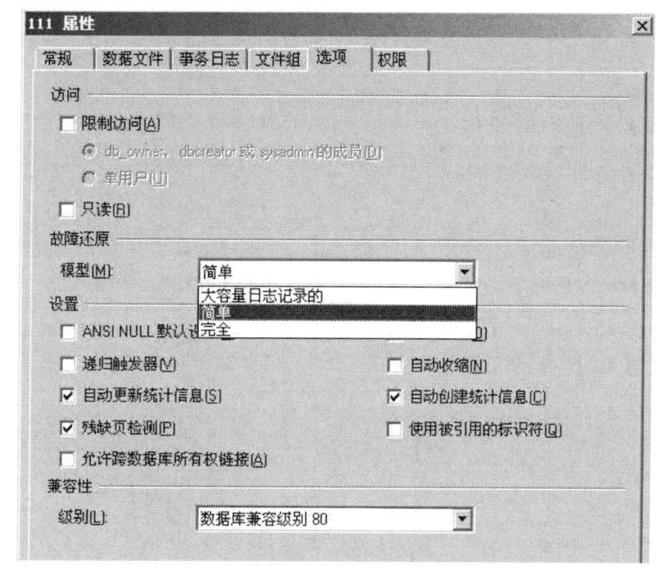

图 6.74　选项设置

(2) 在当前数据库上右击，通过相应命令可查看所有任务中的收缩数据库，如图 6.75 所示，一般里面的默认设置不用调整，直接单击“确定”按钮即可。

(3) 收缩数据库完成后，提示信息如图 6.76 所示；建议将数据库属性重新设置为标准模式：操作方法同前，因为日志在一些异常情况下往往是恢复数据库的重要依据。

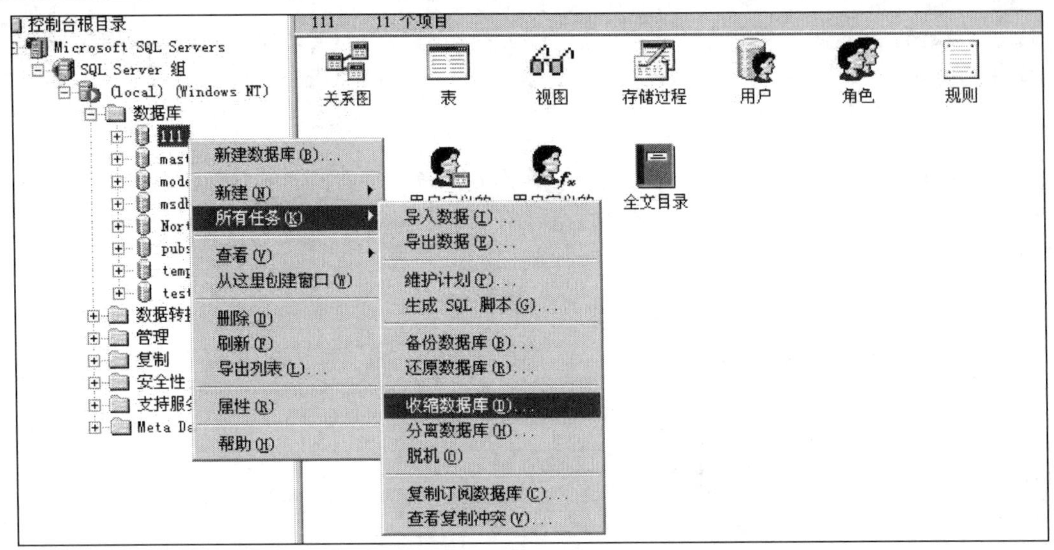

图 6.75　查看收缩数据库

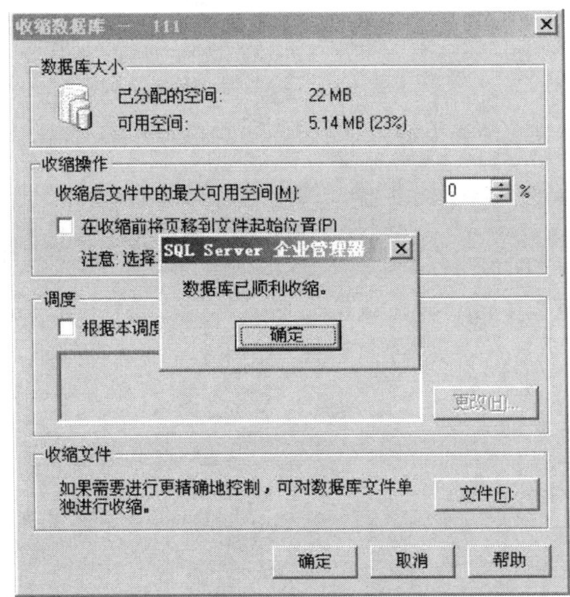

图 6.76　提示信息

3. 设定每日自动备份数据库

(1) 打开企业管理器，在控制台根目录下依次打开 Microsoft SQL Server→SQL Server 组，双击打开服务器。

(2) 单击上面菜单中的工具，选择数据库维护计划器，打开如图 6.77 所示页面。

(3) 选择要进行自动备份的数据，如图 6.78 所示，单击“下一步”按钮更新数据优化信息，这里一般不用作选择，单击“下一步”按钮检查数据完整性，一般不选择。

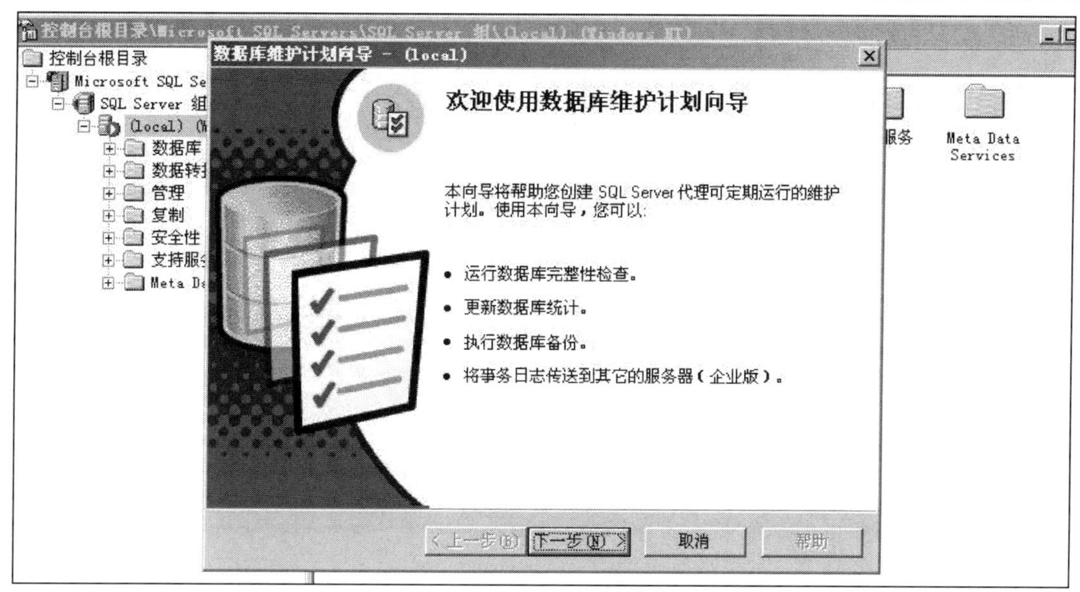

图 6.77　数据库维护计划向导

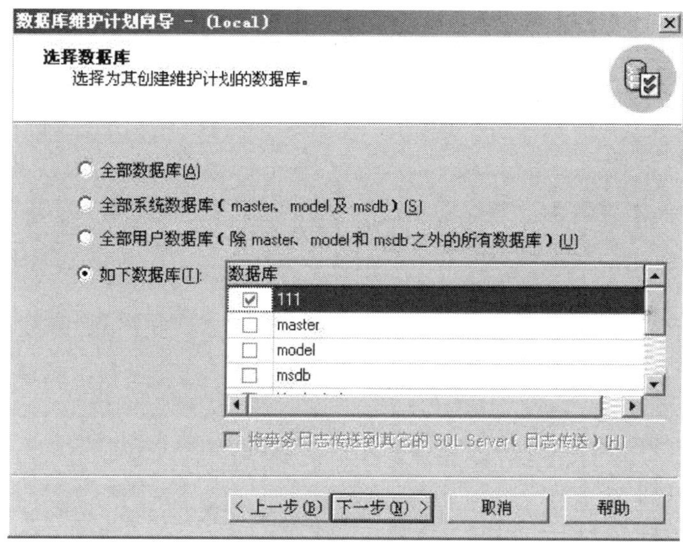

图 6.78　选择备份数据

(4)指定数据库维护计划，如图 6.79 所示，默认 1 周备份一次，选中“每天”单选按钮备份后单击“确定”按钮。

(5)指定备份的磁盘目录。可以在 D 盘新建一个目录，如 d:\databak，然后在这里选择使用此目录，如果数据库比较多，最好选择为每个数据库建立子目录，然后选择删除早于多少天前的备份，一般设定 4～7 天，必须依据具体备份要求，备份文件扩展名一般都是 BAK，此处保持默认设置，如图 6.80 所示。

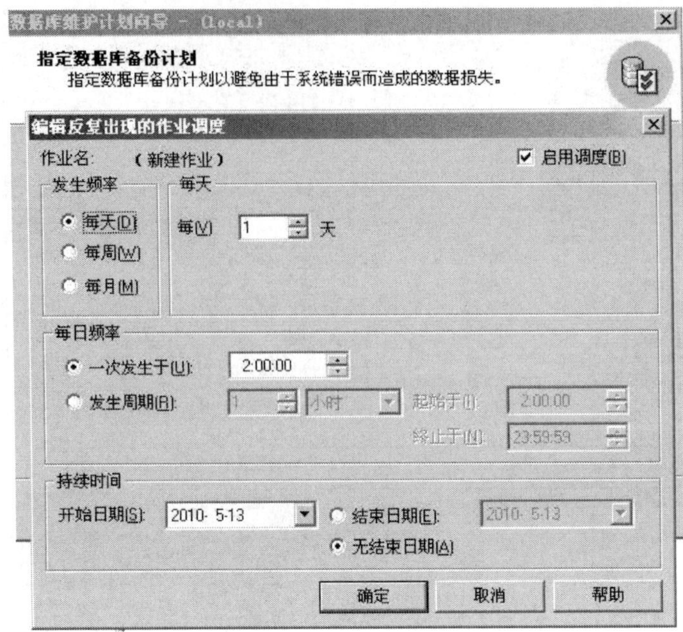

图 6.79　指定维护计划

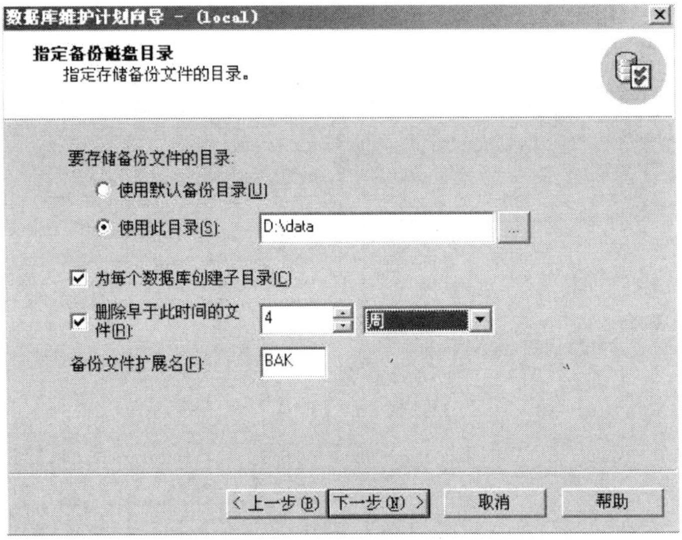

数据库维护计划向导 - (local)
指定备份磁盘目录
指定存储备份文件的目录。
要存储备份文件的目录:
使用默认备份目录(U)
使用此目录(S):　D:\data
为每个数据库创建子目录(C)
删除早于此时间的文件(R):　4　周
备份文件扩展名(F):　BAK
< 上一步(B)　下一步(N) >　取消　帮助

图 6.80　指定备份目录

(6) 指定事务日志备份计划。

根据需要选择，单击“下一步”按钮，生成报表，一般不选择，单击“下一步”按钮，维护计划历史记录，最好采用默认的选项，单击“下一步”按钮完成，如图 6.81 所示。

(7) 启动 SQL Server Agent 服务。

完成后系统很可能会提示 SQL Server Agent 服务未启动，先单击“确定”按钮完成计划设定，然后找到桌面最右边状态栏中的 SQL 绿色图标，双击打开，在服务中选择 SQL Server Agent，然后单击“运行”按钮，选中下方的“当启动 OS 时自动启动服务”复选框，如图 6.82 所示。

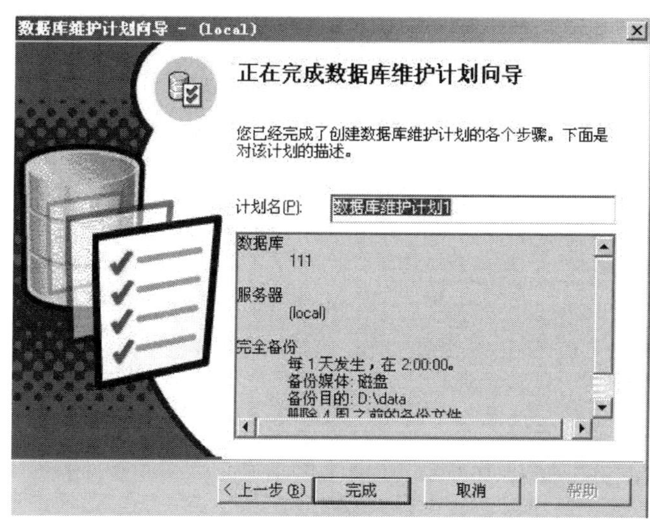

图 6.81　完成情况

图 6.82　启动代理服务

(8)此时数据库计划已经成功运行，将按照上面的设置进行自动备份。

6.7　IP SAN 存储案例分析

存储区域网络(Storage Area Network，SAN)的诞生，使存储空间得到更加充分的利用以及管理更加有效。SAN 是一种将存储设备、连接设备和接口集成在一个高速网络中的技术。SAN 本身就是一个存储网络，承担了数据存储任务，SAN 与 LAN 相隔离，存储数据流不会占用业务网络带宽。在 SAN 中，所有的数据传输在高速、高带宽的网络中进行，SAN 存储实现的是直接对物理硬件的块级存储访问，提高了存储的性能和升级能力。早期的 SAN 采用的是光纤通道(Fiber Channel，FC)技术，所以，以前的 SAN 多指采用光纤通道的存储局域网络，iSCSI 协议出现以后，为了区分，业界就把 SAN 分为 FCSAN 和 IPSAN。

iSCSI(互联网小型计算机系统接口)是一种在 TCP/IP 上进行数据块传输的标准。它是由 Cisco 和 IBM 两家发起的，并且得到了各大存储厂商的大力支持。iSCSI 可以实现在 IP 网络上运行 SCSI 协议，使其能够在诸如高速千兆以太网上进行快速的数据存取备份操作。iSCSI 标准在 2003 年 2 月 11 日由 IETF(互联网工程任务组)鉴别通过。iSCSI 继承了两大传统技术：SCSI 和 TCP/IP。这为 iSCSI 的发展奠定了坚实的基础。基于 iSCSI 的存储系统只需要不多的投资便可实现 SAN 存储功能，甚至直接利用现有的 TCP/IP 网络。相对于以往的网络存储技术，它解决了开放性、容量、传输速度、兼容性、安全性等问题，其优越的性能使其备受关注与青睐。

在实际工作时，将 SCSI 命令和数据封装到 TCP/IP 包中，然后通过 IP 网络进行传输，具体的工作流程如下。

(1)iSCSI 系统由 SCSI 适配器发送一个 SCSI 命令。

(2)命令封装到 TCP/IP 包中并送入以太网络。

(3)接收方从 TCP/IP 包中抽取 SCSI 命令并执行相关操作。

(4)把返回的 SCSI 命令和数据封装到 TCP/IP 包中，将它们发回发送方。

(5)系统提取出数据或命令，并把它们传回 SCSI 子系统。

IP SAN 应用广泛，主要集中在以下几个方面。

1)应用于数据处理中心

借助 IP SAN 存储区域网，基于 iSCSI 流高速交换平台，运行带内虚拟化存储管理软件，将各种存储设备(包括磁盘、磁带及其他存储设施)连接起来。IP SAN 的优点，首先是共享了昂贵的存储资源，提高了存储设备的利用率(达到 80%～85%)，而这种节省对用户接入是十分重要的。其次，这种集中化的虚拟存储池方式所提供的存储资源分配与管理，节省了传统的直连式存储设备多路并行管理费用。从管理学的角度讲，当一个企业的计算机应用(包括电子邮件、会计账务、人事管理、库存管理、CAD/CAM，直到复杂的 CRM、ERP 或供应链管理等应用)数目大于 6 个时，数据中心的运行人员会因计算机处理软硬件种类、网络通信设备、存储设施繁多而穷于应付，无法有效发挥数据处理资源对企业单位主流业务的支持，而存储子系统的这种集中化、虚拟化管理至少简化了 1/3 对资源的管理。

2)IP SAN 实现数据中心异地灾难备份

由于支持存储子系统的 IP SAN 与“通信子系统”构建的应用网是同一种网络架构(Ethernet/IP/TCP)，因此，管理人员可以将原来在应用网络通信技术方面积累的知识和经验充分应用于存储子系统。一些板卡生产厂商，如 Adaptec、Alacritech 和 Intel 等公司，均在生产一卡两用的新产品，以支持同一网络架构的应用网和存储网。

Linux 网络环境 iSCSI 技术的实现主要有三种方式。

(1)纯软件方式。

服务器采用普通以太网卡来进行网络连接，通过运行上层软件来实现 iSCSI 和 TCP/IP 协议栈功能层。这种方式由于采用标准网卡，不需要额外配置适配器，因此硬件成本最低。但是在这种方式中，服务器在完成自身工作的同时，还要兼顾网络连接，造成主机运行时间加长，系统性能下降。这种方式比较适合于预算较少、服务器负担不是很大的用户。目前 Microsoft Windows、IBM AIX、HP-UX、Linux、Novell Netware 等各操作系统皆已陆续提供这方面的服务，在价格上，比起后两种方案，其他远为低廉，甚至完全免费。但由于驱动程序工作时会耗费大量的CPU使用率及系统资源，所以性能最差。

(2)iSCSI TOE 网卡实现方式。

在这种方式中，服务器采用特定的 TOE 网卡来连接网络，TCP/IP 协议栈功能由智能网卡完成，而 iSCSI 层的功能仍旧由主机来完成。这种方式较前一种方式部分提高了服务器的性能。在三种 iSCSI Initiator 中，价格比 iSCSI HBA 便宜，但比纯软件方式驱动程序贵，性能也居于两者之间。

(3)iSCSI HBA 卡实现方式。

使用 iSCSI 存储适配器来完成服务器中的 iSCSI 层和 TCP/IP 协议栈功能。这种方式使得服务器 CPU 不需要考虑 iSCSI 以及网络配置，对服务器而言，iSCSI 存储器适配器是一个 HBA(存储主机主线适配器)设备，与服务器采用何种操作系统无关。该方式在三种 iSCSI Initiator 中价格最高，性能最佳。

案例使用的 Linux服务器为 2.4G Intel 处理器，网络负载不大，将使用第一种方式。

1. 准备工作

因为安装 iSCSI 驱动需要配合核心来编译，所以会使用到内核源代码，此外，也需要编译器的帮助，因此，先确定用户的 Linux 系统当中已经存在下列软件：kernel-source、kernel、gcc、perl、Apache。打开一个终端，使用命令检查：

```
#rpm -qa | grep gcc; rpm -qa | grep make
#rpm -qa | grep kernel; rpm -qa | grep make
```

iSCSI 驱动程序下载网址是 http://sourceforge.net/project/showfiles.php?group_id=26396。这个网站根据 Linux 内核(2.4/2.6)提供两种驱动程序，请根据内核版本下载相应的驱动，下载前可首先使用下面的命令查询目前所使用的 Linux 的内核版本：

```
#uname -a
```

2. 安装驱动

得到版本信息后，到其官方网站下载系统所需的驱动。下载完成后就可以使用下面的命令安装该组件然后编译内核：

```
#cd cd /usr/local/src
#wegthttp://nchc.dl.sourceforge.net/sourceforge/linux-iscsi/linux-
 iscsi-3.3.2.tgz
#tar -zxvf linux-iscsi-3.3.2.tgz
#cd linux-iscsi-3.3.2
#make clean
#make
#make install
```

3. 修改配置文件

```
#vi /etc/iscsi.conf
Username= myaccount                #用户名#
PassWord= iscsimy1Spw                #口令#
DiscoveryAddress=192.168.11.201        #iSCSI 储存设备的 IP 地址#
Username=myaccount
PassWord=iscsimy1Spw
```

4. 启动 ISCS

```
#/etc/init.d/iscsi start
Starting iSCSI: iscsi iscsid fsck/mount
```

5. 使用 iscsi-ls 命令查看更为详细的磁盘信息

```
#iscsi-ls
*****************************************************************
SFNet iSCSI Driver Version ... 3.3.2 (27-Jun-2005 )
*****************************************************************
TARGET NAME      : iqn.1994-12.com.promise.target.3b.31.4.55.1.0.0.20
```

```
TARGET ALIAS       : Vtrak 15200
HOST NO            : 0
BUS NO             : 0
TARGET ID          : 0
TARGET ADDRESS     : 192.168.11.201:3260
SESSION STATUS     : ESTABLISHED AT Thu Nov 10 20:13:43 2005
NO. OF PORTALS     : 1
PORTAL ADDRESS 1 : 192.168.11.201:3260,2
SESSION ID: ISID 00023d000001 TSIH 04
****************************************************************
```

iSCSI 节点名称有两种格式，即 iqn-type 格式和 eui-type 格式。Linux 常用的是 iqn-type 格式。

6. 使用 fdisk 命令进行磁盘分区

fdisk 命令格式如下：

```
fdisk [-l] [-b SSZ] [-u] device
```

主要选项说明如下。

-l：查看指定的设备的分区表状况。

-b SSZ：将指定的分区大小输出到标准输出上，单位为区块。

-u：搭配“-l”参数列表，会用分区数目取代柱面数目来表示每个分区的起始地址。

device：这些操作的设备名称。

fdisk 是各种 Linux 发行版本中最常用的分区工具，是被定义为 Expert 级别的分区工具。我们可以通过 fdisk 来分区使用 iSCSI 设备。它还包括一个二级选单，首先输入命令，然后出现问答式界面，用户通过在这个界面中输入命令参数来操作 fdisk，运行后出现 fdiak 的命令提示符：

```
Command(m for help):
```

使用 n 命令创建一个分区，会出现选择主分区(p primary partition)还是扩展分区(l logical)的提示，通常选用主分区。然后按照提示输入分区号(Partion number(1-4):)、新分区起始的磁盘块数(First cylinder)和分区的大小，可以是以 MB 为单位的数字(Last cylindet or +siza or +sizeM or +sizeK:)。例如：

```
fdisk /dev/sda
Command (m for help): n
Command action
e extended
p primary partition(1-4)
p
Partition number(1-4): 1
First cylinder(1-189971, default 1):
Using default value 1
Last cylinder or +size or +sizeM or +sizeK (1-189971, default 189971):
Using default value 1899719
Command(m for help): w
```

7. 格式化分区

```
#mke2fs -t ext3 -c /dev/sda1
```

8. 设定加载点

```
#mkdir /cluster/raid
#mount -t ext3 /dev/sda1 /cluster/raid
```

经过以上操作，Linux 服务器已经连接到 iSCSI 存储设备，并且如同 Linux 本机上的一个 SCSI 硬盘一样，使用方式几乎一模一样。

9. 自动挂载 iSCSI 卷

可以通过向/etc/fstab.iscsi（filesystem table)中添加指令行来指明 Linux 如何自动挂载卷了。使用 vi 编辑器修改/etc/fstab，使用 Shift＋G 命令(将光标定位到最后一行)，然后使用 o 命令(插入新行并且进入编辑状态)，输入以下内容：

```
/dev/sda1 /cluster/raid ext3 defaults 0 0
```

存盘后重新启动计算机 Linux 即可自动挂载 iSCSI 卷。

6.8　NAS 网络存储案例分析

网络附属存储(Network Attached Storage，NAS)是一种将分布、独立的数据整合为大型、集中化管理的数据中心，以便于对不同主机和应用服务器进行访问的技术。按字面简单来说就是连接在网络上，具备资料存储功能的装置，因此也称为网络存储器。它是一种专用数据存储服务器。它以数据为中心，将存储设备与服务器彻底分离，集中管理数据，从而释放带宽，提高性能，降低拥有成本，保护投资。其成本远远低于使用服务器存储，而效率却远远高于后者。NAS 被定义为一种特殊的专用数据存储服务器，包括存储器件(如磁盘阵列、CD/DVD 驱动器、磁带驱动器或可移动的存储介质)和内嵌系统软件，可提供跨平台文件共享功能。NAS 通常在一个 LAN 上占有自己的节点，不需要应用服务器的干预，允许用户在网络上存取数据，在这种配置中，NAS 集中管理和处理网络上的所有数据，将负载从应用或企业服务器上卸载下来，有效降低拥有成本，保护用户投资。

NAS 本身能够支持多种协议(如 NFS、CIFS、FTP、HTTP 等)，而且能够支持各种操作系统。通过任何一台工作站，采用 Web 浏览器就可以对 NAS 设备进行直观方便的管理。

SAN 和 NAS 的区别是：SAN 是一种网络，NAS 产品是一个专有文件服务器或一个只能提供文件访问的设备。SAN 是在服务器和存储器之间用作 I/O 路径的专用网络。SAN 包括面向块(SCIS)和面向文件(NAS)的存储产品。NAS 产品能通过 SAN 连接到存储设备。

NAS 数据存储的优点如下。

第一，NAS 适用于那些需要通过网络将文件数据传送到多台客户机上的用户。NAS 设备在数据必须长距离传送的环境中可以很好地发挥作用。

第二，NAS 设备非常易于部署。可以使 NAS 主机、客户机和其他设备广泛分布在整个企业的网络环境中。NAS 可以提供可靠的文件级数据整合，因为文件锁定是由设备自身来处理的。

第三，NAS 应用于高效的文件共享任务中，如 UNIX 中的 NFS 和 Windows NT 中的 CIFS，其中基于网络的文件级锁定提供了高级并发访问保护的功能。

NAS 分为以下几类。

(1) 电器型服务器。

电器型服务器是 NAS 系列设备中最低端的产品。电器型服务器不是专门附加的存储设备，它们为网络提供了一个存储位置，但是由于没有冗余的和高性能的组件，它们相对比较便宜。在工作组环境中，电器型服务器要起很多作用。典型服务包括网络地址翻译(NAT)、代理、DHCP、电子邮件、Web 服务器、DNS、防火墙和 VPN。

(2) 工作组 NAS。

工作组 NAS 特别适合于存储需求相对较低的小型和中型公司，它们的存储需要一般从几百 GB 到 1TB。运行电子商务软件或者大型数据库的公司会需要几 TB 的存储空间，它们属于中型 NAS。一般来说，当从工作组升级到中型 NAS 时，会发现热插拔驱动器和一些可以放置额外的驱动器或更多的故障恢复产品的设备盒、增强的管理功能以及系统复杂性的少许提高。

(3) 中型 NAS。

中型 NAS 解决方案提供了更好的扩展性和可靠性，而且有着与低端 NAS 类似的优点，如方便、专用的存储空间和简单的安装和管理过程。与电器型服务器和工作组 NAS 相比，这些 NAS 设备的成本明显要高很多。

(4) 大型 NAS。

大型 NAS 系统的易扩展性、高可用性和冗余性都是十分关键的。这些设备还必须提供高端服务器的性能、灵活的管理以及与异类网络平台交互的能力。

1. 初始化

本案例采用 D-Link DNS-323 型 NAS。在硬件连接完成后就可以开始配置 D-Link DNS-323 软件参数了，首先连接网络，然后要知道 NAS 设备的管理地址，可以通过访问无线路由器或宽带路由器管理界面查看下连设备 IP 信息即可。本实验中 NAS 设备的计算机名称为 dlink-7fa9b0，默认 IP 地址是 192.168.0.198，有了这个 IP 地址后就可以一步步地通过此地址管理 NAS 设备并配置相关参数开启相关服务与功能了。

(1) 打开 IE 浏览器，通过地址 http://192.168.0.198 访问 NAS 管理界面。

(2) 默认情况下使用用户名 admin 以及密码留空信息登录到管理界面中。

(3) 选择 RAID 冗余类型。

设备会自动检测当前连接的硬盘基本信息，例如，使用两块 160GB 的 Seagate 硬盘作为其自身存储介质，下面会罗列出我们可以采用的 RAID 冗余类型，包括 Standard (IndividualDisks)、JBOD (Linear-CombinesBothDisks)、RAID0 (Striping-BestPerformance)、RAID1 (Mirroring-KeepsDataSafe)。这些技术代表不同级别的安全措施，依次为独立硬盘方式(没有安全冗余技术把两块硬盘当作两块处理)、JBOD 技术(没有安全冗余技术把两块硬盘合二为一，逻辑上感觉是一块)、RAID0(没有安全冗余技术，但是可以提高数据读取和存储速度)、RAID1(具备冗余技术，一块硬盘损坏依然可以恢复数据)。

(4) 不管采取什么方式的硬盘存储技术，在初始化时都首先要针对硬盘进行格式化。

(5) 格式化时间会依照硬盘容量大小而不同，之后显示格式化成功。

(6) 重新启动 NAS 设备；重新启动所花时间比较长，在 1.5 分钟左右。

(7) 再次输入 admin 和空密码登录后就可以进入正式的管理页面了，管理页面显示和平时熟悉的宽带路由器以及无线路由器非常类似。

至此就可以开始使用新安装了硬盘的 NAS 为我们服务了。

2. 通过设置向导让 NAS 提供服务

和以往的路由器一样，可以通过设备自带的设置向导来轻松完成简单的设备参数配置工作。

(1) 启动设置向导界面，单击 Next 按钮开始配置。

(2) 设置登录密码，默认的 admin 和空密码太不安全。

(3) 针对 NAS 的时间和时区进行设置，在此选择东八区时间，之后单击 Next 按钮继续操作。

(4) 针对 NAS 产品的网络参数进行配置，默认情况下为提供了自动获取 IP 地址方式以及手工设置 IP 地址方式，由于此例将该设备连接到了路由器上，所以直接使用自动获取 IP 方式即可。如果是手工设置，记得要添加 DNS 地址以及网关地址，否则日后将无法使用下载等特殊功能，单击 Next 按钮继续。

(5) 针对 NAS 设备的工作组以及设备名称参数进行设置，这主要是为了区别网络中的其他产品，必要时通过设备名称访问。

(6) 完成配置后单击 Restart 按钮重新启动设备。

设备启动后我们就可以使用之前配置的网络参数(IP 地址、设备名称)对 NAS 中的硬盘和存储空间进行访问了。

3. 基本参数配置

基本参数标签下主要是 NAS 设备的基本信息，在左边找到 LAN 选项，在这里可以对网卡的工作速度进行配置，选择是自适应或者指定 100M 或是 1000M，还可以在此标签下对网络参数其他信息进行修改。

4. 高级设置

在高级设置下有很多独立单元提供给我们配置，各有各的用途，下面我们来具体查看。

1) 用户与群组管理

D-Link DNS-323 NAS 设备为我们提供了强大的权限管理功能，可以在 ADVANCED 标签下的 USERS/GROUPS 中建立访问存储空间的账户或者建立不同权限的群组，这样可以更好地管理空间。

首先在上部区域建立对应的账户或群组，包括名称、密码信息等，之后在中部区域通过单击 Add 与 Remove 按钮添加对应账户到群组中。在下部区域中就可以看到用户列表以及用户组列表信息了。

2）用户空间磁盘限额

建立了群组以及用户后就可以通过 ADVANCED 标签下的 QUOTAS 限额功能来针对不同用户、不同群组分配它们可使用的空间容量大小了。设置用户以及针对各个磁盘的使用空间上限后，该用户将不会侵占太多的硬盘空间；默认情况下磁盘限额服务是关闭的，需要通过 Enable 按钮将其开启。

3）指定读取写入区域

不同的用户或者不同的群组可以针对不同的目录进行读写，这些访问权限可以通过 ADVANCED 下的 NETWORK ACCESS SETTINGS 标签实现，在这里指定用户以及容许其访问的目录还有 Permission 权限（只读或完全读取）即可实现这种访问权限的划分。

在设置访问权限时我们会看到参数 Oplocks，这是故障排错功能，通过它可以在读写数据时进行一定的校验。

4）FTP 服务

可以把 NAS 设备模拟成一台 FTP 服务器，所有的模拟和账户目录管理工作都放到了 ADVANCED 下的 FTP SERVER SETTINGS 完成。在这里可以指定容许访问 FTP 的账户以及 FTP 服务器的工作端口、最大访问用户数等信息。是否针对流量进行控制也是此设备的一个特点。支持语言方面选择简体中文即可。

5）Upnp 功能

有时我们可能需要在外网访问 NAS 存储设备，这时完全可以开启 NAS 设备的 Upnp 功能，选择 Enable 开启以及指定可访问的目录后就可以实现外网访问功能了。

6）DHCP 服务功能

NAS 设备可以模拟成一台 DHCP 服务器，这样完全可以把它连接到交换式环境下，其他计算机可以通过它的 DHCP 服务获得 IP 地址等信息，具体 DHCP 服务设置方法和常见的路由器类似。

7）配置备份与保存功能

可以将当前的配置以文件的形式保存，也可以直接通过配置文件恢复，只需要到 SYSTEM 标签下找到 CONFIGURATION SETTINGS 即可。

8）电子邮件警报功能

在 TOOLS 标签下的 E-MAIL ALERTS 功能下，首先需要设置发送电子邮件的 SMTP 服务器地址，接下来是针对警报参数进行配置，包括当空间剩余多少时发送警报，当一个 VOLUME 卷标满了时发送，当一块硬盘损坏时发送，当管理员密码被修改时发送，当设备温度达到多少度时发送等。

9）RAID 冗余配置

在 TOOLS 标签的 RAID 页中可以重新指定两块硬盘的工作状态，选择它们的工作方式，不过需要注意一点，如果修改了 RAID 类型，那么原来磁盘中的数据都会消失。

root_squash：在登录 NFS 主机使用分享之目录的使用者如果是 root，那么这个使用者的权限将被压缩成为匿名使用者，通常它的 UID 与 GID 都会变成 nobody。

all_squash：不管登录 NFS 主机的用户是什么都会被重新设定为 nobody。

anonuid：将登录 NFS 主机的用户都设定成指定的 User ID，此 ID 必须存在于/etc/passwd 中。

anongid：同 anonuid，但是设定成 Group ID 即可。

sync：资料同步写入存储器中。

async：资料会先暂时存放在内存中，不会直接写入硬盘。

insecure：允许从这台机器过来的非授权访问。

例如，可以编辑/etc/eXPorts 为：

```
/tmp *(rw,no_root_squash)
/home/public 192.168.0.*(rw) *(ro)
/home/test 192.168.0.100(rw)
/home/linux *.the9.com(rw,all_squash,anonuid=40,anongid=40)
```

设定好后可以使用以下命令启动 NFS：

```
/etc/rc.d/init.d/portmap start （在 Red Hat 中 portmap 是默认启动的）
/etc/rc.d/init.d/nfs start
eXPortfs 命令
```

如果我们在启动了 NFS 之后又修改了/etc/eXPorts，是不是还要重新启动 NFS 呢？这个时候我们就可以用 eXPortfs 命令来使改动立刻生效，该命令格式如下：

```
eXPortfs [-aruv]
```

-a：全部 mount 或者 unmount /etc/eXPorts 中的内容。

-r：更新 mount /etc/eXPorts 中分享的目录。

-u：umount 目录。

-v：在 eXPort 的时候，将详细的信息输出到屏幕上。

具体例子：

```
[root @test root]# eXPortfs -rv
eXPorting 192.168.0.100:/home/test
eXPorting 192.168.0.*:/home/public
eXPorting *.the9.com:/home/linux
eXPorting *:/home/public
eXPorting *:/tmp
reeXPorting 192.168.0.100:/home/test to kernel
eXPortfs -au  //全部卸载
```

客户端的操作如下。

1) showmount 的用法

```
showmout
```

-a：这个参数一般在 NFS Server 上使用，是用来显示已经安装上本机 NFS 目录的客户端机器。

-e：显示指定的 NFS Server 上输出的目录。

例如：

```
showmount -e 192.168.0.30
EXPort list for localhost:
/tmp *
/home/linux *.linux.org
/home/public (everyone)
/home/test 192.168.0.100
```

2) mount NFS 目录的方法

```
mount -t nfs hostname(orIP):/directory /mount/point
```

具体例子：

```
Linux: mount -t nfs 192.168.0.1:/tmp /mnt/nfs
Solaris:mount -F nfs 192.168.0.1:/tmp /mnt/nfs
BSD: mount 192.168.0.1:/tmp /mnt/nfs
```

3) mount NFS 的其他可选参数

HARD mount 和 SOFT mount。

HARD：NFS 客户机会不断地尝试与服务器的连接(在后台，不会给出任何提示信息，在 Linux 下有的版本仍然会给出一些提示)，直到 mount 上。

SOFT：会在前台尝试与服务器建立连接，是默认的连接方式。当收到错误信息后终止 mount 尝试，并给出相关信息。例如：

```
mount -F nfs -o hard 192.168.0.10:/nfs /nfs
```

对于到底是使用 HARD 还是 SOFT 的问题，这主要取决于访问什么信息。例如，想通过 NFS 来运行 X PROGRAM，绝对不会希望由于一些意外情况(如网络速度一下子变得很慢、插拔了一下网卡插头等)而使系统输出大量的错误信息，如果此时用的是 HARD 方式，系统就会等待，直到能够重新与 NFS Server 建立连接传输信息。另外，如果是非关键数据，也可以使用 SOFT 方式，如 FTP 数据等，这样在远程机器暂时连接不上或关闭时就不会挂起会话过程。

rsize 和 wsize：文件传输尺寸设定，V3 版本没有限定传输尺寸，V2 版本最多只能设定为 8K，可以使用-rsize 和-wsize 来进行设定。这两个参数的设定对于 NFS 的执行效能有较大的影响。

bg：在执行 mount 时如果无法顺利 mount 上，系统会将 mount 的操作转移到后台并继续尝试 mount，直到 mount 成功(通常在设定/etc/fstab 文件时都应该使用 bg，以避免可能的 mount 不上而影响启动速度)。

fg：和 bg 正好相反，是默认的参数。

nfsvers=n：设定要使用的 NFS 版本，默认是使用 V2，这个选项的设定还要取决于服务器端是否支持 V3。

mountport：设定 mount 的端口。

port：根据服务器端输出的端口设定，例如，如果服务器端使用 5555 端口输出 NFS，那客户端就需要使用这个参数进行同样的设定。

timeo=n：设置超时时间，当数据传输遇到问题时，会根据这个参数尝试进行重新传输。默认值是 0.7 秒。如果网络连接不是很稳定就要加大这个数值，并且推荐使用 HARD mount 方式，同时最好也加上 intr 参数，这样就可以终止任何挂起的文件访问。

intr：允许通知中断一个 NFS 调用，当服务器没有应答需要放弃的时候有用处。

udp：使用 UDP 作为 NFS 的传输协议(NFS V2 只支持 UDP)。

tcp：使用 TCP 作为 NFS 的传输协议。

namlen=n：设定远程服务器所允许的最长文件名，默认是 255。

acregmin=n：设定最小的在文件更新之前 cache 时间，默认是 30。

acregmax=n：设定最大的在文件更新之前 cache 时间，默认是 60。

acdirmin=n：设定最小的在目录更新之前 cache 时间，默认是 30。

acdirmax=n：设定最大的在目录更新之前 cache 时间，默认是 60。

actimeo=n：将 acregmin、acregmax、acdirmin、acdirmax 设定为同一个数值，默认是没有启用。

retry=n：设定当网络传输出现故障的时候，尝试重新连接多长时间后不再尝试。默认的数值是 10000min。

noac：关闭 cache 机制。

同时使用多个参数的示例：

```
mount -t nfs -o timeo=3,udp,hard 192.168.0.30:/tmp /nfs
```

请注意，NFS 客户机和服务器的选项并不一定完全相同，而且有的时候会有冲突。例如，服务器以只读的方式导出，客户端却以可写的方式 mount，虽然可以成功 mount 上，但尝试写入的时候就会发生错误。一般服务器端和客户端配置冲突的时候，会以服务器端的配置为准。

4) /etc/fstab 的设定方法

/etc/fstab 的格式如下：

```
fs_spec fs_file fs_type fs_options fs_dump fs_pass
```

fs_spec：该字段定义希望加载的文件系统所在的设备或远程文件系统，对于 NFS，这个参数一般设置为 192.168.0.1:/NFS。

fs_file：本地的挂载点。

fs_type：对于 NFS 来说，这个字段只要设置成 nfs 就可以了。

fs_options：挂载的参数，使用的参数可以参考上面的 mount 参数。

fs_dump：该选项被 dump 命令使用来检查一个文件系统应该以多快的频率进行转储，若不需要转储就设置该字段为 0。

fs_pass：该字段被 fsck 命令用来决定在启动时需要被扫描的文件系统的顺序，根文件系统 "/" 对应该字段的值应该为 1，其他文件系统应该为 2。若该文件系统不需要在启动时扫描则设置该字段为 0。

5) 与 NFS 有关的一些命令介绍

nfsstat：查看 NFS 的运行状态，对调整 NFS 的运行有很大帮助。

rpcinfo：查看 RPC 执行信息，用于检测 RPC 运行情况的工具。

分组实验，两位为一组，图 6.83 为具体实验环境。

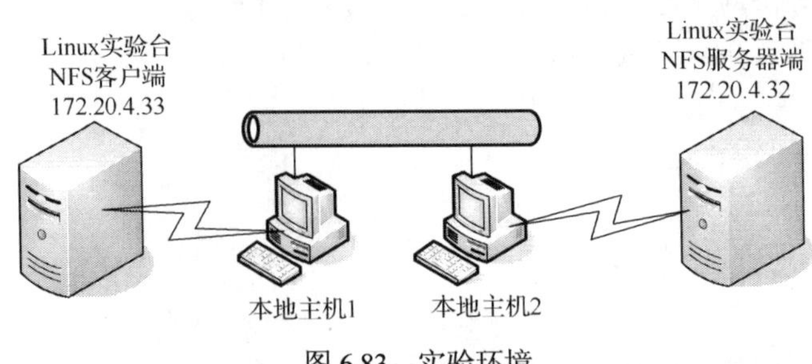

图 6.83　实验环境

两个 Linux 实验台 IP 地址以 172.20.4.32/16 和 172.20.4.33/16 为例，可根据实际环境进行配置。

本地主机：Windows XP 操作系统、SimpleISES 系统客户端。

两台本地主机的 IP 地址以 172.20.1.32/16 和 172.20.1.33/16 为例，可根据实际环境进行配置。

打开 Linux 实验台，进入 Linux 系统。

1. 服务器端选择启动相关服务

(1) 以 root 身份在控制台输入 setup，选择 System services 选项。

(2) 在系统服务选项中用空格键选中 nfs 和 portmap。

服务选项 portmap 服务对 NFS 是必需的，因为它是 NFS 的动态端口分配守护进程，如果 portmap 不启动，NFS 就启动不了。如果 Linux 上系统服务上没有这个配置选项，可以到网上搜索一些相关的软件包。

2. 服务器端编辑/etc/eXPorts 文件

eXPorts 文件是 NFS 的共享目录配置文件，主要是指定共享目录和共享策略。使用 vi/etc/exports 命令编辑，在文件中加入类似下面的内容：/home 172.20.4.33(rw,sync) *(ro,sync)；按 Esc 键后，输入“:wq”保存并退出；其中，/home 表示共享目录，也可以类似地添加其他目录进行共享；后面的内容表示对 IP 地址为 172.20.4.33(客户端主机 IP)的主机赋予读写权限，其他机器仅有读权限。

3. 服务器端重启 NFS 服务

(1) 重启 portmap 和 nfs 服务。

输入如下命令进行服务重启：

```
#service portmap restart
#service nfs restart
```

具体如图 6.84 和图 6.85 所示。

```
[root@localhost etc]# service portmap restart
Stopping portmap:                                          [  OK  ]
Starting portmap:                                          [  OK  ]
not registered:       100000    2   tcp    111  portmapper
not registered:       100000    2   udp    111  portmapper
not registered:       100011    1   udp    871  rquotad
not registered:       100011    2   udp    871  rquotad
not registered:       100011    1   tcp    874  rquotad
not registered:       100011    2   tcp    874  rquotad
not registered:       100005    1   udp    898  mountd
not registered:       100005    1   tcp    901  mountd
not registered:       100005    2   udp    898  mountd
not registered:       100005    2   tcp    901  mountd
not registered:       100005    3   udp    898  mountd
not registered:       100005    3   tcp    901  mountd
```

图 6.84　启动服务

```
[root@localhost etc]# service nfs restart
Shutting down NFS mountd:                                  [  OK  ]
Shutting down NFS daemon: nfsd: last server has exited
nfsd: unexporting all filesystems
                                                           [  OK  ]
Shutting down NFS services:                                [  OK  ]
Starting NFS services:                                     [  OK  ]
Starting NFS quotas:                                       [  OK  ]
Starting NFS daemon: NFSD: Using /var/lib/nfs/v4recovery as the NFSv4 state
very directory
NFSD: starting 90-second grace period
                                                           [  OK  ]
Starting NFS mountd:                                       [  OK  ]
[root@localhost etc]# _
```

图 6.85　重启服务

如图 6.85 所示，当看到一连串的[OK]时，表示已经启动成功。如果第一次启动 NFS，又使用 restart 命令，可能开始会出现一些[FAILED]，原因是 restart 命令在停止 NFS 服务，而 NFS 服务还没有启动，所以会导致启动失败。

(2) 使用命令 vi 123.txt 在共享目录(home)下建立自己的文件。

在文件中加入内容 123(123.txt 可输入任意内容)，而后保存文件。用 more 123.txt 查看文件。

4. 客户端测试 NFS 服务

要测试 NFS 是否真正配置成功，只要客户端进行以下测试：

```
#mout -t nfs 172.20.4.32:/home /mnt
```

172.20.4.32 是刚设置的 NFS 服务器 IP，/home 是 NFS 共享目录，/mnt 是客户端目录。

如果在/mnt 下可以看到 NFS 共享目录的内容，表示 NFS 设置成功了；可使用#umount /mnt 命令取消挂载。

分别在被授予读写权限的客户端和其他在同一局域网上的 Linux 实验台尝试删除共享目录的某个文件，测试所有权限的不同。

5. 服务器端和客户端使用一些命令查看 NFS 的各种状态

(1) 客户端查看共享目录。

客户端运行# showmount –e 命令可查看共享哪些目录。

(2) 服务器端查看 mount。

服务器端运行# showmount –a 命令可查看所有的 mount。

(3) 服务器端检查 NFS 的运行级别。

```
#chkconfig --list portmap
#chkconfig --list nfs
```

6.10 Snapshot 快照案例分析

“快照”通常被定义为一组文件、目录或卷在某个特定时间点的副本。它所捕获的是一些特定数据在某个时间点的映像。快照技术的出现最初是为了解决一些备份的难题，其中经常遇到的包括以下几点。

(1) 需要备份的数据量太大，以至于无法在有限的时间段内完成备份。

(2) 从一个未被备份的目录中向一个已经备份过的目录移动文件，经常会导致备份失败。

(3) 由于备份时一些文件正在进行写操作，所以有些备份的数据不能使用。

(4) 热备份严重影响应用系统的性能等。

上述所有常见的备份问题其实都可以用快照技术来解决，但是也不能单纯地将快照视为解决所有问题的灵丹妙药，因为快照技术还有待进一步完善。

创建一个快照不同的设备需要不同的命令，但对于系统来说，基本包括如下几个步骤。

(1) 发起创建指令。

(2) 在发起时间点，指令通知操作系统暂停应用程序和文件系统的操作。

(3) 刷新文件系统缓存，结束所有的读写事务。

(4) 创建快照点。

(5) 创建完成之后，释放文件系统和应用程序，系统恢复正常运行。

现在，快照技术已经超越了简单的数据保护范畴，我们可以用快照进行高效且无风险的应用软件测试。用快照数据作测试不会对生产数据造成任何破坏。对于数据挖掘(Data Mining)和电子发现(eDiscovery)应用，快照也是理想的测试数据源。在灾难恢复方面，快照是一种非常有效的方法，甚至是首选，非常适合遭到恶意软件攻击、人为误操作和数据损坏等逻辑错误发生时的数据恢复。

过去我们认为只有磁盘阵列具备快照功能，但事实上磁盘阵列只是其中之一。广义的快照技术通常可有 7 个不同类型的实现主体：主机文件系统(包括服务器、台式机、笔记本电脑)、逻辑卷管理器(LVM)、网络附加存储系统(NAS)、磁盘阵列、存储虚拟化设备、主机虚拟化管理程序和数据库。

下面逐项介绍在各个系统中快照技术的应用，并对其进行详细说明。

1) 基于文件系统的快照

很多文件系统都支持快照功能，微软的 Windows NTFS 有 VSS 卷影复制服务(Volume Shadow Copy Services，Vista 称为 Shadow Copy)，Sun Solaris 的最新文件系统 ZFS(Zettabyte File System)，Apple 公司的 Mac OS X 10.6(雪豹)，Novell NetWare 4.11(或更高版本)的 Novell Storage Services (NSS)，Novell SUSE Linux 操作系统下的 OES-Linux 等。

“免费”是文件系统快照的优势之一，因为它集成在文件系统内部。另一个优点是非常好用，最新版文件系统的快照功能通常使用起来很简单。不利的一方面是每个文件系统都必须独立进行管理，当系统数量激增时，管理工作会变得非常繁重。想象一下，如果我们要做快照复制，需要给每一个文件系统都配置一套复制关系，而且只能复制该文件系统自己的快照。此外，不同文件系统所提供的快照种类、快照频率、预留空间等参数也可能不一样，当然也包括设置、操作和管理上的差异。总之，需要管理的服务器和文件系统越多，复杂程度就越高。

2) 基于 LVM 的快照

带有快照功能的 LVM 很多，如惠普 HP-UX 操作系统的 Logical Volume Manager，Linux 平台的 Logical Volume Manager 和 Enterprise Volume Management System，微软 Windows 2000 及后续版本自带的 Logical Disk Manager 系统，SUN Solaris 10 操作系统的 ZFS，以及赛门铁克公司的 Veritas Volume Manager(注：Veritas Volume Manager 是赛门铁克 Veritas Storage Foundation 产品的一部分)。

我们可以创建跨多个文件系统的 LVM 快照。赛门铁克的 Veritas Volume Manager 可以支持大多数常见的操作系统和文件系统。LVM 通常还包括存储多路径和存储虚拟化等功能。

使用 LVM 时，通常要付出额外的成本，包括为每台服务器购买许可证和维护费。而且像基于文件系统的快照一样，我们可能还要面对系统之间的协调问题和复杂的技术实施问题。

3) 基于 NAS 的快照

NAS 本质上就是一个经过优化的或是专门定制的文件系统，运行在特定的设备上，或集成在存储设备里。大多数中端和企业级 NAS 系统都提供快照功能，其中既有使用专有操作系统的设备，也包括大量基于 Microsoft Windows Storage Server 软件的各种 NAS。

通过网络连接到 NAS 的计算机系统都可以使用这种标准的通用快照，包括物理服务器、虚拟机、台式机和笔记本电脑。它也非常容易操作和管理。基于 NAS 的快照往往同 Windows Volume Shadow Copy Services、备份服务器和备份 Agent 等软件集成在一起使用。一些 NAS 厂商还为非 Windows 平台的数据应用系统开发了 Agent 代理程序。其他一些与 NAS 快照有关的技术还包括重复数据删除(EMC 公司、FalconStor 软件公司和 NetApp 的产品)，有些厂商甚至提供了带有自动精简配置功能的快照，目的是让快照占用的空间变得更少。

但是使用便利的工具和附加功能也需要成本，软件许可证和维护费相当昂贵，一般是按照机器数量和磁盘卷容量来计算的。大多数公司的数据量增长很快，需要使用 NAS 快照的地方也越来越多，因此，操作和管理也将更复杂。

4) 基于磁盘阵列的快照

大多数磁盘阵列的软件系统里都含有快照功能。基于磁盘阵列的快照与基于 NAS 的快照有非常相似的优点，即所有与磁盘阵列相连的计算机系统都可以使用这种标准的通用快照功能，包括物理服务器、虚拟机、台式机和笔记本电脑等。快照的实施、操作和管理也都很简单。像 NAS 一样，很多磁盘阵列的快照功能也可以被 Windows VSS、备份服务器和备份 Agent 等软件直接调用。一些磁盘阵列厂商还有可供非 Windows 平台应用系统使用的 Agent 代理程序。

基于磁盘阵列的快照也有一些缺点：许可证和维护费用昂贵；对非 Windows 平台的应用程序支持有限；磁盘阵列的数量越多，快照管理也就越复杂。

5) 基于存储虚拟化设备的快照

这里所说的存储虚拟化设备主要用于 NAS 光纤网络环境，不同于基于文件(NFS)应用的网络设备，像 F5 Network 公司的 Acopia ARX 产品就是排除在这个范畴之外的。主要的存储虚拟化软硬件设备(或融合了虚拟化功能的存储系统)包括：Cloverleaf Communication 公司的 Intelligent Storage Networking System（iSN），DataCore Software 公司的 SANsymphony 和 SANmelody，EMC 的 Celerra Gateway blades，FalconStor 公司的 IPStor，HP 的 XP 系列，HDS 的 Universal Storage Platform V/VM，IBM 的 SAN Volume Controller，LSI 的 StoreAge Storage Virtualization Manager（SVM）以及 NetApp 的 V-Series Storage Controllers 等。

磁盘阵列和 NAS 快照所具备的优点在存储虚拟化设备上同样能够体现，而且某些方面还能做得更好。我们可以将来自不同厂商的很多存储设备聚集在少量的几个控制点或单一控制点上进行管理，提供通用的标准化快照。这样做最大程度地简化了快照的管理操作成本和学习成本。

存储虚拟化快照的缺点与上述类型相比则有些不同。使用存储虚拟化设备会导致 I/O 延迟增加，即使是采用旁路架构的设计，最终还是会影响应用程序的响应时间。增加存储虚拟化设备还会使故障分析变得更加困难，潜在地还可能激化厂商之间对故障责任的推诿。从另一个角度看，虽然增加额外的虚拟化存储硬件或软件要产生一定的费用，但是与每个存储系统都独立购买快照功能相比，它的软件许可证和维护费用都要低一些。

6) 基于主机虚拟化管理程序的快照

随着服务器虚拟化应用的普及，基于主机虚拟化管理程序的快照技术也逐渐流行起来。像 Citrix 公司的 XenServer、微软的 Hyper-V、SUN 的 xVM Ops Center 以及 VMware 的 ESX 和 vSphere4 等主机虚拟化产品都支持快照功能。

在主机虚拟化软件层实现快照的优点是简单直接。由于同虚拟机管理软件绑定在一起，因此可以为所有的虚拟机(VM)提供统一的快照，并且可以同微软的 VSS 集成，随时调用。相对而言，基于虚拟机的快照很容易部署、使用和管理。

但是，如果非要找出不喜欢这种快照的理由，那么应该是每一套虚拟机软件的快照需要单独管理。而且当我们在非 Windows 平台下使用这种快照技术时，必须针对整个 VM，这意味着我们只能做粗粒度的数据恢复，还要消耗更多的恢复时间。这种快照在 Windows 操作系统外部创建，所以它不能架构在应用软件感知的层面，导致快照出来的映像数据有可能是不一致状态。

7) 基于数据库的快照

在数据库中，快照动作被称为快照隔离(Snapshot Isolation)。像 Oracle 和 PostgreSQL 这样的数据库需要做快照隔离以确保所有的交易命令序列化，就好像被一个个隔开一样，然后逐个执行。其他一些数据库也支持快照隔离，但并不要求将交易序列化。在一般情况下，数据库备份工具会利用快照隔离的功能，用快照来恢复崩溃(出现一致性问题)的数据表。

数据库快照的重要缺陷就是覆盖范围非常有限，其作用仅限于特定的数据库内部和数据库相关的应用，无法管理同在一台服务器上的文件系统、文件类应用或其他数据库，更不用说管理到其他服务器了。有时候我们不得不通过其他层次的快照技术来解决数据库之外的数据保护问题，这样，操作和管理将变得有些复杂。

8) 不同类型的快照

通常，我们会提到 6 种类型的快照技术：复制写(Copy-on-Write)、重定向写(Redirect-on-Write)、克隆或镜像(Clone or Split Mirror)、后台拷贝的复制写(Copy-on-Write with Background Copy)、增量快照(Incremental)、持续数据保护(Continuous Data Protection)。

如图 6.86 所示为具体案例分析环境。

Windows 实验台 IP 地址以 172.20.3.32/16 为例，可根据实际环境进行配置。

本地客户端：Windows XP 操作系统、Simple ISES 系统客户端。

本地客户端 IP 地址以 172.20.1.32/16 为例，可根据实际环境进行配置。

打开 Windows 实验台，进入 Windows 系统。

1. 启动服务器端卷影服务

以系统管理员身份登录 Windows 实验台系统；双击打开“我的电脑”，如果 D 盘的格式不是 NTFS，则将 D 盘格式化为 NTFS 格式。右击需要启动卷影服务的卷图标并选择“属性”命令。切换到“属性”对话框中的“卷影副本”标签，即可看到卷影服务的真面目，如图 6.87 所示。从中选好需要备份的卷标，然后单击“启用”按钮即可成功启动该卷的卷影服务。

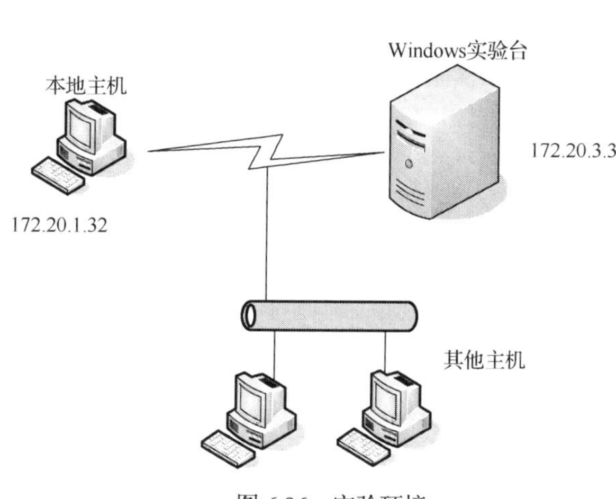

图 6.86　实验环境

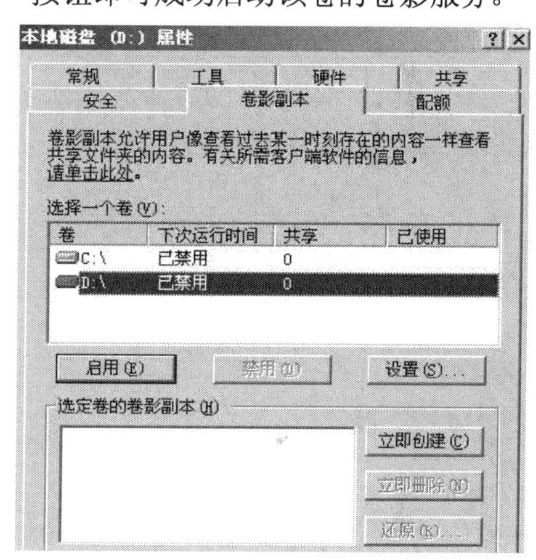

图 6.87　启用卷影服务

2. 客户端安装

在服务器上打开 systemroot\system32\clients\ twclient\x86 文件夹。此时可以在里面看到一个名为 twcli32.msi 的程序安装包，这就是卷影客户端的安装程序。

将 twcli32.msi 用电子邮件或共享的方式传递并安装到客户机上以后，这些客户机安装了此程序便具备了查看服务器卷影列表的功能，同时具备了自行恢复卷影文件的功能。若已经安装了 Windows XP SP2 升级包就可以不安装此程序了，因为 SP2 已经内置了卷影的客户端程序，可以直接使用卷影功能。

3. 限制卷影服务占用的磁盘空间

首先，在服务器上右击“我的电脑”中的卷影图标，并选择“属性”→“卷影副本”命令进入卷影配置界面。

然后选中已启动卷影服务的卷，单击“设置”按钮进入图 6.88 所示对话框。

在这里，可以根据自己的实际情况确定卷影空间的上限，原则上共享的文件越多，卷影备份的频繁越高，所需要的卷影空间就越大。在这里就将卷影上限更改为 800MB。

4. 调整卷影的自动备份频率

配置卷影的自动备份频率很简单，只要单击“设置”选项区中的“计划”按钮，即可弹出配置对话框，如图 6.89 所示。在下拉列表中可以看到，默认备份任务被分成了两条，分别是每天(工作日)的早 7:00 和中午 12:00。

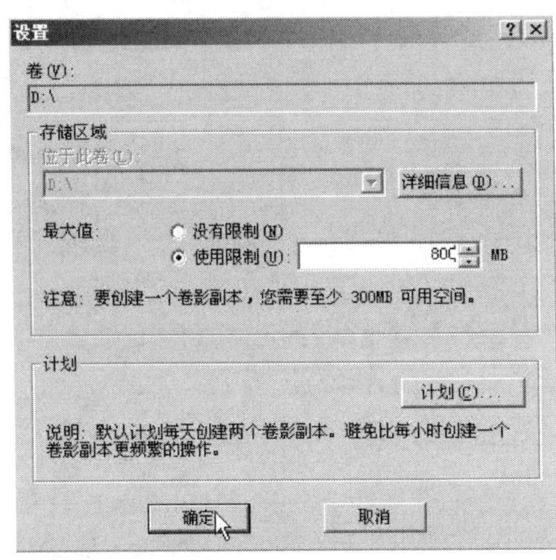

图 6.88　“设置”对话框

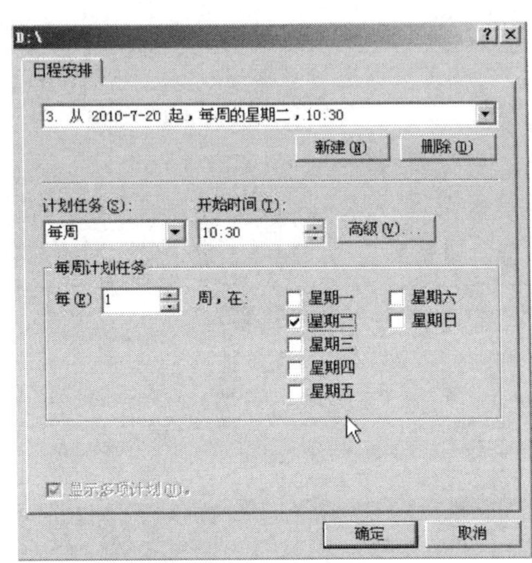

图 6.89　计划设置

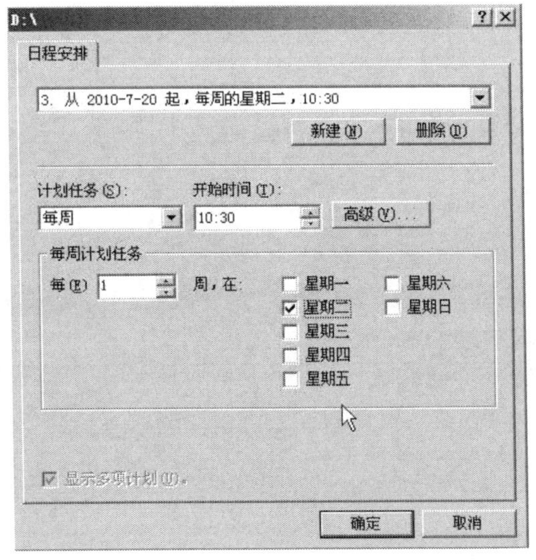

图 6.90　备份任务设置

首先单击“新建”按钮，新建一份卷影备份任务。然后在弹出的配置界面中将默认的卷影备份时间改为实验进行的恰当时间。

出于测试目的，只要求卷影服务在实验时间内启动。所以还要将“计划任务”改为“每周”，并选中当日的复选框，最后单击“确定”按钮即可，如图 6.90 所示。

5. 误删恢复

在 Windows 实验台上建立一个共享文件夹，并复制一些日常文件到此文件夹，如图 6.91 所示。

设置该共享文件夹能被客户端计算机完全控制，如图 6.92 所示。

待服务器开始对该共享文件夹进行自动备份，备份完毕后，按 Shift+Delete 组合键将 123.txt 文件删除，这时在客户机上，用户在“网上邻居”窗口中右击该共享文件夹并选择其属性。在弹出的属性对话框中单击“以前的版本”标签进入卷影列表浏览模式，如图 6.93 所示。

图 6.91　共享文件

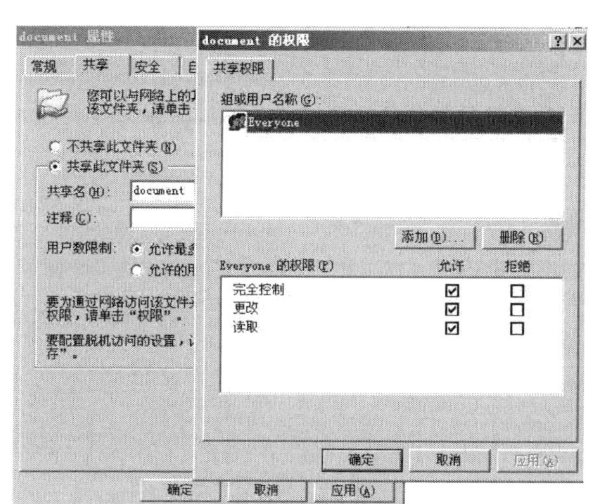

图 6.92　权限设置

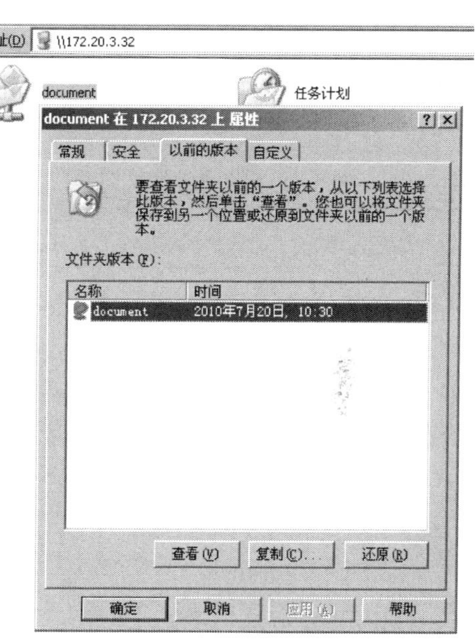

图 6.93　进入卷影列表浏览模式

这里面记录了服务器对该共享文件夹自动备份的情况，很显然，刚刚的 10:30 这个文件应该还没有被删除，我们就可以在列表中直接选择这份文件，然后单击“查看”按钮，此时资源管理器会自动打开自动保存的文件副本，刚才删除的文件就会呈现在眼前，用户完全可以像对待普通文件一样对它进行复制和粘贴操作。

参考文献

陈磊, 季家凰, 张自洪. 2013. 无线网络安全、理论与应用[M]. 北京: 高等教育出版社: 1-7.

戴士剑. 2014. 数据恢复技术[M]. 北京: 电子工业出版社: 1-13.

方勇, 刘嘉勇. 2004. 信息系统安全导论[M]. 北京: 电子工业出版社: 12-16.

冯登国. 2002. 国内外密码学研究现状及发展趋势[J]. 通信学报, 23(5): 18-26.

胡向东, 魏琴芳. 2003. 应用密码学教程[M]. 北京: 机械工业出版社: 3-7.

康春荣, 苏武荣. 2004. 存储与备份 SAN 与 NAS 容错与容灾[M]. 北京: 科学出版社: 2-8.

黎妹红, 韩磊. 2012. 身份认证技术及应用[M]. 北京: 北京邮电大学出版社: 4-8.

李春燕. 2015. PMI 技术与三维标注[M]. 北京: 电子工业出版社: 11-16.

李晖, 牛少彰. 2011. 无线通信安全理论与技术[M]. 北京: 北京邮电大学出版社: 12-14.

李建华. 2010. 公钥基础设施(PKI)理论及应用[M]. 北京: 机械工业出版社: 7-15.

李剑勇. 2014. 数据恢复实训教程[M]. 成都: 西南交通大学出版社: 49-56.

李晓中, 乔晗. 2015. 数据恢复原理与实践[M]. 北京: 国防工业出版社: 1-18.

梁雪梅. 2014. 数字身份认证技术[M]. 北京: 中国水利水电出版社: 1-6.

卢开澄. 2003. 计算机密码学[M]. 北京: 清华大学出版社: 1-3.

佘堃, 郑方伟. 2007. PKI 原理与技术[M]. 成都: 电子科技大学出版社: 2-9.

汤惟. 2004. 密码学与网络安全技术教程[M]. 北京: 机械工业出版社: 6-12.

易平. 2012. 无线网络攻防原理与实践[M]. 北京: 清华大学出版社: 2-10.

张明德. 2015. PKI/CA 与数字证书技术大全[M]. 北京: 电子工业出版社: 10-15.

中国物流与采购联合会. 2012. 中国 PMI 研究与实践[M]. 北京: 中国财富出版社: 1-8.

StallingsW. 2006. 密码编码学与网络安全: 原理与实践[M]. 4 版. 北京: 电子工业出版社: 2-5.

Stinson D R. 2003. 密码学原理与实践[M]. 2 版. 北京: 电子工业出版社: 1-4.